행복한 집구경

31년 동안 세상의
핸드빌트 집을 찾아다니다

Home Work (Handbuilt Shelter) by Lloyd Kahn
Original Edition Copyright©1973 by Shelter Publications, Inc.
All rights reserved.
Korean Translation Copyright©2008 by Dosol Publishing Co.
Korean Translation Edition Published by arrangement with Shelter Publications, Inc.
Through PubHub Literary Agency.

이 책의 한국어판 저작권은 PubHub 에이전시를 통한 저작권자와의 독점계약으로 도서출판 도솔에 있습니다.
저작권법에 의해 한국 내에서 보호를 받는 저작물이므로 무단전재와 무단복제를 금합니다.

옮긴이 이한중

연세대 경영학과를 졸업하고 전문번역가로 활동하고 있다.
옮긴 책으로 『울지 않는 늑대』, 『인간 없는 세상』, 『글쓰기 생각쓰기』, 『핸드메이드 라이프』,
『너무 더운 지구』, 『지렁이』, 『지구의 미래로 떠난 여행』, 『신의 산으로 떠난 여행』,
『강이, 나무가, 꽃이 돼보라』, 『씨앗의 희망』, 『나무와 숲의 연대기』 등이 있다.

로이드 칸의 셸터 시리즈 2
행복한 집구경

지은이 | 로이드 칸
옮긴이 | 이한중

출판감독 | 나무선
편집팀장 | 고유진   **책임교정** | 임정연   **디자인** | 나인플러스
마케팅 | 양승우, 최동민   **업무관리** | 최희은

초판 1쇄 펴냄 | 2008년 8월 25일
초판 2쇄 펴냄 | 2008년 10월 20일

임프린트 | 시골생활   **펴낸곳** | 도서출판 도솔   **펴낸이** | 최정환
주소 | 121-841 서울시 마포구 서교동 460-8
전화 | 02-335-5755   **팩스** | 02-335-6069
홈페이지 | www.sigollife.com   **E-mail** | sigolbooks@naver.com
등록번호 | 제1-867호   **등록일자** | 1989년 1월 17일

ISBN 978-89-7220-726-9 03540

* 책값은 뒤표지에 있습니다.

행복한
집구경

로이드 칸 지음 | 이한중 옮김

시골생활

행복한 집구경

CONTENTS

6 시작하는 글

01 빌더

12 루이의 작업장 _ 루이 프레이저
23 남아공의 돌집 _ 이언 매클라우드
32 숲속 여관, 풀리왁홀러 _ 빌 & 바브 캐슬
40 광채를 찾아서 _ 존 실베리오
42 시간의 끝에 있는 집 _ 폴 노내스트
44 집을 끌고 다니다 _ 존 웰스
46 사막 한가운데의 농가 _ 레니 & 안드레아 라도치아
48 소박한 삶을 위한 현대식 유르트 _ 빌 코퍼스웨이트

02 집

54 오프더그리드 집
잭 윌리엄스 | 케이트 토드 | 수전 루이스 | 존 폭스
64 해안의 유목집 _ 카렌 크뇌버
67 뉴멕시코의 새 정착민
70 자유건축
80 바위 위의 집 _ 피터 마르샹
84 태양 동력을 이용한 『홈파워』지 본부 _ 리처드 페레스
88 스페인의 오두막

90 테네시의 오두막
92 조앤의 집
93 르네가 지은 집
94 카리브해의 빛깔
96 샌프란시스코 만의 빛깔
98 캘리포니아의 주방
100 밥 이스튼이 설계한 작은 건물
셰드 지붕 | 게이블 지붕 | 솔트 박스 | 갬브럴 지붕
108 정말 정말 조그만 집
뗏목집 | 안팎집 | 일요일집 | 케이프코드의 허니문하우스 |
타르종이 판잣집 | 모래언덕 판잣집
114 그냥 하나 지어볼까 했지요

03 자연재료

118 흙과 짚으로 지은 집 _ 빌 & 아테나 스틴
130 자연건축 _ 캐서린 와넥
134 머드 댄싱 _ 이언토 에반스 & 린다 스마일리
136 테네시 숲속의 가족 농가
138 흙자루 페이퍼크리트 집 _ 켈리 하트
142 신의 선물, 대나무 _ 오스카 이달고로페스
148 랜드와 쿠키의 통나무집

04 사진가

156 지구 생활기 _ 요시오 고마츠
166 아시아의 집 _ 케빈 캘리
174 섬 같은 집, 할리히 _ 한스 요아힘 퀴르츠

05 판타지

184 애리조나 사막에 만든 조각 마을 _ 마이클 칸
192 병으로 만든 집 _ 마 페이지

198 날아오르는 콘크리트 _스티븐 코너
208 트리하우스 _데이비드 그린버그

06 여행

214 미시시피 강가에서
216 노바스코시아
222 유타의 에스칼란테
225 유타의 토리
229 코스타리카
234 멕시코 바하
248 카우보이 시 낭송 축제

07 길 위의 집

252 미국을 횡단하는 당나귀 기차 _존 스타일스
37년식 셰비 집시왜건 | 굴러다니는 집 |
이동식 유기농 레모네이드 노점 |
아난다의 집시왜건 | 1923년 모델 T포드 캠퍼와
블루그래스 쇼 | 이동식 통나무집 | 밴을 집으로 |
53년식 로드밴 | 다양한 길 위의 집 |
에어캠핑 | LA필름 메이커스 | 핸드메이드
하우스트럭과 하우스버스 | 아웃도어 어드벤처 |
플립팩 | 파타고니아에서 알래스카까지 근육의 힘으로

08 가볍게 살기

272 몽고식 구름집 _댄 쿠엔
276 소박한 게 더 좋아 _D. 프라이스
282 아메리카 선주민의 셸터
288 티피

09 헛간

292 워싱턴 주의 헛간
294 캘리포니아의 농가 건물
296 원형 헛간
298 카우보이의 성전
301 지금도 계속되는 옛 방식

10 옛 건물

308 이탈리아 북부의 석조 건물
310 네팔-에베레스트
314 목조뼈대 건물
318 헝가리의 야외 박물관
320 윌리엄 쿠퍼 회사
322 옛 서부의 건물
324 그 밖의 것들

부록

332 저자에 대하여
335 에필로그

PROLOGUE
시작하는 글

1973년 여름, 밥 이스턴과 나는 『셸터 Shelter』라는 책을 펴냈다. 1천 장이 넘는 사진과 250장이 넘는 그림을 담은 이 책은 세계 전역, 인류사 전체의 주거와 그것을 만든 사람들을 개괄하는 큼지막한 개론서였다. 이 책은 자기 손으로 직접 집을 짓되 효율적이고 생태적이고 예술적으로 하는 방법을 다룬 것이기도 했다. 자기 손으로 집을 지은 사람들을 특별히 조명하기도 하고 다른 데서는 볼 수 없는 집들을 소개하기도 했다. 이 책은 대항문화 운동계의 호응을 받으며 유명해졌고 지금도 절판되지 않으면서 25만 부 이상이 팔렸다.

『셸터』가 나온 지 30년이 되었고 우리 출판사는 다른 프로젝트와 분야에 손을 대기도 했지만 나는 계속해서 집짓기에 관심을 갖고 살았다. 그래서 어딜 가든 집을 지은 사람들의 사진을 찍고 인터뷰를 하였으며 집짓기에 관한 책과 자료를 모았다. 『행복한 집구경』은 그 결과물이요, 지난 30년 동안 내가 발견한 것에 대한 요약본이요, 『셸터』의 후속편이다. 이 새 책은 다른 의미에서도 하나의 후속편이다. 아름다운 인연이 이어진 끝에 여기에는 『셸터』에 영감을 받아 자기 집을 지었고 그 때문에 인생이 바뀐 사람들도 등장한다. 지난 세월 놀랍도록 많은 사람이 그 책 덕분에 영감을 받아 무언가를 지었고, 시작할 수 있는 용기를 얻었다는 이야기를 해주었다.

확실히 『행복한 집구경』에는 60년대 분위기가 흐른다. 여기 등장하는 사람들 중 상당수는 60년대에 일어났던 일에 큰 영향을 받았던 이들이다. (바로 내가 그랬다!) 시대정신을 좇아 어디론가 떠나 집을 지었으며 나름의 성공을 거두었다. 그런 게 가능한 시대였다. 나도 60년대부터 집을 짓기 시작했는데, 살 공간이 필요했지만 구입할 만큼 근사하면서 오래된 집이 없었기 때문이다. 그게 내 운명이었던 것 같다. 느낌 좋은 집을 원했고 그런 집을 직접 만들고 싶었다. 그동안 쭉 집을 네 채 지었는데, 그럴 때마다 많은 것을 배우고, 건축과정과 건축방식에 대해 놀랍고 새로운 것들을 발견했다. 그리고 자기 집을 손수 짓는 사람들을 위해 비전문가의 관점에서 모은 정보를 보존하기 위해 애썼다.

집짓기를 배우는 동시에 나는 건축사진을 찍기 시작했다. 어디를 가나 카메라와 수첩을 가지고 다니면서 작은 건축물을 기록했다. 흥미를 가장 많이 끈 것은 언제나 주인이 직접 지은 집들이었다. 나는 과연 무엇을 찾아다녔을까? 무엇이 내 시선을 끌었을까? 그것은 다음과 같은 특징을 가진 손수 지은 건물이었다.

- 장인 정신이 드러난다.
- 실용적이고 단순하고 경제적이고 유용하다.
- 자원을 효율적으로 이용한다.
- 주변 환경과 잘 어울린다.
- 미적으로 뛰어나며 좋은 느낌을 준다.
- 설계와 시공이 견고하다.
- 자유롭고 창조적이다.

『행복한 집구경』은 지리적으로 포괄적인 영역을 다루고 있는 책은 아니다. 주로 우리가 살고 있는 북미 서부해안 일대에 집중되어 있다. 모든 빌더 builder를 다룬 것도, 모든 건축기법이나 건자재를 다룬 것도 아니다. 주로 도시가 아니라 시골에 있는 건물들이다. 또 모든 아름다운 집을 다루려 하지도 않았다. 그보다는 지난 세월 동안 가본 다양한 건물, 그것도 사람의 손이 일일이 간 것에 집중했다.

한 가지 재밌는 사실은, 우리가 수많은 요인들에 의해, 특히 디지털 혁명에 의해 크게 바뀐 세상에 살고 있으면서도 집만은 여전히 손으로 지어야 한다는 점이다. 집은 우리 대신 컴퓨터가 해결해주지 않는다. 『행복한 집구경』이 여러분에게 동기를 부여해주기를, 여러분도 하기만 하면 무언가를 지을 수 있다는 확신을 줄 수 있기를 바란다. 한 가지 조언을 하고 싶다. 확신이 서지 않을 때는 그냥 시작하자!

"당신이 흔들어보지 않는 한 무엇이 흔들릴지는 결코 알 수 없지." —자니 애덤스(블루스 가수)

만일 자기 집을 지을 수 없다면? 그렇다 하더라도 이 책에 소개된 아이디어를(그리고 정신을) 활용하여 아파트를 리모델링하거나 장식할 수도 있고, 스튜디오나 헛간이나 트리하우스나 작업장이나 사우나나 가구를 만들 수도 있다. 즉 자기 손과 자기 몸을 써서 무언가를 창조해낼 수 있다.

이 책을 묶어내는 데 무슨 마스터플랜 같은 게 있었던 건 아니다. 사진, 인터뷰 기록, 써둔 글 등 쌓여 있는 자료가 워낙 엄청나서 어떤 최종 결과물이 나올지 알 수가 없었다. 우리는 하루에 한 페이지씩 천천히 책을 만들어나갔고, 그러는 도중에 책은 나름의 모양새를 갖춰갔다. 자료들 가운데 상당수는 책을 만드는 중에 구한 것이었고, 그래서 책은 계속해서 모양새가 바뀌어 갔다. 그렇게 1년 정도 지나자 『행복한 집구경』은 저절로 제 모습을 잡아갔다. 그것은 일종의 유기적인 과정 같았다.

이제 인쇄만 남기고 책을 다 끝낸 지금, 이 글을 쓰면서 문득 깨닫는다. 그것은 『행복한 집구경』에는 많은 것이 담겨 있지만, 그중에서도 취향이 비슷한 세계 각지의 여러 빌더를 소개한다는 점이다. 그들을 이 책에 소개함으로써 내가 발견한 것들을 함께 나누고, 그들의 작품을 보여줄 수 있게 되었다. 자, 그들이 어떤 일들을 해냈는지 한번 보시라!

이제 새로운 '셸터' 여행을 함께 떠나보자. 지난 30년 동안 내가 만나본 빌더, 몽상가, 괴짜를 만나러 가는 여행을, 인간 정신의 찬가를 시작해보자.

"셸터는 비가림막 이상의 것이다."

로이드 칸

일러두기

1 본문 속 단어에 작은 고딕으로 병기한 설명은 옮긴이가 붙인 것이다.

2 도량형에 있어서 규격화된 크기(가령 2×4인치 각재를 제외하고는 인치, 피트, 갤런, 마일, 파운드, 제곱미터 등을 센티미터, 미터, 리터, 킬로미터, 그램, 평 등으로 환산하였다.

3 **셸터**shelter라는 말은 거주 유형 가운데 비바람과 볕을 막아주고 몸을 보호해주되 영구 주거보다는 일시적 대피 또는 임시 주거의 느낌이 강한 말이다. 주거, 거처, 집, 주택 등으로 번역할 수도 있겠으나 이 책에서는 매우 포괄적인 의미로 사용하고 있기 때문에 마땅한 번역어가 없어 그냥 '셸터'라 부르기로 한다.

01
빌더

Builders

캘리포니아 산라파엘에 있는 산마린 목재회사에 이런 문구가 걸려 있다.
"지금 당장 할 시간이 없는데 어떻게 나중에 할 시간은 생길까?"

지붕 전문가 스탠 토머스

루이의 작업장

루이 프레이저

1980년대 중반에 옛 이웃이던 잭 윌리엄스(54쪽 참조)가 지은 집을 사진에 담기 위해 캘리포니아 북쪽 해안으로 간 적이 있다. 잭은 서핑 애호가에 어부에 원예가로, 80년대 초반에 멘도시노 카운티에 4만8천 평이나 되는 땅을 사들 정도로 선견지명이 있는 친구였다. 그는 수목이 뒤덮인 그곳 땅에 집 한 채와 농장을 지었다.

잭은 나를 만나고 싶어하는 사람이 있는데, 나와 친구들이 만든 책 『셸터 Shelter』를 보고 자기 땅에 건물을 지은 이웃이라고 했다.

우리는 언덕을 넘고 구불구불한 산길을 돌아 강가에 있는 지대까지 갔다. 길이 끊어지는 지점에 아주 작고 예쁜 건물이 있었다. 모든 게 근사했다. 곡선도, 너와지붕과 하얀 회벽도, 구리와 수정으로 장식한 지붕 위의 장대도.

문이 열린 작업장 쪽으로 가다 보니 손으로 짠 모자를 쓰고 눈이 반짝반짝하는 60세가량의 남자가 너덜너덜해진 『셸터』 한 권을 들고 나왔다. 그가 루이 프레이저 Louie Frazier였다. 그는 나와 함께 작업장 문간에 쪼그리고 앉으며 책을 폈

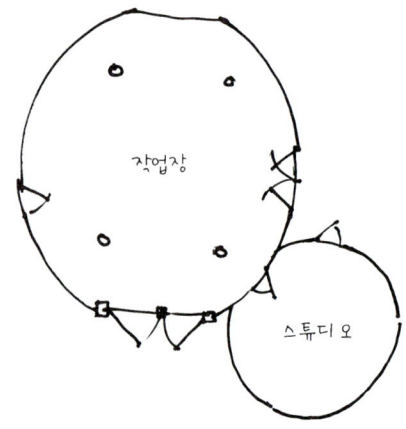

루이의 작업장. 벽은 콘크리트를 부어 만들었다.

지붕 위 창내 끝에 달린 수정이 아침 햇살을 반사하고 있다.

▶ 작업장에 붙어 있는 작은 원형 스튜디오(위 사진의 오른쪽)의 내부. 꼭대기의 압축링compression ring은 39년식 셰비 트럭의 휠이다. 지붕널은 1/4인치 합판을 두 겹으로 깔았다. 1/2인치 합판은 두꺼워서 곡면에 적합하지 않다.

다. 만단족의 흙집 그림을 가리키고는 자기 작업장의 뼈대를 보라고 했다. 똑같았다!

루이의 건축술은 놀라웠다. 설계도 아름답거니와 시공도 흠 없이 모든 게 조화를 이뤘으며, 고심한 흔적이 역력했다. 그것은 『파인 홈빌딩 Fine Homebuilding』 같은 잡지에 등장하는 건물은 아니었다. 백만장자를 위한 요란한 건물도 아니었다. 모든 게 정감 있고 살기 알맞은, 주인과 빌더와 설계자와 도목수가 한 사람인 드문 경우였다. 지나치거나 군살이 없었다.

이 사나이는 집과 작업장, 의자와 걸상, 손수레, 캐비닛, 화목火木 온수기, 수력발전 시스템, 태양광발전 시스템을 손수 만들었다. 그는 도목수일 뿐만 아니라 아크arc 용접공이었으며, 거의 모든 것을 만들 줄 알았다. 심지어 친구인 피트와 함께 아름다운 풍력 어선漁船을 만들고 있었다.

▲ 작업장 내부(12쪽 사진의 문을 통해 본 모습). 『셸터』에 나오는 만단족의 흙집 그림을 보고 영감을 받아 만든 구조이다. 고전적인 뼈대 구조로, 건물 내부의 기둥과 들보가 외벽 아래에까지 걸쳐 있는 서까래를 중간에서 지지하는 방식이다. 채광창은 두 겹의 섬유유리로 되어 있다. 바깥에 있는 유리는 주름진 것으로 하고, 안에 있는 유리는 평평한 것으로 하여 사이에 공간을 두어 단열에 도움이 되도록 했다.

▶ 만단 사람들의 흙집. 1833년 칼 바드머 그림

▲ 루이가 직접 만든 카베르네 포도주를 잔에 들고 있다.

◀ 작업장의 책상

아무튼 그의 작업장은 그랬다. 그렇다면 집은? 강 너머에는 역시 『셸터』에서 영감을 받은 일본식 집이 있었다. 겨울에 그 집으로 가려면 150미터 길이의 케이블에 연결된 보슨즈 체어 bosun's chair, 원래는 배에서 갑판장이 밧줄에 매달려 높은 곳에서 일할 때 쓰던 장치를 타고 건너가야 했다(21쪽). 이 책을 구상하게 된 것은 루이의 작업장을 보면서부터였다. 『셸터』가 그런 건물들에 영감을 주었다면, 다른 책을 하나 내보는 게 좋지 않나 싶었던 것이다. 이제 루이의 작품들을 소개한다.

▶ 스튜디오로 개조하기 전의 작업장 침실

▲ 작업장 지붕의 뼈대 잡기. 아직 바닥은 깔지 않았다. 벽은 바깥쪽에 발포단열재를 대놓은 상태다. 벽에 있는 가로 세로의 짙은 선은 4.5인치 강철막대를 댄 건물의 격자 구조를 나타낸다(아래 그림 참조).

▲ 『셸터』에 나오는 철기시대 헛간이 벽체를 만드는 데 영감을 주었다. 루이는 "내가 추가한 것은 문이나 창밖에 없다."고 했다.

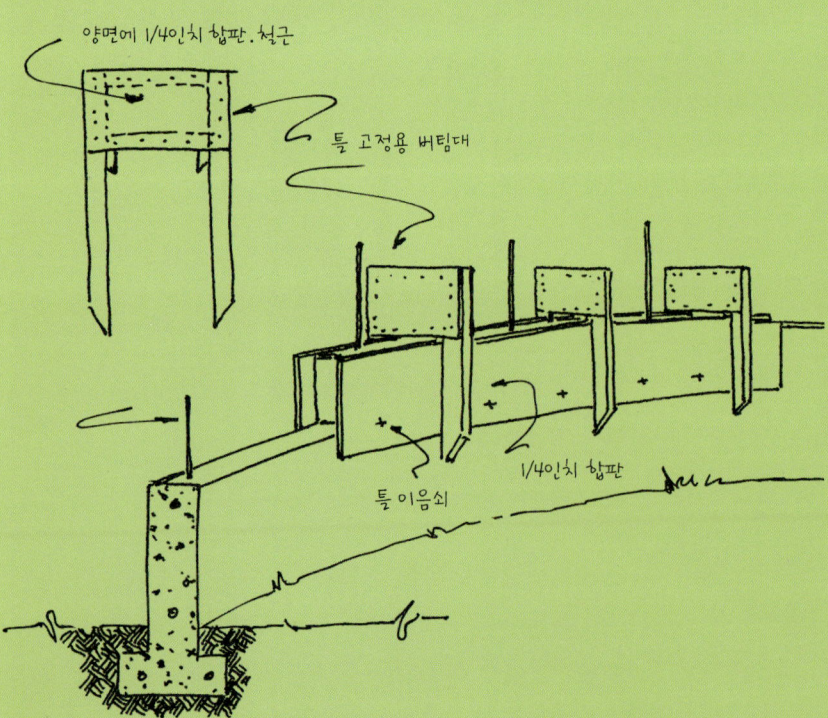

▲ 벽 틀(거푸집)을 고정하는 데 쓰는 '큰 빨래집게'

◀ 콘크리트를 부은 벽체와 틀을 잡아주는 '빨래집게'. 틀 안의 바깥쪽에 발포단열재를 대고, 그 뒤에 콘크리트를 붓는다. 한 코스 course, 콘크리트를 붓는 단위는 높이 30센티미터, 폭 20센티미터 길이가, 2.5미터이며, 두 개의 1/2인치 강철 막대가 있다. 콘크리트는 믹서로 섞는다.

▲ 루이의 딸 캐리가 바닥 벽체 틀에 스페이서 spacer, 폭 간격을 일정하게 유지해주는 막대 같은 것을 대고 있다.

▲ 테두리보 bond beam에 콘크리트 붓기. 앞서 부은 콘크리트 벽에 합판과 '큰 빨래집게'를 어떻게 댔는지 주목하자.

삼나무 너와를 인 지붕. 루이와 루퍼스가 채광창 틀을 짜는 중이다.

빌더 • 17

▲ 벽체 맨 위에 1/2인치 철근이 네 개 관통하는 테두리보를 만든다. 서까래는 테두리보 위에 댄 2×12 각재에 비스듬히 못을 박아 고정한다. 그리고 서까래 사이에 콘크리트를 붓는다.

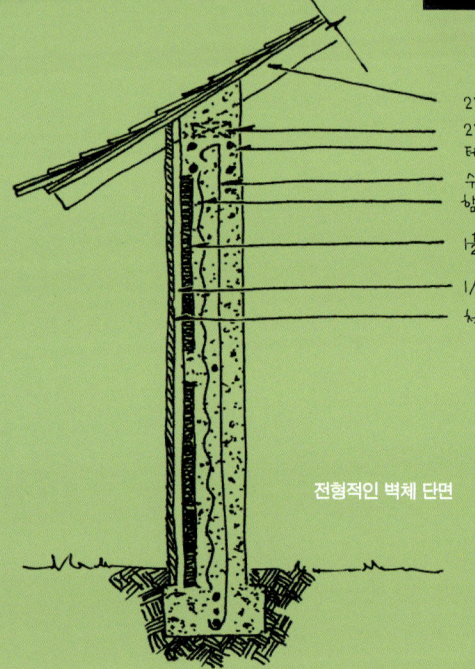

2×4각재 서까래
2×6 받침대
테두리보의 철근 네 개
수직 철근
함석 그물
늘인치 발포단열재
1/2인치 공기층
천사 있는 벽에 3/4인치 치장벽토

전형적인 벽체 단면

다른 쪽에서 본 작업장. 스튜디오 창은 왼쪽에 있다.

작업실 내부. 작업대가 보인다. 190리터가 들어가는 드럼통으로 만든 난로.

이날 루이는 반대편에 있는 퍼트를 바라보며 "이대로 갈까, 밥?" 하고 말했다.

▲ 오토바이 바퀴와 베어링을 단 원예용 손수레는 매끄럽게 움직였다.

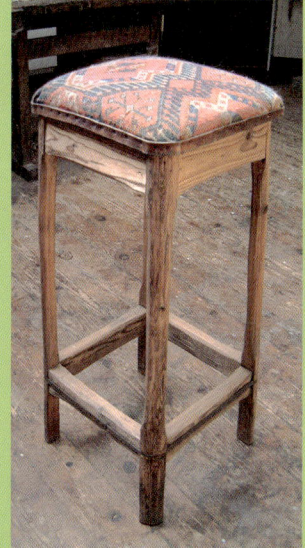

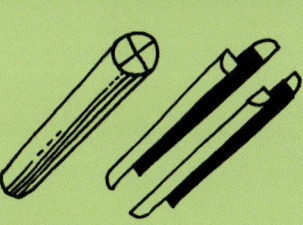

◀ 전나무 묘목을 네 동강 내어 걸상 다리를 만들었다. 그림과 같이 묘목을 쪼갠 방향 그대로 다리를 댔다. 앉는 부분에는 발포 고무를 대고 오래된 동양 카펫 조각을 입혔다. 바닥 부분은 쇠띠를 대어 보강했다.

루이의 작업장

빌더라면 누구나 루이의 작업장을 탐낼 것이다. 이곳은 실용적일 뿐만 아니라 밝고 활기 있고 아름답다. 작업대 공간도 넉넉하고, 아크 용접 장비와 우아한 구식 나무 바퀴 띠톱, 작은 부엌, 원형 침실, CD플레이어, 커피, 데킬라 등 거의 모든 게 다 갖추어진 곳이다.

▶ 100년 된 배 건조용 91센티미터 띠톱. 나무 바퀴가 두 개 달려 있다.

"어느 날 친구인 피트와 나는 정신이 나갔는지 배를 짓기로 결심했지요."

그들은 스미소니언박물관에서 2달러를 주고 북미 동부해안 양식의 작고 튼튼한 고기잡이배인 '크로치 아일랜드 핑키'의 설계도를 구입했고, 그 뒤로 짓는 데 5년이 걸렸다. 생각 외로 오래 걸리고 돈이 많이 들었다. 뼈대는 흰참나무고, 바깥 판(겹판이다)은 더글라스전나무 고목을 구리 대못으로 고정했으며, 갑판은 해양 선박용 합판에 티크나무를 입혔다. 지금 루이는 선실을 만드는 중이며 완성되면 배를 팔 작정이다. 바닥짐(밸러스트)은 돌로 채웠다가 물고기를 실으면 배 밖으로 던지게 되어 있다. 이 배는 수심이 0.6미터밖에 안 되는 곳에서도 항해를 할 수 있다.

건조 중인 로이폭스 Roy Fox 호

캘리포니아 소살리토에서 항해 중인 로이폭스호

▲ 선실을 새로 만들고 있는 로이폭스호 모델

◀ 불어난 강물에 사우나 두 개를 잃은 뒤, 루이는 도요타 1톤 트럭 뼈대에다 이 사우나를 지었다. 강물이 불어나는 겨울이면 사람 몇이서 픽업트럭을 이용해 강가에서 떨어진 곳으로 옮긴다. 이때 한 사람이 사우나 안에서 앞바퀴를 조종해야 한다. 190리터 드럼통으로 만든 화목 스토브는 외부에 설치되어 있다(사진의 사우나 반대편). 몸을 식히려면 차고 푸른 강물 속으로 뛰어들면 된다. 루이를 찾아갈 때면 나는 대개 밤에 도착하여 강가에서 잠을 잔다. 그리고 해 뜰 무렵에 루이가 오면 함께 사우나를 한다. 지난번에는 수달 가족이 깊은 곳에서 여울 쪽으로 바삐 헤엄쳐 가는 것이 보였다. 누군가가 자기들을 엿보고 있는 줄도 모른채.

8×8 삼나무 기둥 24개를 댄 풀하우스pole house. 집의 바닥과 데크(목제 테라스)는 2×4 각재를 모로 대어 만들었다. 벽은 8×8 기둥에 기계톱으로 홈을 판 다음 2×10 삼나무 각재를 끼워서 만들었다. 서까래는 곡선으로 만들었고, 넓은 내물림overhang이 있다.

나무를 데크에 쌓아둔 것은 이 일대가 범람원이기 때문이다.

겨울에 강을 건널 수 있는 유일한 방법인 케이블로 오르는 계단. 아래에 루이가 앉아 있다

루이의 집에 가기 위해서는 여름이면 작은 다리를 건너간다. 하지만 겨울에는 강물이 불어나서 케이블에 매달려 강을 건너가야 한다. 루이는 시범을 보여주기 위해 나를 데리고 땅에서 경사가 아주 가파른 계단을 타고 8미터 위에 있는 플랫폼으로 올라갔다. 그리고 의자를 줄로 묶더니 나더러 앉으라고 하고는 가보라고 했다. 처음에는 "안 돼요!"라고 하다가 결국엔 떨면서 떨어져 내리기 시작했다. 그런데 생각보다 안전하다는 느낌을 받으면서 나는 강 너머로 150미터를 씽씽 미끄러져 착지 플랫폼에 내릴 수 있었다. 또 되돌아가려면 의자를 풀고 다른 타워 플랫폼으로 올라가 다른 케이블을 타면 되었다.

▲ 나무로 된 제동장치가 달린 도르래에 매단 보슨즈 체어. 도르래와 케이블은 고리와 핀으로 연결되어 있다.

강을 건너오고 있는 루이

뛰어내리기 전에 플랫폼에서 내려다본 모습. 헉!

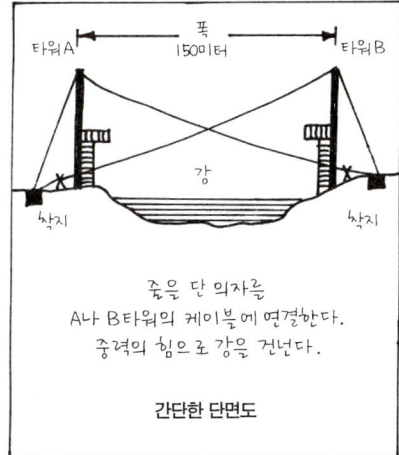

줄을 단 의자를 A나 B타워의 케이블에 연결한다. 중력의 힘으로 강을 건넌다.

간단한 단면도

루이의 집은 주인이 직접 설계를 하고 지은 것으로, 1960년대의 성공담이라 할 수 있다. 그의 집은 오프더 그리드 집 off-the-grid house이지만 나름의 편의시설을 갖추고 있다. 온수는 겨울이면 화목난로의 코일에서 나오고, 여름이면 태양열 온수기에서 나온다. 1980년대에 루이는 태양광발전 시스템을 설치했고, 1990년대에는 수력발전기와 '다이렉트TV' 위성수신기를 설치했다.

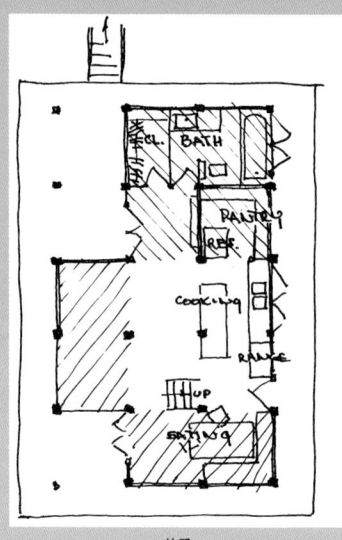

→북쪽

▲ 기둥은 전부 중심에서 각각 2미터 간격으로 세웠다. 빗금 친 부분은 좁은 통로로 연결된 다락 침실

다락 침실. 서까래는 기계톱을 써서 2×12 각재를 곡선으로 켠 것이다.

욕조는 이웃 목장에서 버린 말구유를 이용했다.

왼쪽이 부엌이고, 오른쪽에 다락 침실로 올라가는 계단이 보인다.

나는 집이 색깔로나 모양으로나 산자락과 잘 어울리도록 애썼다. 아마 건축가 프랭크 로이드 라이트도 인정하리라.

남아공의 돌집 이언 매클라우드

1987년에 남아프리카공화국에서 온 파란 항공우편물을 받았다. 보낸 사람은 이곳에 사는 스코틀랜드계의 이언 매클라우드Ian Macleod라는 사람으로, 웜배스라는 곳 근처의 돌산에 혼자 힘으로 돌집을 지었다. 그는 이곳을 '밸리하이Bally high'라 불렀다.

이언은 내게 『셸터』에서 영감을 얻어 집을 지었다며 자기 집 사진을 보고 싶지 않으냐고 했다. 그 뒤로 이언은 집 짓는 이야기와 사진을 보내왔다. 자신이 겪은 모험을 생각이 비슷한 사람들과 나누고 싶다는 것이었다. 그의 집은 주변에 있는 자재를 이용하고 땅을 존중하는 마음으로 설계된 아름다운 집이었다. 편지만 봐도 그가 넘치는 에너지와 상당한 유머감각, 생에 대한 열정을 가진 사람이라는 게 분명히 드러났다(그리고 튼튼한 허리도!).

집은 나체촌 소유지에 있었기 때문에 이언은 벗고 지내며 일했다. 게다가 골짜기 건너편에 사는 호기심 많은 비비원숭이들이 자주 찾아와서 지붕 위에서 뛰어놀 만큼 집은 자연환경의 일부 같았다. 그래서 여러 잡지들이 이언과 '동굴인의 일족'의 이야기를 다루기도 했다.

이언과 나는 거의 15년 동안 연락을 주고받는(주로 편지로 가끔은 전화로) 사이가 됐다. 우리는 자기 머리 위로 지붕을 올리는 일에 관심이 많다는 공통점이 있었다. 이언은 루이 프레이저(12쪽)처럼 이 책을 만드는 데 가장 많은 영감을 준 사람 중 하나이다. 이언의 작품 곳곳에는 그의 정신과 정력과 창의성이 번뜩인다. 그는 지난 여러 해 동안 늘 나에게 이 책을 펴내라고 재촉했다. 그러는 사이 몇 번이나 늦춰졌기 때문에 나는 그가 이 책을 손에 쥘 때까지는 나왔다는 사실을 믿지 않으리라 생각한다.

"이언, 드디어 해냈다네."

자, 이제 이언의 위대한 모험 이야기를 그의 사진과 말로 직접 들어보자.

▲ 등에 따뜻한 햇살의 감촉을 받으며 일한다는 게, 땀에 옷 젖을 걱정 없이 정직하고 건전한 노동의 땀을 식혀주는 시원한 바람을 느낀다는 게 얼마나 큰 즐거움인가!! 그리고 하루 일과를 끝내면서 조용히 그날 한 일을 음미한다는 게 얼마나 즐거운 일인가!

▶ 이게 사는 맛 아닐까! 사람이 만들어낸 플라스틱이나 인공섬유, 합성화학물질이 아니라 어머니 대지의 산물인 나무와 돌로 만든 '진짜배기' 집에서 개와 함께 지낸다는 것 말이다! 문간에 내가 깔고 앉은 큰 돌은 1980년 12월에 이 집을 짓기 시작할 때 제일 먼저 놓은 돌이다. 당시에 나는 아무 밑그림이나 도면도, 아무 규칙이나 제한도 없이 시작했다.

◀ 이 돌들은 모두 주변 산허리에서 주워온 것이다. 돌들은 거처를 제공해주려는 듯 서로 짜맞추기 위해 수백만 년을 기다린 것 같았다.

▼ 나의 건강유지법! 나는 집터까지 불도저로 길을 닦아준다는 제안을 거절했다. 모든 건자재를 언덕 위로 직접 나르는 게 좋았다. 물펌프를 설치하기 전까지는 물도 마찬가지였다.

▼ 일리 골짜기 너머에서 들려오는 바비원숭이의 짖는 소리를 듣느라 잠시 쉬고 있다. 사진에서 2리터들이 콜라 병을 찾아보라. 시멘트를 섞기 위해 양손에 두 개씩 들고 올라왔다. 다행히 지금은 펌프로 물을 퍼올려 탱크에 저장하고 중력을 이용해 집으로 내려오게 하고 있다.

빌더 ● 25

이언의 편지

보 밸리의 나체촌이 내려다보이는 이곳 가파른 언덕 자락에 소박한 돌집을 직접 지었습니다. 제 돌집에 대한 찬사 감사합니다. 『셸터』의 다음 버전에 소개된다면 아주 좋겠습니다. 그러면 세계 곳곳에서 자유롭게 집을 짓는 사람들과 만날 수 있을 테니까요.

나는 도면이나 그림 같은 것의 제약을 받지 않기 때문에 작업을 해나가면서 자유롭게 느낄 수 있었습니다. 물론 그보다 더 좋은 게 없습니다. 생각나는 대로 표현할 수 있으니까요. 그렇게 해서 나온 결과는 바라던 것보다 훨씬 더 좋았습니다. 내가 뭘 하는지 보러 산을 올라온 사람들은 이렇게 오기 힘든 곳에 집을 짓는 것을 보면 제정신이 아닐 거라는 생각을 했다더군요. "어떻게 된 것 아닙니까?" 하고 묻기도 하고요. "그래요, 전 미친 사람입니다." 하고 대답하지요. "돌에 미쳤지요!"

돌집 작업은 계속되고 있습니다. 제일 마지막으로 하고 있는 작업은 외팔보 cantilever 모양으로 돌출되는 단열이 좋은 욕실입니다. 그것도 골짜기가 멋지게 내려다보이는 커다란 통창 옆에 욕조를 단 욕실이지요.

스튜디오는 집 뒤에 있는 나무들 사이에 지을 작정입니다. 스튜디오는 앞으로 몇 년 동안 제 일이 끊이지 않도록 해주겠지요. 저는 지금껏 해온 14년 동안의 프로젝트를 끝내고 싶은 마음이 전혀 없어요. 33년 동안 혼자 힘으로 와츠타워를 만든 사이먼 로디아를 존경합니다. 어떻게 하다 보니 창에 유리 대신 방충망을 대게 되었지요. 경제성을 고려해서 한 일인데, 결과적으로 '숨 쉬는' 집이 되었습니다. 쇠그물이라서 원숭이들이 디밀어도 여기저기 튀어나오기만 할 뿐 별 피해가 없습니다. 유리였다면 벌써 깨졌겠지요.

위대한 건축가인 프랭크 로이드 라이트 Frank Lloyd Wright, 1867~1959, 미국가 한번은 이런 말을 했지요. 자연경관을 사랑하는 사람이라면 땅에다가 직선이나 기하학의 패턴을 강요할 수는 없을 것 같다고요. 왜냐하면 그런 패턴은 애초부터 자연에는 낯선 것이니까요. 그 점을 늘 염두에 두었습니다. 소박한 돌집을 만드는 내내 구사한 모양과 크기, 색깔은 모두 이 생태 건축가의 영향을 받았다고 할 수 있습니다.

결국엔 나도 전기를 들여오는 게 '사리에 맞다'고 인정하고 말았다. 굵은 케이블을 산 아래까지 길게 깔고, 바위에 가려 보이지 않도록 했다. 이제는 욕조에 느긋하게 누워 좋은 음악을 들을 수 있게 되었다. 손님들도 해질녘에 프론트 데크에 나와 술 한잔할 때 얼음을 곁들일 수 있게 되자 전기 들여온 걸 용서한다고 말했다.

옆 사진은 통로에서 본 부엌이고, 위 사진은 반대쪽에서 찍은 것이다. 원래는 부엌 창으로 먼 산들이 보이는데 안타깝게도 사진에서는 하얗게 '타버렸다'.

▼ 이게 산 위로 옮긴 것 중에 제일 무거웠다. 속이 빈 화강암 덩어리인데, 줄루족이 둥그런 돌로 옥수수를 갈 때 쓰던 것이다. 여러 해 전에 선물로 받은 돌로, 결국 밸리하이로 올라가는 계단 맨 위에 있는 나무 옆에 자리를 잡았다.

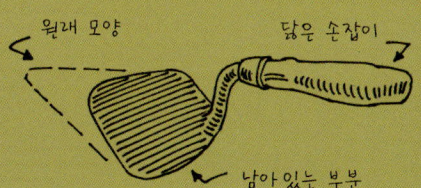

▲ 20센티미터 흙손이 닳은 모습. 여러 해 쓰다 보니 원래 크기의 반으로 줄었다.

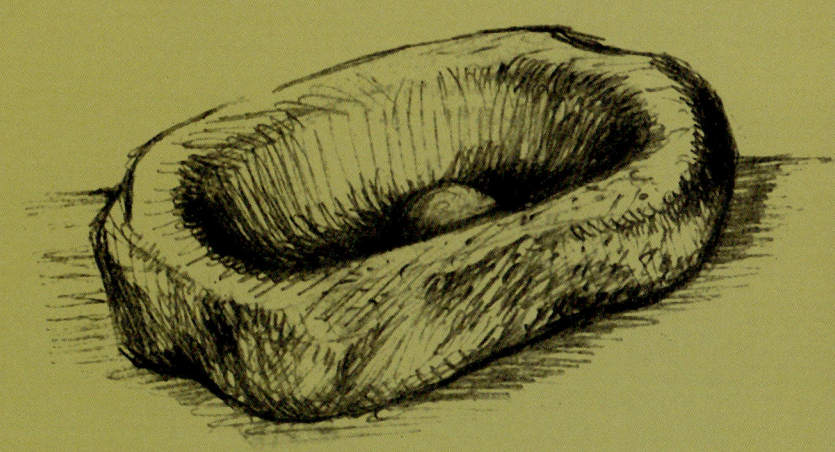

새로 지은 스튜디오를 나서면 바로 아래에 있는 집 지붕으로 연결된다. 이 사진은 10월 초에 찍은 것이라서 나무에 새순이 돋아나는 모습이 보인다. 보다시피 나는 대개 맨발로 그리고 맨살로 다닌다. 발바닥으로 대지의 감촉을 느끼는 게 좋아서이다. 집짓기를 시작한 이후로 신발이나 부츠를 신지 않았다. 고맙게도 발가락이 좀 찍힌 것 말고는 여태껏 다친 데가 없다.

▶ 이른 아침 부엌에서 커피를 마시고 있다. 뒤에 있는 돌벽 속에는 작은 전기냉장고가 있다. 자리가 둘인 테이블은 벽에 나란히 고정시키고, 가운데 튼튼한 기둥 하나로 지탱했다.

▲ 그다음엔 어찌할까 궁리하면서 잠시 쉬는 중이다. 대형동물 사냥꾼들은 동물의 다리를 묶어 거꾸로 매달아 놓고 총을 어깨에 맨 채 사진을 찍기 좋아한다. 내 발 아래의 이 '큰놈'은 삽과 지레와 여러 번의 결단밖에 없는 60대한테는 엄청난 도전이었다. 지금 이 돌은 스튜디오 입구에 자리를 잡아 유용하게 쓰이고 있다. 29쪽에서 보다시피 열두 계단도 더 올라가야 했다.

산허리를 껴안고 있는 내 스튜디오는 바위 많은 비탈을 파내어 지었다. 타원형이어서 계단식 창을 통해 골짜기 경치가 파노라마처럼 펼쳐진다. 창은 방충망을 대서 공기가 잘 통하도록 했다. 이웃인 비비원숭이들이 놀러 와 지붕이 얼마나 튼튼한지 테스트를 해볼 뿐만 아니라 창턱에 앉아 촘촘한 쇠그물에 기대기도 하는데, 쇠그물이라 유리보다는 잘 견딘다. 생각보다 무거운 지붕 띠는 결국 천을 입히고 사암색으로 칠했다. 입구에는 문틀을 투박하게 달았다.

이 그림은 너무나 익숙한 광경이다. 이웃들이 자기네 집처럼 편히 있는 가운데, 우두머리 수컷 녀석이 굴뚝 위에 앉아 망을 보고 있다. 비비원숭이는 동물의 왕국에서 제일 시끄러운 '울림통' 중 하나이다. 맨 암벽을 전혀 힘들이지 않고 오르내리면서 "바-후!" 하고 지르는 소리가 골짜기에 메아리치는 것이 나한테는 전형적인 '아프리카'이다.

▲ 골짜기 건너편에서 망원렌즈로 찍은 사진이다. 홈워크 home work를 많이 한 엄청난 노동의 결과이다. 내가 처음 돌 몇 개를 갖다놓기 시작할 때 산 위로 찾아온 방문객들은 "맙소사, 당신 미쳤군요!"라고 말했다. 이제 그들은 "세상에, 운도 좋군요!"라고 한다. 나는 그들에게 미치는 것과 운 좋은 것의 차이는 13년 동안 열심히 일하는, 그것도 쉬지 않고 계속 매달려서 하는 것이라고 설명한다. 또 나는 "천릿길도 한 걸음"부터라는 동양의 훌륭한 속담을 음미해보라고 한다.

밸리 하이

욕실의 샤워장은 소박하게 만들었다. 완벽하게 들어맞는 돌계단을 내려가면 남이 볼 수 없게 잘 가려진 샤워장이 보인다. 흙빛이 도는 단단한 돌에 둘러싸여 샤워를 하는 것은 즐거운 경험이다. 사발 모양의 돌이 세면기이며, 중력을 이용해 물이 흘러내려 고이도록 하는 꼭지가 있다. 또 욕실에서는 관능적인 운치마저 느껴지는 완벽한 전경이 내려다보인다. 샤워를 하면서 가장 자연스러운 형태의 야생동물들을 구경할 수 있다.

이 집이 갖추고 있는 또 하나의 특징은 더없는 야생지에 돌로 만든 풀장이 있다는 점이다. 더운 여름밤이면 이 시원한 물놀이장에서 느긋하게 긴장을 풀 수 있다. 예술적인 영감을 일깨워줄 듯한 스튜디오에서 바라보이는 주변 산들의 장엄한 관경은 보는 사람을 압도한다.

▶ 내가 지은 움푹한 샤워장이다. 나무 밑동으로 만든 수건걸이 옆으로 내려가는 계단이 있다. 납작한 돌로 세면기를 만들고, 그 옆 벽에 비누받침을 만들었다. 돌 틈 사이로 파릇한 양치식물이 돋아나 있다. 위에는 온수나 냉수가 나오도록 당길 수 있는 줄이 두 개 있다. 온수는 지붕에 있는 검은 플라스틱 파이프에서 나온다. 채광창이 있어 자연광이 들어오며, 창의 밑부분을 하얗게 칠해서 빛이 부드럽게 퍼진다.

▶ 샤워장의 지붕을 얹기 전이다. 작업은 비가 내리지 않는 겨울에 몇 달 동안 했다.

내 조상의 땅인 스카이 섬에 있는 전통 '블랙하우스'에서. 블랙하우스는 이탄을 계속 때어 연기 때문에 실내가 검게 되었다고 붙은 이름이다. 지붕 이엉에 매달린 돌을 보라. 강풍에 대비한 장치이다.

▲ 몇 해 전 요하네스버그에서 열린 스코틀랜드계 모임에서 어린 파이프 밴드 단원들이 내가 만든 클레이모어 칼과 타지 target 방패 복제품을 들고 사진을 찍고 싶어했다.

▼ '동족들의 모임'이라고 할까, 이것은 내가 모은 '타지'로 게일 말로는 '타게이드'인데, 스코틀랜드 고지에 살던 동족들이 쓰던 것으로, 왼팔에 가죽끈으로 묶어 고정했다.

"로이드, 스코틀랜드 고지에서 가까운 오크니 제도의 스카라브레이 Skar Brae 라는 곳을 들어보았나요? 아니라고요? 그곳은 보존 상태가 좋은, 기원전 3000년 즈음의 신석기 정착촌이랍니다! 여기에 있는 한 무리의 돌집들은 그 오래 전의 생활양식을 보여주고 있지요. 저는 1984년에 가보았어요."

▼ 1987년 스코틀랜드 서해안에 있는 신석기시대의 브로흐 Broch 입구에서. 입구가 낮은 것은 달갑지 않은 손님이 들어올 경우 '즉결처분'을 받기 쉽도록 고안된 것이다. 수천 년을 거슬러 올라가는 이 훌륭한 돌 구조물은 내 마음을 겸허하게 해줄 뿐만 아니라 늘 영감의 원천이 되었다. 말할 것도 없이 내 돌집이 앞으로 2천 년 뒤에도 남아 있을지, 아니면 돌무더기에 불과할지 궁금해진다.

에필로그

이언이 집을 짓고 살던 땅이 1998년에 팔리게 되어 그는 집을 포기해야 했다. 그 뒤로 그는 친구의 집에 살면서 다음 모험을 모색하고 있다. 🏠

▲ 건자재는 전부 주변 땅에서 가져왔다. 주로 쓴 통나무는 홍송 red pine이고 중도리는 단풍나무이다. 물푸레나무 은못 dowel, 구멍을 파고 박아넣어 밖으로 드러나지 않는 못을 써서 연결했다. 포치 porch, 건물 외벽에 단 지붕 딸린 공간. 규모가 큰 포치를 베란다라고 한다로 쓰이는 외팔보는 3미터를 밖으로 냈다. 포도주 저장실은 지하에 있다.

숲속 여관, 폴리왁홀러

빌 & 바브 캐슬

1990년에 코스타리카 여행을 갔다. 어느 날 밤 푸에르토비에호(카리브해 연안) 남부 어느 컴컴한 길에서 차를 몰고 있었다. 묵을 곳을 찾던 중이었는데, 손으로 '숙박 및 아침식사'라고 써놓은 표지판이 나타났다. 흙길을 따라 울타리 있는 곳까지 가서 차를 대고 안으로 들어가니 여러 명의 사람이 랜턴을 켜둔 테이블에 둘러앉아 이야기를 나누며 맥주를 마시고 있었다.

주인은 빌과 바브(바바라) 캐슬 Bill & Barb Castle이었고, 뉴욕 주 남동부에 있는 앨러게니 산에 살던 사람들이었다. 그들은 카리브해의 정글 가장자리에 있는 해변 땅에 세를 얻어 살면서 코스타리카 곳곳을 구경하고 있었다. 빌과 나는 처음부터 죽이 맞았다. 그는 건설회사에서 대형 건축물을 담당하던 진짜 빌더로 에너지와 유머, 모험심이 있는 사람이었다.

그날 밤 우리가 묵은 방은 알고 보니 2층으로 된 장대 구조물의 아래층에 있는 부엌이었고, 바닥은 다진 흙바닥이었다. 그것은 빌이 바브와 아들 쿠엔틴의 도움을 받아 이틀 만에 뚝딱 지은 집이었다. 네 개의 코너 장대가 있고, 바닥층에 부엌이 있고, 사다리로 다락에 올라가게 되어 있었다. 다락은 빌과 바브의 침실이었는데 트인 벽으로 시원한 바닷바람이 통했다. 지붕 이엉은 가까이 있는 야자수 잎을 썼다. 이 작은 집은 탄탄하고 실용적이고 근처에서 구한 재료를 썼으며 기후와 잘 맞아서 좋았다. 당연히 빌과 나는 집짓기에 대해 이야기했다. 그는 나에게 앨러게니 산에 자기가 지어놓은 통나무집 사진을 보여주었다. 세상에! 근사한 통나무집이었

빌이 거실에서 쉬고 있다. 등유로 밝히는 수레바퀴 샹들리에를 주목하자. 이 샹들리에에는 높이를 조절할 수 있는데 물론 균형이 잘 잡혀 있다.

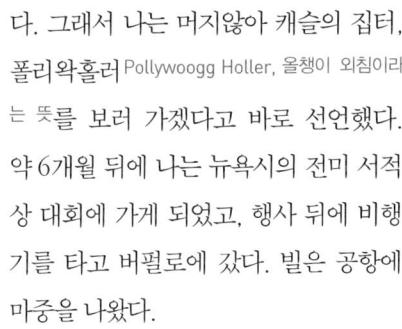

다. 그래서 나는 머지않아 캐슬의 집터, 폴리왁홀러 Pollywoogg Holler, 올챙이 외침이라는 뜻를 보러 가겠다고 바로 선언했다. 약 6개월 뒤에 나는 뉴욕시의 전미 서적상 대회에 가게 되었고, 행사 뒤에 비행기를 타고 버펄로에 갔다. 빌은 공항에 마중을 나왔다.

빌의 집에 도착한 다음, 우리는 차를 스튜디오 겸 작업장 건물(전기선이 연결되어 있었다) 앞에 세웠다. 그곳은 빌의 사무실이자 작업장이며 사진현상소였다. 집까지는 잎이 무성한 숲 사이로 멋진 오솔길이 800미터 정도 이어져 있었다. 여기저기 조각물이 있고 손으로 켜서 만든 연인들의 벤치가 보이더니, 마침내 개울을 건너는 다리가 나타났다. 그리고 건너편 언덕배기에 굉장한 통나무집이 연못을 내려다보고 있었다. 집 옆에는 완벽해보이는 작은 사우나 건물이 있었는데, 마치 100년 전 노르웨이나 러시아에 있었을 법한 것이었다. 아마 도끼 한 자루로 혼자 만든 것 같았다.

빌은 내가 이 책을 만들면서 마음 한가운데 담아두고 있던 빌더였다. 빌과 그 가족은 워낙 독특한 작업을 해온 이들이라서 나는 오래전부터 그들의 이야기를

빌의 한 친구가 만들어준 흔들의자. 뼈대는 버드나무이고, 좌석과 굽은 받침과 등받이는 참나무이다.

아래층 침실

부엌에 있는 조리용 확목난로

사우나는 집에서 30미터 정도 떨어진 곳에 있다. 위층은 주말 손님들의 침실이다.

소개하고 싶었다.

빌과 바브는 아주 가족적인 시골풍의 여관(숙박 및 아침식사)을 운영하고 있다. 바브는 화목난로로 몸에 좋고 맛도 좋은 음식을 만들고, 빌은 자기가 직접 만든 샴페인을 대접한다(매년 몇백 병을 만들고 있다). 손님들은 나무를 땐 사우나를 이용하고, 발코니 데크가 밖으로 나와 있는 사우나 건물의 2층에 있는 아늑한 다락에서 잠을 잔다. 그 앞에는 6미터 깊이의 벽돌 우물도 있다.

▶ 안에서 본 사우나 출입문. 빌이 "목욕은 자주 하고, 서두르지는 마세요."라고 써놓았다. 그룹 '그레이트펄 데드 Greatful Dead'의 포스터에 영감을 받아 쓴 문구이다.

나는 본채의 데크에서 잠을 잤다. 숲속에서 자는 기분인데, 느낌은 그보다 훨씬 좋았다. 침대도 편안하고, 담요는 집에서 쓰는 것처럼 소박하고 나무 냄새가 향기로웠다. 참 좋은 곳이었다.

다음 날 바브의 친구 브랜디가 왔는데, 둘은 연못가에서 연습 테이프를 틀어놓고 에어로빅을 했다. 바브는 신식 여성이면서도 농장 안주인다운 기술과 힘이 있었다. 건물을 한창 지을 때 그녀가 콘크리트를 삽으로 뜨고 통나무를 다루는 모습을 찍은 사진들이 있다. "모르타르의 90퍼센트는 바브가 섞었지요." 빌이 말했다. 다이너마이트 같은 부부였다.

하룻밤을 묵으러 온 커플이 있어 우리는 함께 숲을 산책했다. 나는 사진을 많이도 찍었다. 카메라가 이곳을 정말 좋아하는 것 같았다. 그날 오후 빌은 야외 저장실에서 샴페인을 병에 담았다. 우리 모두 자연스레 그쪽에 끌려 시음에 시음을 거듭했다. 정말 맛있고 기분이 좋았다. 그날은 바커스 신도 우리를 흐뭇하게 바라봤을 것이다.

여기에 캐슬 집안 사람들의 이야기와 그들이 앨러게니 산 숲속에 창조한 멋지고 참신한 휴식공간을 소개한다.

'폴리왁홀러'는 이제 꽤 알려진 생태 리조트가 되었다. 사람들은 걸어서 이곳까지 찾아와 바브가 만든 가정식 식사와 빌의 샴페인을 즐긴다. 또 사우나도 하고 느긋하게 쉬기도 하며 명상도 하고 숲속 오솔길을 돌아다니기도 한다. 근처에서는 말을 빌릴 수 있고, 여름에는 수영장이 있고, 겨울에는 활강 스키와 크로스컨트리 스키를 즐길 수 있다.

http://www.pollywoggholler.com

사우나 입구의 포치. 34쪽의 집 반대편에서 본 모습이다.

▶ 실외 변소

▼ 사우나 내부. 주말 손님이 침실에서 내려다보고 있다. 'Hot Room'이라고 적힌 곳이 문이다. 왼쪽에 나무를 때는 벽난로가 보인다.

사우나 건물의 통나무 끄트머리에 빌이 새긴 조각

▼ 숲속에 있는 소박한 손님용 셰드shed. 지붕이 한쪽으로만 기울어진 간단한 형태의 오두막으로 다른 건물에 잇대어 짓기 좋다

1970년대의 집짓기

빌과 바브 캐슬은 1976년에 지금의 터를 샀다. 앨러게니 산 일대에서 주 소유지와 경계를 이루고 있는 3만 평의 땅으로, 작은 개울이 흐르는 곳이었다.

빌은 이렇게 말했다. "독립기념 200주년 되던 해라 독립정신이 느껴져 좋았지요. 게다가 그때 저는 『어머니 대지 뉴스Mother Earth News』 같은 잡지를 보고 있었어요. 숲속에서 자기 집을 짓는 사람들을 다루는 잡지였지요."

캐슬의 집에는 아이가 셋 있었다. 미키(14), 데비(12), 쿠엔틴(9)은 부모와 함께 주말이면 집터에 와서 일을 했다. 그들이 선택한 집터는 제일 가까운 도로에서 1.6킬로미터 쯤 떨어진 곳에 있었다. "우리는 근 2년 동안 여가 시간을 전부 집짓기에 바쳤지요."

빌은 집터와 인접한 숲에서 나무를 벨 수 있도록 주 정부와 합의를 보았다. "우리는 숲에 가서 원하는 나무에 표시를 했지요. 전부 홍송이었어요. 90그루를 베는 데 총 45달러가 들었지요. 나무를 베어다가 숲 가장자리로 끌고 와서 껍질을 벗겼어요. 제일 긴 게 11미터나 되더군요. 저한테는 1953년식 작은 트랙터가 하나 있었어요."

가족은 무게가 반 톤 가까이 나가는 큰 돌을 써서 기초를 다졌다. 빌의 대형건축의 경험은 아주 유용했다. "저는 큰 것들을 옮기는 법을 알거든요."

빌은 기중기gin pole를 설치해놓고 통나무를 필요한 곳에 놓았다. 제일 무거운 것은 635킬로그램이나 나갔다. "통나무를 제 위치에 굴려 넣고 표시를 한 다음에 180도 돌려 표면 처리를 했지요. 노치notch, V자나 U자로 판 자국는 눈대중으로 팠고요."

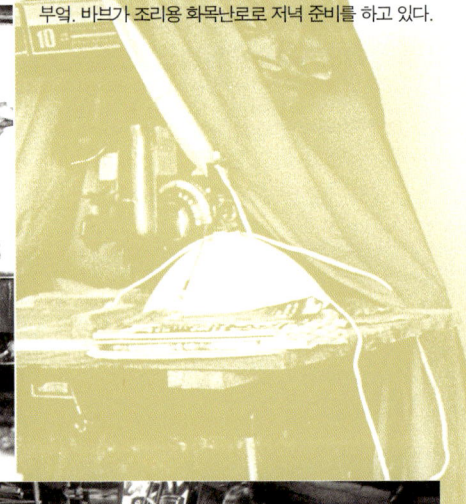
부엌. 바브가 조리용 화목난로로 저녁 준비를 하고 있다.

▲ 손님이 침실로 쓰는 포치

미키

벽체를 올리고 난 다음에 빌은 지붕 뼈대를 어떤 식으로 할지 확신이 서지 않았다. "계속 생각을 해봤지요. 두세 가지 정도를 염두에 두고 있었어요. 그러다 일요일에 교회를 갔는데 의자에 앉아서 천장을 올려다봤더니 멋진 가위꼴 트러스 구조더군요. 당장 뛰쳐나왔지요." 그는 집으로 달려가 바로 지붕 작업을 시작했다. "양쪽에 장대를 하나씩 세우고 줄을 연결했어요. 그리고 비계 scaffold, 높은 곳에서 공사를 할 수 있도록 임시로 설치한 가설물를 만든 다음 지붕틀을 맞추기 시작했어요."

빌은 통나무를 자르는 데 기계톱을 썼다. 현장에 전기가 들어오지 않았기 때문에 전동공구를 쓸 수가 없었다. 통장이들이 쓰는 까뀌(내가 제일 아끼는 연장임)를 경매로 구하기도 했다. 통나무 뼈대를 짜는 데 못은 전혀 쓰지 않았다. 빌은 숲에서 구한 물푸레나무 조각을 쪼개 은못을 만들었다(은못 dowel은 트러넬 trunnel이라고도 하는데 '나무못 treenail'에서 온 말이다).

빌더 ● 37

지붕틀을 짠 다음 빌은 단풍나무 중도리를 맞춰넣었다(건축과정은 사진 참조). 그리고 중도리의 윗부분을 기계톱으로 납작하게 밀었다. 그런 다음 중도리에 1×10인치 판재를 대고 못을 박은 뒤 0.3밀리미터 검정 폴리에틸렌을 한 겹 깔았다. 그리고 그 위에 판재를 한 번 더 깐 다음 맨 꼭대기와 맨 밑부분에만 못을 박아 고정했다. 되도록 폴리에틸렌에 구멍이 나지 않도록 하기 위해서였다. 그런 다음 거친 나무 널빤지를 이었더니 방수가 완벽한 지붕이 완성되었다.

벽으로 댄 통나무들 사이의 틈을 메우기 위해서는 가는 6센티미터 쇠그물 조각들을 댄 다음 함석 못으로 고정하고 모르타르를 안팎으로 발랐다. 그리고 사이에 섬유유리 단열재도 댔다. 모르타르는 바브가 외발 수레에다 괭이로 혼자 다 섞었다.

바닥은 오래된 사일로^{silo, 탑 모양의 곡물 또는 건초 저장고}를 해체해서 얻은 사이프러스 판재를 이용했다. 그들은 1980년에 입주한 뒤로 지금껏 살고 있다. "처음에는 사냥용 오두막을 짓겠다는 생각으로 시작했어요. 여기 와서 살게 될 줄은 꿈에도 몰랐지요."

◀ 바브가 지렛대를 이용해 통나무를 수레에 싣고 있다. 땅이 진흙투성이다. "그해 여름은 주말마다 비가 온 것 같아요."

◀ 맨 처음으로 노치를 판 통나무. 뒤집어서 받침 통나무에 맞추기 직전이다.

▲ 빌과 쿠엔틴이 기중기를 이용해 중도리를 맞추려 하고 있다.

▲ 쿠엔틴(9)이 기중기의 크랭크를 돌리고 있다.

▲ 통나무를 집게로 움직이고 있다.

▲ 빌이 중도리 위에서 균형을 잡고 있다.

▲ 도와주고 있는 친구

▲ 까뀌로 통나무를 다듬고 있다.

▲ 빌이 벽돌을 쌓아 우물 벽을 만들고 있다. 벽돌을 나선형으로 쌓는 것은 필요할 때 오르내릴 수 있도록 하기 위해서이다.

나중에 빌은 우물의 지붕 뼈대를 만들고 친구들과 이엉 지붕을 이었다.

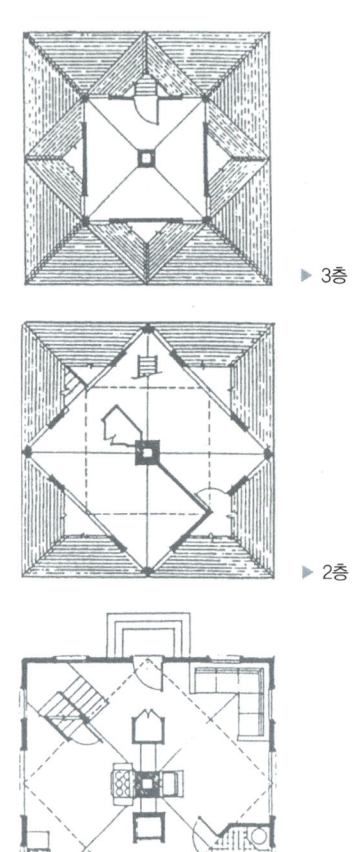

▶ 3층

▶ 2층

▶ 1층

광채를 찾아서 존 실베리오

형체가 어떻게 광채를 띠게 되는지에 대해 생각하다 보면 건축에 사용되는 재료가 어떻게 광채의 질감에 영향을 주는지 묻게 된다. 건물의 외피 속을 흐르는 에너지를 극대화하기 위해서는 형체를 띠는 자연물의 경우와 마찬가지로 그 외피가 환경과 조화를 이루는 천연재료로 만들어져야 한다.

벽돌의 붉은빛과 돌의 회색빛과 거친 나뭇결은 세월이 흐를수록 은은하고 고색창연한 빛을 띤다. 완전히 자연 그대로의 재료로만 지은 건물의 숨은 특성은 그것이 주변 환경의 일부가 되면서 더욱 빛을 발한다. 모든 건자재의 원천인 자연은 모든 재료를 재생한다. 나는 건축물의 생사 순환을 그려보곤 한다. 건물은 자연에 이식된 이질적인 물체가 아니라 살아 있는 순환의 일부가 되어야 한다. 그래서 건축은 구현의 과정, 또는 탄생의 과정이다. 자연은 재료를 제공하고 인간은 에너지를 제공하는 것이다.

천연재료는 되도록 적게 변형해야 한다. 나무와 돌은 거칠고 다듬지 않은 채로 내버려두는 게 좋다. 그래야 투과성이 있고 오래 노출된 표면이 햇빛 입자를 잘 받아들임으로써 은은하게 밝은 빛을 내기 때문이다. 재료에 어떤 연장을 사용했는지를 말해주는 흔적이 남아 있어야 최종 결과물에 어떤 변화가 있었는지를 알 수 있다.

존 실베리오John Silverio는 메인 주에서 아름다운 방사형 집을 설계하여 살고 있는 건축가이다. 그는 노르웨이 목조교회stave church의 영향을 받아, "영적 원리에 따라 방사형 건물을 설계한다."고 했다. 이 글은 존이 『광채를 찾아서: 한 건축가의 신념A Search for Radiance: An Architect's Credo』이라는 제목으로 쓴 논문의 일부이다.

재료를 숙성시키거나 열을 가하거나 모양을 바꾸는 등의 변형과정은 최소화하는 게 좋다. 원재료를 플라스틱으로 전환하는 것처럼 변형과정이 복잡하면 최종 결과물이 어떤 재료에서 비롯되었는지가 드러나지 않는다. 이 세상의 그 어떤 재료도 완전히 사람이 만들어낸 것은 없다. 사람은 자연에서 취한 것을 고립시켜 성질을 바꿀 뿐이다. 우리는 천연재료에 둘러싸여 있을 때 가장 편안함을 느낄 수 있다.

재료를 운반할 경우, 나는 지역에서 구할 수 있는 것을 가장 좋아한다. 그 지역의 환경에서 벗어난 외부에서 온 재료는 이질감을 유발한다. 그 지역의 재료는 그곳 기후에 오랫동안 적응해오면서 익숙하게 쓰였고 주변과 잘 어울린다. 또 건자재를 가까이에서 구하면 멀리서 운반해오는 것에 비해 에너지를 크게 줄일 수 있다.

재료는 가까이서 구하는 게 좋을 뿐만 아니라 있는 그대로 이용하는 게 좋다. 예컨대 돌은 땅 가까이 있고 약간만 드러나 보이기 때문에 기초에 사용하는 게 좋다. 나무는 땅 위에 있고 많기 때문에 구조물의 윗부분에 쓰는 게 좋다.

재료의 그런 특성을 고려하여 지은 집은 아주 온전하고 활기 있고 밝은 느낌을 준다. 콘크리트의 딱딱함이나 금속의 번들번들함이 적은 건물은 실제로 숨을 쉬며 생동감이 있다.

형체를 이루는 힘

사람에게서나 건축물에서나 광채가 어떻게 나타나는지를 이해하는 비결 중 하나는 인체나 건물의 벽을 속이 빈 껍질로 상상해보는 것이다. 이 껍질은 안팎으로 생명력이 흐를 때 생기를 얻는다. 껍질을 통해 영적 에너지가 흐를 때, 이 껍질은 살아 있는 정도가 아니라 생명의 광채를 띠게 된다.

건축에는 크게 두 가지 방향의 중요한 힘이 있다. 하나는 밖으로 팽창하는 힘이고 또 하나는 안으로 수축하는 힘이다. 밖으로 팽창하는 힘은 껍질을 밀어내고 불룩한 부분을 만들어낸다. 이것은 건물에 사는 사람과 가구, 사람의 행동이나 활동, 심지어 사람의 생각이나 기도를 뜻한다. 외부로 발산되어 우주로 뻗어가는 것으로 생의 공간을 확장시킨다. 내민창은 밖으로 팽창하는 힘의 구현이라 할 수 있다.

반대로 안으로 수축하는 힘은 껍질에 벽감이나 홈을 만들어낸다. 이 힘은 배려나 직관같이 보다 영적인 형태로 나타나는데 자연이나 이웃사회, 우주의 힘을 뜻한다. 이것은 우주에서 안으로 향하는 것으로 생의 공간으로 파고드는 힘이다. 안으로 우묵 들어간 출입구는 안으로 수축하는 힘의 일례이다.

오목하고 볼록한 면을 만들어내는 이런 두 방향의 힘을 통해 우리는 모양 갖는 것들을 구분할 수가 있다. 건축가로서 나는 그런 힘들이 조화와 균형을 이루는 껍질을 만들려고 한다. 외피는 볼록한 부분과 오목한 부분이 균형을 이룸으로써 두 힘의 흐름을 가로막는 장벽이 아니라 사실상 증폭시키는 것이 된다.

시간의 끝에 있는 집 _폴 노내스트_

폴 노내스트Paul Nonnast는 애리조나 제롬에 살고 있는 예술가로 주택을 설계하고 시공한다. 그의 작업장은 돌과 콘크리트와 강철과 유리로 지은 것이며, 집은 라스트라rastra 블록으로 지었다. 그는 '제대로만 쓰면 우아할 수 있는 비싸지 않은 재료'를 쓰기 좋아한다. 예를 들자면 거친 나뭇결이 드러나는 콘크리트를 부은 벽을 만든다든지, 평범한 함석판을 이용하여 처마돌림띠를 만들기도 한다. 그것도 직각으로 자르는 대신 섬세하게 연귀이음miter을 한다. 그는 '큰 집을 짓기 위해 큰 공간이 필요하지 않은' 설계를 좋아한다.

외벽은 85퍼센트가 재생 폴리스티렌으로 이루어진 효율적인 건자재인 라스트라 블록으로 만들었다.

연귀이음을 한 처마돌림띠

거친 나뭇결이 드러나는 콘크리트 벽

욕실

폴의 작업장. 폴은 쓰레기일지라도 사용가치가 있는 재료면 무엇이든 이용한다

존에게서 영감을 얻은 이언 잉거솔은 낡은 헛간을 뜯어 장부맞춤식 집을 지었다. 사진 왼쪽이 이언이고 오른쪽이 존, 가운데가 나이다. 나중에 이 집이 불타서 이언은 집을 새로 지었다. 그는 또 코네티컷 웨스트콘월에 '셰이커'라는 가구제조회사를 차려 성공을 거두었다.

집을 끌고 다니다

존 웰스

1970년에 나는 캘리포니아의 산타크루즈 산지에 있는 히피 고등학교의 임시 교사로 채용되어 숙소로 사용될 측지선 돔 geodesic dome, 측지선이란 어떤 공간 안의 임의의 두 점을 맺는 가장 짧은 곡선을 학생들과 함께 지었다.

이 당시 우리는 다양한 재료와 기법을 실험해보고 있었다. 그러던 어느 날 개조한 녹색 폭스바겐 딱정벌레차가 우리 작업장 밖에 멈춰서더니, 통짜로 된 작업복 차림에 덩치가 크고 파이프를 문 남자가 차에서 내리는 것이었다. 코네티컷에서 온 존 웰스John Welles였다. 그는 서부 해안 곳곳에서 대안적인 집짓기를 하고 자가발전을 하는 사람들을 찾아다니고 있었다. 그는 호기심 많은 발명가이자 빌더에 원예가에 용접공에 뱃사람으로 무슨 일이든 다 잘하는 이였다. 한때는 폴리우레탄 발포제를 쓰기도 했고, 장부맞춤mortise and tenon 방식의 헛간 뼈대를 만들 줄도 알았다. 그는 포클레인을 갖고 있었으며 무거운 것들을 옮길 줄 알고 풍차와 태양열 온수기를 만들 줄 알고 다양한 차량을 개조할 줄도 알았다.

존과 나는 35년 동안 연락을 하고 지내는 막역한 사이가 되었다. 일이 년에 한 번씩 존이 캘리포니아에 와서 함께 며칠을 지내기도 하고, 내가 몇 번이나 존의 코네티컷 집에 가기도 했다. 그럴 때마다 결국에는 동부와 서부의 감수성 차이로 서로를 끌나게 했지만, 그것은 집짓기와 정원일과 대안에너지에 관한 최근의 관심사를 충분히 나눈 다음이었다. 왼쪽 사진은 1980년대 어느 11월에 찍은 것이다. 가족과 함께 존의 집에 며칠 묵을 때였다. 이날 존은 열두 살과 열 살인 내 두 아들에게 용접장비를 내주었고, 아이들은 바위에 용접을 하면 불꽃이 튀는지 알아보았다. 역시 애들은 애들이었다.

존은 숲에 땔감을 구하러 갈 때 쓰는 작은 사륜구동 덤프트럭을 보여주었는데, 직접 그가 개조한 것이었다. 뒷바퀴는 유압밸브로 조종이 가능해서 이 트럭은 말 그대로 언제든 급커브를 돌 수 있었다. 트럭의 몸체는 고철로 만들었고, 들어올리는 장치는 다 낡은 덤프트럭의 것을 이용했다. 뼈대는 양쪽으로 전진이 가능한 두 부분으로 이루어졌다. 또한 스프링이 튼튼해서 무거운 짐을 가득 실을 수 있었다.

혼자서 집 옮기기

1980년대 초에 존은 볼리나스에 있던 우리 집 가까이에 작은 땅을 산 적이 있다. 나는 약간 일본풍인 작고 수수한 집을 지었다가 더 원하지 않게 되면서 아마도 500달러 정도를 받기로 하고 존에게 팔았다. 어느 날 존은 그 집을 400미터 쯤 떨어져 있는 자기 땅으로 옮겨갈 거라고 했다. "어떻게?" 내가 물었다. 그는 120센티미터 범퍼잭 bumper jack을 이용해 통나무 위에 집을 굴려서 옮기겠다고 했다. 게다가 그 일을 혼자서 하겠다는 것이었다. "그러시게나, 존."

다음 날 나는 버클리에 가야 했고, 오후가 되어서 집에 돌아왔다. "맙소사." 오두막이 우리 집 입구를 반쯤 벗어나고 있는 중이었다. 그때 존이 쓴 방법을 사진에 담아두었다.

존이 앵글에 범퍼잭을 끼워 건물을 당기고 있다.

그는 4×8 각재 두 벌을 앞뒤로 번갈아가며 써서 집을 옮겼다.

존이 4×8 각재를 당기고 있다.

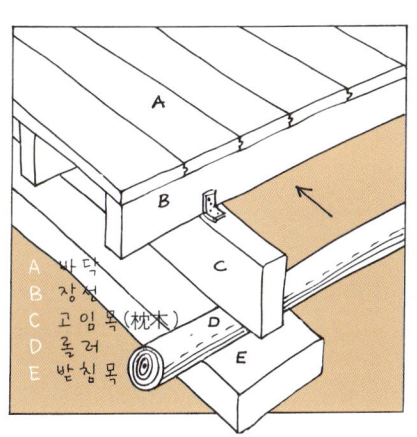

A 바닥
B 장선
C 고임목(枕木)
D 롤러
E 받침목

그날 하루 일을 마칠 무렵 150미터 정도 이동을 했다.

사막 한가운데의 농가

레니 & 안드레아 라도치아

애리조나의 한 마른 골짜기(제롬 인근의 옛 탄광 부근)에 땅과 조화를 이루고 설계가 기발한 농가가 있다. 태양열을 이용하는 이 농가는 아름다우면서도 기능성을 갖춘 거의 완벽한 집이다. 독특한 집이다.

레니 라도치아Reny Radoccia와 안드레아 맥셰인 라도치아Ardrea McShane Radoccia는 1974년에 파올로 솔레리의 아르코산티 건축프로젝트파올로 솔레리의 생태 건축 사상을 구현하기 위한 실험 타운 건설에서 만났다. 그들은 몇 년을 티피북미 인디언이 쓰던 원뿔형 천막집에서 살았고, 티피 주변에 첫 집을 지으면서 티피를 해체했다.

지금 사는 농가는 집과 몇 개의 별채로 이루어져 있으며, 한쪽에 레니의 건축스튜디오가 있다. 1층 벽은 근처에서 구한 돌을 썼고, 위층에는 나무 각재를 썼다. 단열은 섬유유리와 셀룰로오스를 썼다. 그들은 집 안의 모든 가구를 만들었으며, 안드레아는 부엌 조리대의 타일을 만들었다.

안드레아는 도예가일 뿐만 아니라 벨리댄스 무용단을 이끌고 있으며, 공인 안마사이기도 하다. 레니는 건축가들 가운데서도 아주 별난 사람이다. 레니는 자기 손으로 집을 짓는데, 설계는 실용적이면서 미학적으로도 뛰어나다. 그런 두 사람이 모였으니 대단한 팀이 되었다. 레니가 말했다. "건물은 우리 부부의 열정입니다."

오른쪽의 온실은 2½피트 철근에다 1/2인치 PVC 파이프를 대어 뼈대를 만들고, 0.2밀리미터 폴리에틸렌을 씌워 만든 것이다. 밤에 열을 보존하기 위해 철사로 가로장을 대고 지퍼를 달았다. 우리가 방문한 1월에는 밤이 몹시 추웠는데도 채소가 가득했다.

레니의 40평 스튜디오는 대단히 효율이 좋으며 85퍼센트가 재생 폴리스티렌으로 이루어진 라스트라 블록으로 만든 것이다. 라스트라 블록은 길이 3미터에 폭과 높이가 5×3미터이고 무게가 61킬로그램이며 에폭시수지로 붙여 쓴다. 이 블록 내부의 폭 38센티미터 구멍에 콘크리트와 철근을 부어 보강을 한다. 레니는 이 재료를 '주인이 직접 짓기 좋은 제품'이라고 했다. http://www.rastra.com/

이 집의 태양열 발전 시스템은 36개의 100와트급 전지판, 4킬로와트 변환기, 20년 수명의 납축전지, 프로판가스 비상발전기로 구성되어 있다. 이 시스템으로 세탁기와 부엌 가전제품, 그리고 전동톱을 돌릴 수 있다. 47쪽 맨 위의 사진을 자세히 보면 레니의 노란 불도저가 보인다.

▼ 집 안에 있는 온실은 먹을 것을 제공해줄 뿐만 아니라 공기를 습하지 않게 해준다

안드레아가 만든 부엌 조리대 타일

안드레아의 벨리댄스 의상

소박한 삶을 위한 현대식 유르트

빌 코퍼스웨이트

빌 코퍼스웨이트Bill Coperthwaite는 인터넷도 전화기도 없이 길에서 몇 킬로미터나 떨어져 있는 메인 주의 숲에 살고 있다. 나는 1970년대에 빌을 찾아가면서 2킬로미터 이상 숲길을 걸어서 갔다. 해안을 따라 카누를 타고도 갈 수 있다.

나는 아들 피터와 함께 빌의 집에 가서 카누를 타고 만 여기저기를 다니기도 하고 빌이나 견습생들과 함께 놀기도 했다. 빌은 하버드에서 교육학 박사학위를 받은 사람으로, 퀘이커교가 주도하는 미국친우봉사회 소속으로 멕시코에서 2년간 활동했다. 에스키모 문화를 소개하는 순회박물관을 고안하고 세계 곳곳에서 강연도 했다. 1962년에 『내셔널지오그래픽』지의 한 기사를 보다가 빌은 몽고의 전통 유르트(몽고에서는 '게르'라 부른다) 설계에서 민중의 천재성을 읽었다. 그는 유르트에서 창조적인 설계를 위한 풍부한 잠재성을 보았으며, 개인이 직접 지을 수 있는 소박한 거처를 발전시킬 수 있는 가능성을 발견했다. 그 뒤 빌은 벽이 아래로 갈수록 좁아지는 목조

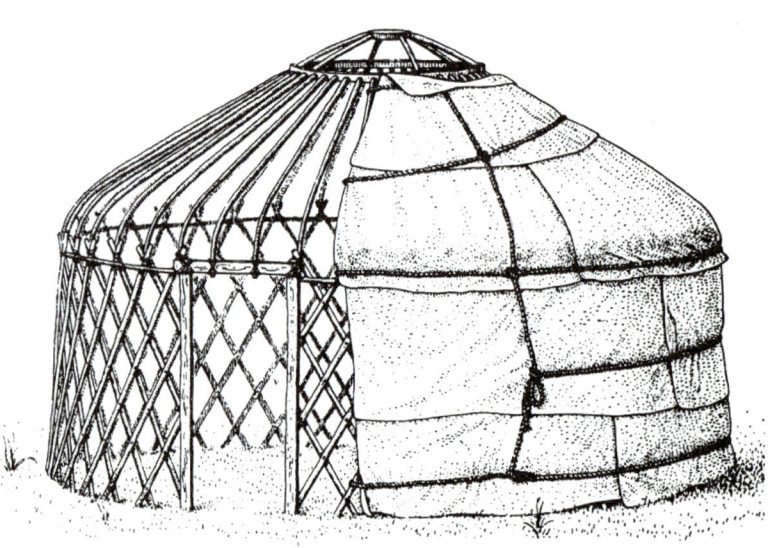

왼쪽과 이 사진은 메인 주의 숲에 있는 빌의 집이다. 지름(처마 기준)이 17미터인 이 집은 몇 년에 걸쳐 짓는 동안에도 비바람을 피할 수 있도록 설계되었다. 세 개의 동심원을 갖는 이 유르트는 바닥 넓이가 76평이다. 맨 먼저 제일 안에 있는 지름 5미터의 유르트를 지어 들어가 살 수가 있다. 그 다음엔 자갈바닥에 큰 유르트의 지붕을 지음으로써 비용의 많은 부분을 차지하는 바닥 공사를 늦출 수 있다. 그러는 사이 지붕 아래의 넓은 공간은 작업장이나 온실, 차고, 놀이터로 쓸 수 있다.

유르트를 설계하였다. 최소한의 건축기술만으로도 아름답고 비싸지 않으면서 오래가는 집을 지을 수 있도록 설계한 것이었다.

근래에 빌은 워크숍을 이끌기도 하고 유르트 도면을 팔기도 하고 유르트 건축에 관한 설계와 상담을 하기도 하면서 21세기의 삶을 소박한 것으로 만들기 위한 길을 여전히 모색하고 있다. 얼마 전에는 『핸드메이드 라이프 A Handmade Life』라는 책을 펴내기도 했다. 빌과 유르트 재단에 관한 자세한 내용은 재단 홈페이지에 소개되어 있다. http://www.yurtinfo.org/yurtfoundation.php

표준적인 유르트는 지름 5미터(또는 3~4미터)의 크기로 지을 수 있다. 이 정도면 가장 소박한 편인데, 오두막이나 15명 정도의 세미나 공간으로 여름캠프나 산장으로 쓰기에 아주 좋다. 둥근 채광창은 빛을 고루 비춰주며, 처마 밑의 창을 통해서 부드러운 빛이 들어오기도 한다. 사람들은 이런 유르트를 사우나나 손님방으로, 때로는 둥근 책상을 댄 사무실로 쓰기도 한다.

동심원 유르트는 지름이 12미터이며, 사실상 한 유르트 안에 또 하나의 유르트가 있는 셈이다. 안에 있는 유르트는 바깥 유르트의 지붕을 지탱해주며 건자재의 비용을 줄여준다. 이렇게 함으로써 바깥 원과 안의 원 사이에 흐름이 자유

▼ 메인 주 디킨슨리치에 지은 유르트 재단의 게스트 유르트. 1966

노스캐롤라이나의 『어머니 대지 뉴스』지의 터에 지은 동심원 유르트. 1979

메인의 하버사이드에 지은 헬렌 니어링의 유르트. 1990

로운 독특한 공간이 생기며, 안쪽의 다락 같은 유르트에 있으면 호젓한 느낌이 든다. 안쪽의 유르트는 완전히 위에 떠 있기 때문에 그 아래에 있는 공간은 욕실이나 저장실, 거실로 쓸 수 있다. 미국에 있는 이런 유르트들은 집이나 여름별장, 공동체의 휴게실로 쓰이고 있다. 바닥 면적은 28평이다.

뉴햄프셔 프랭클린에 지은 트래블스터디 커뮤니티스쿨의 내부. 1968

웨스트버지니아의 체리그로브에 지은 마운틴 인스티튜트의 최초의 16미터 유르트. 1976

웨스트버지니아의 체리그로브에 지은 마운틴 인스티튜트의 10미터 유르트. 1991

빌 코퍼스웨이트의 유르트 이야기

1930년 메인 주에서 태어난 나는 지난 43년 동안 메인 해안지역의 미개척지에 살면서 보다 건전한 사회를 건설하는 데 도움이 될 수 있는 보다 소박하고 기품 있는 생활양식을 모색해왔다. 풍부하면서 덜 개발하는 삶을 위한 아이디어를 구하려고 공부를 하고 여행을 하고 세계 각지에서 강연을 하는 동안 이곳은 나의 거점이 되었다. 그러는 와중에 오랫동안 이어져온 인간의 지혜와 현대 최고의 지식을 융합하여 아름다운 세상을 창조할 수 있음을 깨달았다.

최대 다수의 행복과 성공을 추구하며 지구의 생태 균형을 염려하는 사회라면 소박한 삶의 필요성과 아름다움과 지혜를 인식할 것이다. 성년이 되고서는 보다 소박하고 온전하고 건강한 삶에 기여할 수 있는 육아·원예·공동체 건설·공예·건축·디자인과 같은 문화와 사람을 찾아다니는 데 주로 바쳐왔다.

현대식 유르트 설계 작업은 그러한 모색에서 비롯되었다. 디자인은 아시아 오지 민중의 천재성과 가볍고 튼튼하고 값싸고 짓기 쉬운 현대식 건축재료를 융합한 것이다. 1964년 이후 나는 알래스카에서부터 플로리다, 메인에서 캘리포니아에 이르는 미국 전역에서, 그리고 세계 각지에서 300여 개의 유르트를 설계하고 시공해왔다. 작은 놀이용 유르트에서부터 4층에다 지름이 18미터인 유르트에 이르기까지 크기가 다양한데, 집으로, 교실로, 산장으로, 여름별장으로, 사우나로 쓰이고 있다. 현대식 유르트를 문화 융합의 상징으로 활용하는 가운데, 1971년에 비영리 조직인 유르트재단을 설립하여 전 세계의 소박한 삶의 지혜와 지식을 모으고 있다.

02
집

몸을 쉬게 해주고 영혼을 편안히 해줄 수 있어야
비로소 진정한 집이 된다.

필립 모피트

Homes

오프더그리드 집 잭 윌리엄스

잭 윌리엄스 Jack Williams는 노던캘리포니아의 숲에 집을 지었다. 상상력과 땀으로 지은 꿈의 농가였다. 남쪽으로는 파란 태평양에 면해 있는 5킬로미터에 걸친 숲이 내려다보인다.

잭은 자기 땅에 있는 삼나무 묘목을 잘라 장대를 만들었다. 1미터 간격으로 콘크리트 기초인 피어 pier를 붓고 지중보 grade beam로 연결한 뒤, 굵은 철사를 이용해 장대를 피어에 묶어 고정했다. 벽은 바닥에서 7미터 높이까지는 페로시멘트를 발라 만들었는데, 이때 장대 바깥 면에 여섯 겹의 닭장 철망을 대고 모래를 섞은 시멘트를 발랐다. 그는 만일 다시 짓는다면 닭장 철망보다는 건축용 철망을 쓰겠다고 했다. 장대들은 바깥 날씨에 노출되지 않아 잘 지탱하고 있다고 한다.

잭은 노던캘리포니아에서 오프더그리드 off-the-grid, 공공 수도·전기·통신 연결망에서 벗어나 있는 집 형 집을 개척한 사람들 중 하나이다. 근 20년 동안 전기를 열여섯 개의 태양열집열판으로 해결해오고 있다. 그

중 넷은 우물물을 퍼올리는 데만 쓰고 있다. 변환기(인버터)는 2,000와트급이며 배터리는 시간당 500암페어급의 지게차배터리 세 개를 쓴다. 겨울철 비상용으로는 6,500와트급 프로판가스 발전기를 쓴다. 그는 휴대전화와 위성TV 수신기로 세상 소식을 접하며 지낸다. 과실수와 채소를 기르며, 요즘에는 지붕에 페로시멘트를 쓰는 건물을 새로 짓고 있다.

온실에 붙어 있는 욕실

▲ 잭의 태양열 과일 건조기. 검은 박스 안에 있는 쟁반에 과일이 담겨 있다.

▲ 말리

케이트 토드

벽 하나는 아직 비닐로 가린 채였다. 기초는 콘크리트 피어였다. 장대 뼈대는 지름 2.5센티미터의 함석 파이프 조각을 이용해 피어에 박았다. 집에 붙어 있는 온실의 기초는 둘레에 콘크리트를 부어 만들었다.

3년 뒤에 케이트는 혼자서 두 번째 집을 지었다. 두 아이가 십대가 되자 아이들에게 두 번째 집을 주었다. 케이트가 사는 곳은 느낌이 좋은 작고 편안한 나무집으로 작긴 해도 진짜 집 같은 곳이다. 두 집 모두 겨울이면 수력발전기를 이용하는데, 산에서 내려오는 물을 지름 2.5센티미터의 파이프로 연결해서 소형 수차水車를 돌려서 전기를 얻는다. 여름이면 광전지판을 이용해 전기를 공급한다. 두 시스템 다 배터리 충전식이며, 이렇게 해서 얻은 전기로 케이트는 조명과 커피 그라인더, 라디오를 쓰며, 일주일에 한 번은 진공청소기와 재봉틀을 사용하고 비디오로 영화를 본다.

"수력발전이 좋은 점은 하루 24시간 전기를 얻을 수 있다는 것이에요."

작은 전기히터는 수력발전기에서 여분의 전기가 있으면 언제든 이용하여 배터리가 과잉 충전되는 것을 막아준다. 겨울이면 나무난로 코일에서 뜨거운 물이 나오고, 여름이면 태양열집열판과 연결된 실외 샤워기를 이용한다.

케이트는 꽃과 채소를 많이 가꾸며 판화를 제작하기도 한다. 그리고 외국인에게 영어ESL를 가르치기도 하고, 여건이 되면 네팔, 발리, 이탈리아, 멕시코, 쿠바, 과

케이트 토드Kate Todd는 1970년대 초에 노던캘리포니아의 숲에 오프더그리드 집을 지었다. 케이트와 그녀의 파트너는 1972년 봄에 집을 짓기 시작하여 그해 겨울에 입주했다.

▼ 케이트가 지은 첫 번째 집

부엌

테말라 같은 곳을 여행한다. 1986년에는 수력발전기를 니카라과로 가져가서 작은 마을 아홉 가구에 전기를 공급하기도 했다. 그녀는 1993년식 닛산 일제 픽업트럭을 몰고 다니며, 최근에는 파트너와 함께 리터당 23킬로미터를 갈 수 있는 하이브리드 전기자동차인 도요타 프리우스를 구입했다.

▲ 케이트가 지은 두 번째 집으로 지금 이곳에 살고 있다. 실외 샤워기용 태양열집열판과 배터리를 충전하는 광전지판이 보인다.

▲ 케이트는 인근의 오리나무와 버드나무로 이 소파를 만들었다.

부엌

2층 침실

수전 루이스

1974년에 수전 루이스Susan Lewis와 로즈마리 와드Rosemary Ward는 캘리포니아 멘도시노 카운티 산자락에 아무런 전동 장비도 없이 목조주택을 지었다.

"이 집을 짓기 전까지는 엉성한 책장 말고 아무것도 지어본 게 없어요."
수전은 여자 빌더인 케이트 토드에게서 영감을 얻었다. 그녀는 지붕에 있는 태양열집열판으로 조명과 직류 냉장고, TV와 VCR, 헤어드라이어, 세탁기를 쓴다. 나무난로에는 온수기가 달려 있고, 실외 샤워시설과 퇴비변기가 있다. 37미터 깊이의 우물물은 12볼트 직류 양수기와 두 개의 집열판을 이용해 퍼올린다.
6,000여 평의 땅에는 샤도네이 포도가 심어져 있다. 수전은 포도주와 샴페인을 만들며, 남는 포도는 양조장에 판다. 그녀는 1992년식 트랙터와 말끔한 53년식 셰비 픽업트럭을 갖고 있다.

집 ● 61

존 폭스

존 폭스 John Fox는 1970년에 노던캘리포니아의 가파른 숲 5만여 평을 사고, 자기 손으로 집을 조금씩 지었다. 존의 집은 길에서 150미터 떨어진 곳에 있다. 그래서 존은 3/8인치 케이블 140미터와 크랭크를 이용해 식료품과 기타 물품을 끌어온다. 우기 때는 떨어지는 개울물로 작은 수력발전 터빈을 돌려 전기를 얻고, 나머지 기간 동안에는 집열판을 이용한다. 전기를 저장하기 위해 네 개의 배터리가 있으며, 직류전기를 교류로 바꿔주는 변환기가 있다. 비상용 발전기도 있다.

집은 일곱 개의 면이 있는 건물 두 채가 언덕배기에 붙어 있다. 밝고 시원하고 다채로운 것이 나무 위에 있는 집 같다. 지난 4년 동안 존은 아들(사진에서 줄을 타고 있다)과 함께 집을 짓고 밭을 일구었다.

존이 가지고 있는 『셸터』 특별판

해안의 유목집
카렌 크뇌버

1960년대 말에 카렌과 로저 크뇌버 Karen and Roger Knoedder, 그리고 이들의 세 아이는 샌프란시스코 북쪽의 외딴 해안에 있는 유목流木집에서 1년 살았다.

로이드: 어떤 인연으로 그렇게 살게 됐지요?
카렌: 1967년쯤 버클리를 떠나 캠핑카를 타고 여행을 떠났어요. 키웨스트까지 가니까 돈이 바닥나더군요. 키웨스트 옆에 해군기지로 쓰이던 보카치타라는 조그만 섬이 있었어요. 그곳이 버려져 있어서 우리는 키웨스트에서 재목을 끌어와 작고 예쁘고 바람 잘 통하는(벽이 없다) 집을 지었죠. 친구들이 와서 보고는 "이렇게도 사는구나!" 하더군요.

그들은 그렇게 6개월을 살고 메릴랜드에 있는 폐농가에서 또 한동안 살다가 캘리포니아로 돌아왔다. 그러다 다시 빈털터리가 되어 집세를 낼 수 없는 처지가 되었다.

우리는 해안에 조그마한 유목집 마을이 있다는 소문을 듣고 찾아가보았어요. 여덟 채가 있었는데, 사람들은 우리한테 작은 집에 우선 살면서 해변에 있는 유목을 주워다가 집을 지어보라고 하더군요.

아이들은 몇 살이나 되었나요?
다섯 살, 네 살, 두 살이었죠. 모두 샌프란시스코에서 태어났어요.

카렌과 세 아이 슈피나, 카무어, 코스모

로저와 세 아이

당신은 몇살이었죠?
스물여덟요.

해변에서 살아보니 어땠습니까?
400미터를 걸어가서 물을 길었고, 해변을 걸으며 땔감을 주웠죠. 아이들은 늘 바닷가에서 놀았고요.

요리는 어떻게 했나요?
휴대용 가스버너를 사용했어요.

먹을거리는요?
홍합을 많이 먹었어요. 로저가 물고기를 잡아왔죠. 근처에 시금치도 많이 자랐어요. 2주에 한 번씩 3킬로미터 정도 되는 읍내까지 걸어가서 장을 봐오기도 했어요.

왜 떠났나요?
돈이 약간 생겼고, 딸들이 학교 갈 나이가 되었어요. 그리고 불안정한 절벽에 매달려 있었기 때문에 무너질까 봐 걱정도 되었고요. 당국에서 찾아와서 떠나라는 소리를 하기 시작했죠. 우리가 사는 곳이 악명이 자자하다고 하더군요.

돌아보면 샌프란시스코에서 한 시간밖에 안 떨어진 곳에서
이렇게 살 수 있었다는 게 믿어지지 않는다.
돈이 거의 한 푼도 들지 않는 집을 갖는다니. 그리고 세금도, 주택검사관도,
전기도, 자동차도, 도로도 없이 살다니.
바로 다음에 나오는 1960년대 뉴멕시코의 코뮌(공동체) 사진을 보라.
지금 미국에서 그런 것들을 볼 수 있을까?
그것이 같은 지구에서 일어난 일이라 할 수 있을까?

집 ● 65

그렇게 살 수 있었다는 게 참 놀랍네요.
맞아요. 지금 같으면 당장 체포되고 말죠. 시절이 워낙 달랐으니까요.

그래서 어디로 떠났나요?
멘도시노로 갔어요. 거기서도 계속 집만 짓고 살았어요. 한 10년 동안은 전기도 냉장고도 없었고요.

이 가족이 떠날 때 그들이 살던 집은 그곳에 남은 유일한 집이었다. 나머지는 모두 주인이나 당국에서 철거했다.
최근 카렌은 멘도시노 카운티에서 자기가 직접 지은 집에 살고 있다. 로저는 20년째 파리에서 살고 있다. 카렌의 세 자녀는 모두 캘리포니아에 살고 있고, 그녀는 이제 손자를 여섯 둔 할머니가 되었다. 카렌의 자녀들은 '좀 더 번듯한 집'에서 살고 싶었다는 말을 이따금 한다.

▲ 사우나

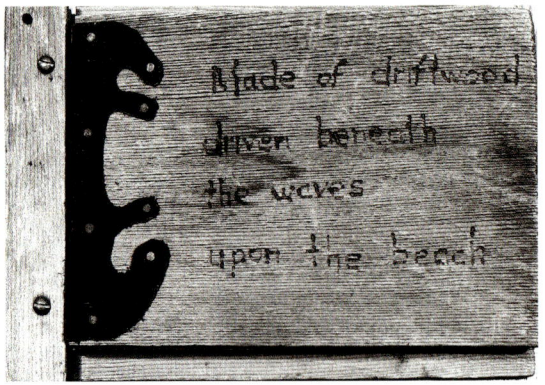

◀ 여기 소개된 사진들은 전부 카렌의 앨범에 있는 것이다. 앨범 커버는 당연히 유목이다.
앨범 커버의 글: "파도를 타고 해변에 밀려온 유목 조각"

뉴멕시코의 새 정착민

1960년대의 문화혁명 동안 탐구정신과 모험정신이 강한 많은 미국의 젊은이들이 새로운 삶을 창조하기 위해 시골로 떠났다. 넓고 땅값이 싸고 인구가 적은 뉴멕시코는 수천 명의 새로운 정착민을 끌어당겼다. 당시는 낙관주의와 신뢰, 그리고 마약과 환각의 시대였을 뿐만 아니라 자기 손으로 열심히 집을 짓고 어도비 집을 수리하고 아이들을 기르고 동물을 돌보고 공동체 생활을 하는 시절이기도 했다.

어윈 클라인 Irwin kein은 뉴욕 출신의 사진가로 1966~1971년에 뉴멕시코를 다섯 차례 방문하면서(한 번에 석 달 정도 머물렀다) 라이카 카메라로 흑백사진을 찍었다. 그는 1974년에 비극적인 죽음을 맞이했다. 당시는 이전 히피시대의 순수와 자유가 퇴색하고 중독성 강한 마약과 범죄적인 요소가 섞이기 시작하는 때였다.

2002년 가을, 우리는 그의 형제인 앨런과 연락이 닿았다. 그는 어윈의 사진을 모두 갖고 있었으며, 책으로 펴내고 싶어했다. 어윈의 예술관을 다른 이들과 나누고 싶다고 했다. 여기 어윈의 아름다운 사진들과 함께 그의 책 서문 일부를 소개한다. 혹독한 현실이 발랄한 이상주의와 순한 낙관주의에 개입하기 이전의 시절이다. 당시 그곳에 살던 사람들이 이 사진들을 본다면 아마 눈물이 나리라······

어윈의 작품을 더 보려면 다음을 참조하면 된다.
http://homepage.mac.com/pardass/IRWINKLEIN/INDEX.html

▲ 바예시토스에서 앨런, 플라이, 미키

▲ 모라의 숲에 있는 오두막

파이브스타 코뮌

일부 사진들은 코뮌(공동체)에서 찍은 것이지만, 대부분은 뉴멕시코 벽지에서 혼자나 둘이서, 또는 가족이나 작은 그룹에서 살던 사람들의 사진이다. 물자를 어느 정도 공유하고 많은 시간을 함께 보내는 친구들의 그룹과 코뮌을 구분하기 힘들 때도 있다. 나는 코뮌이라면 의식적으로 공유하는 책임감과 일정한 공동 구조물이 있어야 한다고 생각한다. 따라서 여기 소개하는 대부분의 사람들은 코뮌보다는 공동 정착settlement에 가깝다고 하고 싶다.

이들 중 일부는 시골 출신도 있지만, 대부분은 대도시의 마약소굴을 버리고 떠난 도시 중산층의 자녀들이다. 대학을 중퇴하고 '공정한' 길을 가려는 사람도 있고, 이전의 비트 세대도 있다. 이들이 발전해가는 모습을 지켜보니 일종의 패턴과 테마가 나타났다. 그들은 순수에서 경험으로 가는 통과의례를, 히피 이미지에서 미국의 초기 개척자나 독립적인 자작농 같은 옛 미국의 전형적인 이미지를 따라가는 것 같았다.

파이브스타 코뮌

▼ 모라에 있는 파이브스타 코뮌

▼ 페트레오 캐니언에 있는 피터 반 드레서의 오두막

▼ 라스 타블레스에서 모우와 여자 친구

▶ 바예시토스의 아이들

여기 소개된 것을 단지 히피들의 사진집으로 보는 독자도 있을 것이다. 이 사진들이 지금은 이미 지나간 특정 순간의 스타일과 양식을 반영해주는 것은 사실이지만, 그보다 더 흥미를 끄는 것은 내가 포착하려는 모험이 시간을 초월한 운동의 일부라는, 자기 삶의 방식을 일신하려는 장구한 시도라는 점이다. 사진의 주인공들은 각자 진지함의 정도는 다르지만 복잡한 기술도시에서 벗어나 다양한 삶의 양식을 찾으려고 애쓰고 있다. 동시에 이들은 우리가 공유하고 있는 과거와 해체되어가는 문화로부터 불러일으킬 수 있는 모든 자원을 뽑아내려 한다. 내 역할은 관찰자로서 참여하는 것에 불과하다. 나는 내가 사진에 담은 사람들과 거의 같은 동기에 이끌려 뉴멕시코로 왔다. 대부분의 경우 작업을 시작하기도 전에 그들과 친밀한 유대감을 갖게 되었다. 『새로운 정착민 The New Settlers』은 가족 앨범이기도 하고 다큐멘터리이기도 하며 신화이기도 하다. 그것은 내 작업이지만 그들의 집단표현이기도 하다.

파이브스타 코뮌

뉴버펄로에서의 결혼식

엘리토에 있는 샌디의 부엌

▶ 페트레오 캐니언의 앨런과 미키

바에시토스의 교회 앞에서 루퍼스

▶ 엘리토의 시애틀 갱하우스에서
다나 라이언스와 알라나

▲ 피레네 산맥 숲속의 작은 집

자유건축

몇 년 전에 우리는 프랑스령 피레네 산맥에 있는 주인이 직접 지은 집들로 가득한 웹사이트를 우연히 발견했다. 그 프랑스인들은 마치 1960년대와 1970년대의 미국 대항문화 빌더들의 정신을 이은 것처럼 보여 흥미로웠다. 그들이 이룩한 좀zome, 다면체 돔이란 뜻 구조물은 특히 그랬다. 여기서는 웹마스터 장 숭 Jean Soum이 찍은 사진을 소개한다.

http://www.archilibre.org/index_en.html

▶ 흙과 석회로 벽을 바르고 폐차 유리로 창을 만든 아르노의 숲속 헛간

◀ 잔마리는 피레네 산맥에 이 예쁜 집을 지었다. 그녀는 이 지역의 오래된 돌 헛간의 설계를 바탕으로 하면서 재료는 돌보다는 나무를 주로 썼다.

▲ 장클로드는 재생 나무와 창으로 이 헛간을 지었다.

▲ 석판 지붕널을 이은 팔각형 오두막

▲ 왼쪽 팔각형 오두막의 내부

▲ 미겔의 마구간

◀ 피에로의 숲속 헛간

◀ 눈 덮인 피레네 산맥이 내다보이는 산에 위치한 주인이 직접 지은 집

▼ 숲속의 작은집. 반대편에 좀 구조물이 붙어 있다.

이 사진들은 전부 롤랑과 제제의 집 정경이다.

꼬마요정과 모든 어린 것들은 언제나 곡선과 원형이 만물의 조화를 반영한다는 사실을 알고 있었다. 나는 숲 한 가운데다 곡선이 지배적인 집을 지었다. 기초는 분홍빛 대리석이며 비틀어지고 등이 굽은 나무들이 둘러싸고 있는 집이다. 그것은 이 터와 조화를 이루기 위한 나와 정령들의 약속 때문이었다.

—롤랑

좀

1960년대 뉴멕시코 앨버커키에 살던 수학자이자 발명가인 스티브 베어는 '좀'이라고 하는 건물들을 잇달아 설계했다. 초기의 것들은 콜로라도 파라시타에 있는 히피 코뮌인 드롭시티 Drop City와 뉴멕시코의 플라시타스에 지어졌다. 1967년에 베어는 좀 구조물의 수학적 원리와 건축을 소개하는 『좀 해설서』라는 책을 펴냈다. 이 책값이 단돈 1달러였는데, 스튜어트 브랜드와 그의 『호울 어스 카탈로그 Whole Earth Catalog』에 영감을 주었다. 나 또한 그 책에 영향을 받아 『돔북 I』과 『돔북 II』로 출판에 뛰어들게 되었다.

그로부터 35년 뒤, 이제 피레네 산맥에서 프랑스식으로 변형된 일군의 좀 구조물을 발견할 수 있다. 좀이 프랑스에 처음 도입된 것은 20년 전 장 숭 덕분이었는데, 그는 지금도 좀 구조물에 살면서 작업을 하고 있다. 그가 나에게 보내준 사진들을 여기에 소개하겠다.

▲ 목초지에 지은 다이아몬드 형상의 좀

▲ 산에 지은 이 돔은 일대의 버려진 건물에서 가져온 100년 된 석판으로 지붕을 이었다.

▼ 명상처로 이용되는 작은 더블 돔

집 ● 75

장 숭과 몇몇 좀 빌더들은 나름의 해석을 가미하였고, '그룹 좀'을 결성하여 정보를 공유하고 교환했다. 그후 프랑스 시골에는 수백 채의 좀 구조물이 지어졌고, 집으로 명상처로 회의실로 쓰이고 있다.

좀에 사는 사람들은 이 구조물의 조화로움에, 그리고 그 모양이 발산하는 평온함과 에너지에 매료된다고 한다. 그들은 "유리나 석영으로 된 작은 모델을 이용하여 공간의 잠재력을 키우고 인간과 우주의 교감을 조화롭게 한다."고 말한다.

이 세 사진은 장 숭의 태양열 좀 사무실이다.

▲ 실내를 보면 어도비벽돌, 나무, 장작, 코브(짚을 섞은 흙반죽) 등 다양한 재료를 썼음을 알 수 있다. 단열은 양털과 짚과 흙반죽으로 했다.

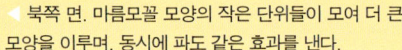

▲ 북쪽 면. 마름모꼴 모양의 작은 단위들이 모여 더 큰 모양을 이루며, 동시에 파도 같은 효과를 낸다.

▲ 장미셀이 마지막 석판 지붕널을 고정하고 있다.

산허리에 위치한 더블 좀

▲ 로뱅송의 작업장. 목수인 그에게 큰 좀은 좀 구성물을 조립할 만한 공간을 제공해준다.

▲ 배경 사진에 보이는 좀의 실내 구조

쓰러져가는 헛간에 지은 좀

원형 집

▲ 양치류로 이엉을 엮은 지붕의 실내 모습

▲ 재활용 유리와 창으로 지은 미겔의 오두막

▲ 원형 오두막의 지붕틀

▲ 기둥은 개아카시아와 밤나무를 사용하고, 개암나무 가지를 수평으로 엮었다.

이 세 사진은 음악실로 쓰기 위한 유르트를 짓는 과정을 보여준다.

▶ 옆 유르트에 흙으로 벽을 바르고 창을 달았다. 이제 음악 연습을 시작하자!

◀ 목초지의 작은 유르트

▼ 중앙 화로가 있는 유르트의 내부 모습

▲ 왼쪽 집의 침실 천장

◀ 손으로 지은 태양열 주택의 남향 전경

집 ● 79

바위 위의 집 피터 마르샹

피터 마르샹Peter Marchand은 현장 생물학자이자 작가로, 콜로라도 파익스 피크에 있는 캐터마운트연구소에서 자연생태계를 연구하고 있다. 그는 틈만 나면 애리조나의 집으로 돌아온다. 다음은 그의 글이다.

나는 누군가 내 집을 중요한 것으로 받아들일 줄은 정말 몰랐다. 이 집은 내 인생의 전환기에 잠시 공을 들인 거처로, 내가 재생한 재료와 상상력을 발휘하여 짓기 시작했다. 그런데 집을 짓기 시작하면서 무언가 다른, 아주 오래가는 어떤 것을 갖게 되었다는 걸 알았다.

이 프로젝트는 내 집을 찾아오는 사람들에게 매우 호기심이 가득하고 진지한 눈길을 끌었다. 나보다 훨씬 고급스런 집을 가진 사람들이 이런저런 질문을 던지는 것이었다. 바위 위에 지은 65제곱미터의 거처를 통해 나는 오래전에 잊어버린 단순한 진리를 재발견했다.

내 집은 애리조나 나바호 카운티의 외딴 구석에 자리 잡고 있다. 이곳은 협곡으로, 들쭉날쭉한 윤곽과 부드럽고 묵묵한 빛깔이 있는, 오랜 세월 침식된 바위들이 층층이 깊은 골짜기와 온갖 모양의 둥그런 형체를 만들어내는 곳이다. 이곳 풍경은 거칠면서 공상적인 느낌을 준다. 비바람에 시달리는 소나무와 노간주나무는 오랫동안 잊힌 분재처럼 얼마 되지 않는 흙에 뿌리를 내리고서도 잘 자란다. 두 세기 동안 바람과 적은 비에 적응해와서인지 비바람을 달래는 듯한 모양이다.

나는 집을 짓기 전에 여러 날 이곳을 걸어다니며 나무와 절벽장미와 실난초를, 그리고 척박한 사막 한가운데에 겨우 붙어사는 바람에 시달린 왜소한 피니언노간주나무 숲을 익혔다. 하지만 그보다 더 내 마음을 끄는 것은 바위였다. 너무나 부드럽게 다듬어져 있고 차분하고 묵묵한 자태가 좋았다. 나는 돌출되어 있는 웅장한 사암을 자꾸 다시 보러 갔다. 그곳의 한쪽은 프랭크 로이드 라이트가 봤다면 눈물

을 흘렸을 만큼 아름답게 다듬어진 바위와 경계를 이루고 있었다. 갈 때마다 나는 그 멋진 사암을 어떻게 내 거처로 만들 것인지 궁리했다. 그러는 몇 달 동안 바위 위에 지을 집의 모양새가 머릿속에서 서서히 갖춰졌다. 어느 쌀쌀한 11월 아침, 나는 커피잔을 내려놓고 집을 짓기 시작했다. 2억5천만 년 전에 이미 기초가 다져진 터였다.

그 넓은 사암은 평평하지 않았다. 하지만 별로 개의치 않았다. 오래된 농가의 바닥이 그처럼 경사져 있는 것을 종종 보았다. 바위 사이에 틈이 있어도 별 상관없었다. 틈이 큰 경우에는 벽을 고정하는 데 쓰면 되고, 바위 북쪽 가장자리에는 자연스럽게 디딤대를 만들어 난로 놓을 자리로 쓰면 되었다. 그리고 난로 뒤에 있는 선반 모양의 바위 돌출부 암붕岩棚는 실내에 그대로 튀어나오게 함으로써 집에서 가장 눈에 띄거나 아니면 적어도 앉을 수 있는 부분이 되게 하면 되었다. 내가 할 일이라곤 자연이 이미 선사해준 것에 벽을 치는 것뿐이었다.

주변에서 돌을 모아 작업하기 시작했다. 돌을 하나하나 골랐다. 붉은색 위에 갈색을, 회색 위에 붉은색을 놓는 식으로 쌓았으며, 그러기 위해 2억5천만 년에 걸쳐 이루어진 지질학 역사의 현장을 뒤지고 다녔다. 그렇게 모은 돌들을 끼워 맞추기도 하고 시멘트를 발라 붙이기도 했다. 그리고 사암에 난 틈을 메웠다. 경사진 바닥을 어느 정도 자연스럽게 고르고 돌벽의 맨 위에 판자를 앉히고 나니 재래식 목조뼈대 벽이 완성되었다. 그리고 비대칭을 이루는 여섯 개의 벽을 슬래브 지붕과 자연스럽게 맞추었다. 손연장과 타고난 직관만으로 혼자 작업했다. 그러기 위해서는 다른 빌더들이 집짓는 모습을 지켜보거나 이전의 내 집을 손볼 때 쌓은 경험을 총동원해야 했다. 확실히 나름대로 창조적인 목공술을 구사하긴 했으나, 모든 바위와 판자와 기둥에 내재되어 있던 활력과 기운이 발산된 것도 사실이다.

집은 서서히 모습을 드러냈다. 벽과 완만한 경사를 이루는 지붕은 해체된 건물 잔해로 만든 것이다. 마치 오래된 그루터기에서 새 나무가 돋아나는 식이었다. 나는 구할 수만 있다면 온갖 건축자재를 모았다. 그것이 비바람을 막아주고 빛을 들어오게 해주는 것이라면 어느 것 하나 마다하지 않았다. 그리고 안내광고를 샅샅이 훑어보고 벼룩시장을 뒤지고 다니고 해체작업반 사람들을 따라다녔다. 그러다 버려진 온갖 것들이 다 쓰임이 있다는 것을 알게 되었다. 특별 제작한 트레일러는 벽을 보강해주었고, 오래된 나바호 교역소의 전시장 유리는 바닥부터 천장까지 닿는 통창이 되어주었으며, 애리조나 성경선교회에서 떼어온 낡은 벽널은 벽 안팎을 우아하게 만들어주었다. 선적용 나무상자, 재활용 채광창, 오래된 목욕탕의 문 등 구해온 재료들의 목록은 고물 야적장에서 보물 찾는 법을 알려주는 수집가의 안내서처럼 보였다.

그런데 나무와 씨앗의 생김새가 다르듯이 최종 결과물은 원래의 모습과 닮은 데가 거의 없다. 거친 판자들은 자연 그대로의 바위에 잘 들어맞았고, 집은 어떤 일관성이 있어 보이고, 찾아오는 모든 사람들의 심금을 울리는 무언가가 되어갔다. 실내의 자연스러운 느낌은 아주 매력적이면서 사람을 편안하게 해주었다. 각 방향을 둘러싸고 있는 창들은 바깥 날씨로부터 보호를 해주면서 고립감을 느끼게 하지도 않았다. 사용한 나무 재료들이 다른 장소에 있던 다른 생명들의 온기를 발산하는 듯했지만, 집 전체는 언제나 그 바위 위에 서 있었다는 느낌을 주었다. 사람들은 이 집을 중요시 여기기 시작했다.

집을 세우고 나서는 다른 무언가가 나타났다. 나는 돌을 골라내고 오래된 널빤지를 뒤지면서 내 자신이나 세상에서 내가 차지하는 위치에 대해 새로운 차원으로 만족하게 되었다. 여기 살다 보면 내가 쓰는 물에 대해서도 뿌듯해지는데, 그것은 내가 물을 직접 구해다가 걸러서 쓰기 때문이다. 비가 오면 지붕은 물길이 갈라지는 분수령의 유역처럼 물이 많아진다. 깊은 사막이라 비가 적게 오지만 나는 물이 부족한 줄을 모른다. 낮이면 태양열을 이용해 전기를 저장하고,

어느 여름날 아침, 잠에서 깬 나는 흰목굴뚝새 한 마리가 집 안에 들어와 난로 옆 바위 선반에 앉아 있는 모습을 보았다. 이 굴뚝새는 대단한 활력과 어찌할 수 없는 호기심을 보여 나를 더없이 즐겁게 해주었다. 나는 전에 이 새들이 좁디좁은 바위틈으로 비집고 들어가 어둠 속으로 사라졌다가는 근처 어딘가에서 쑥 튀어나오며 의기양양하게 지저귀는 모습을 보곤 했다. 이 굴뚝새는 지붕 내물림의 널빤지 하나가 휘면서 생긴 틈으로 들어온 것이었다. 서까래 사이로 들어온 이 새는 단열재 밑에 충분한 공간이 있는 것을 보고 천장 구석에 마무리가 덜 된 부분으로 비집고 들어와서는 제 집처럼 편히 지내고 있었다.

실내에 있는 화분에서 창턱으로 난로 선반으로 다니면서, 녀석은 내 집이 자기의 평소 영역의 일부라는 듯 마음 놓고 여기저기를 살폈다. 이 새가 실내에 들어와서 익숙하고 편안해하는 것을 보면서, 녀석이 전에 여기 살았던 게 분명하다고 생각했다. 게다가 전에 나는 그 흔적을 이따금 보았었다. 바위 위에 조그만 밤색 깃털이나 하얀 자국이 있는 것을 보았던 것이다. 그때까지만 해도 그것은 실제라기보다는 가공의 존재로만 보일 뿐이었지만. 새는 몇 분 동안의 탐사에 만족했는지 아까 들어왔던 구멍으로 휙 날아가더니 단열재 밑으로 쑥 들어가서는 이내 바깥으로 나가버렸다. 그러고는 내가 있는 창가로 휙 내려오면서 특유의 의기양양한 소리를 냈다. 그것은 이 집이 그 어떤 곳보다도 내게 사적인 곳이라 하더라도 나만의 집이 아니며 앞으로도 절대 그럴 리가 없다고 하는 선언이었다.

저녁이면 촛불을 밝혀 식사를 하며, 밤에는 컴퓨터, 음악, 조명을 쓰기에 충분한 전기가 있다. 프로판가스를 이용해 음식을 조리하고 냉장을 한다. 내 집에는 전기로 인해 윙윙거리거나 덜덜 떠는 게 하나도 없다. 음식쓰레기와 같은 버리는 유기물은 전부 비료로 만들고 꽃도 가꾼다. 샤워는 태양열 온수기로 하고, 목욕은 따뜻한 사우나에서 하며, 쓰고 난 물은 밖에 있는 식물에게 준다. 겨울이면 해가 뜨기 전에 장작을 한 아름 때고, 해 가 지고 나면 또 한 아름을 피운다. 해가 갈수록 나는 이 바위 위에 사는 것이 편안하고 영감도 많이 얻는다. 그것은 생활의 모든 사소한 부분에 전적으로 동참하며 주변 세계에서 벌어지는 모든 일들을 늘 의식하기 때문인지도 모른다. 나는 평범한 하루 일과를 다하면서도 지나가는 폭풍에 비가 얼마나 내리는지, 달이 얼마나 차고 기우는지, 철마다 별자리가 어떻게 바뀌는지, 언제 매미가 나오고 클라레컵 선인장이 꽃피는지, 봄 언제쯤이면 쏙독새가 돌아오는지, 가을이면 언제 잣이 익는지를 안다. 나는 현대판 헨리 소로가 되어 아주 만족하며 살고 있다. 🏠

우리가 산에 사는 것은 이렇게 탁 트인 풍경이 있기 때문이다. 가장 가까이 사는 이웃이 10킬로미터 밖에 있다.

태양 동력을 이용한 『홈파워』지 본부

리처드 페레스

처음 『홈파워Home Power』지를 본 것은 1980년대였다. 조잡해보이긴 해도 기술 정보가 탄탄하며 태양력과 풍력, 수력 발전을 주로 다루는 심도 깊은 잡지였다. 지금은 가정용 발전의 최신 조류를 소개하는 컬러 잡지가 되었다. 리처드와 카렌 페레스Richard and Karen Perez는 『홈파워』의 심장이자 정신이다.

리처드를 포함하여 『홈파워』에서 일하는 사람들은 오리건 주 숲속에 허름한 오두막을 짓고 몇 년 동안 살다가 자가 발전을 하는 집 겸 사무실 겸으로 새 소굴을 지었다. 이런 오프더그리드 집은 보기만 해도 놀랍다. 이 집은 난방과 전기를 햇빛과 바람, 장작으로 공급하고 있다. 그리고 같은 청정 전기에너지로 컴퓨터와 전산망을 돌리고 있다. 그들은 정말 두 발을 땅에 딛고 사는 사람들이다!
다음은 리처드가 잡지와 집에 대해 짧게 소개한 글이다.

1987년에 『홈파워』를 시작하여 지금까지 90호를 발행했다. 『홈파워』를 시작하기 전에는 10년 동안 광전지(PV) 시스템의 설치 딜러 일을 했다. 주로 오프더그리드 집을 원하는 이웃들에게 200개 이상의 태양 발전 시스템을 설치해주었다. 그러다 나는 지금의 태양에너지 기술이 그들에게 무엇을 해줄 수 있는지 그들이 잘 모르고 있다는 사실을 알게 되었다. 그들은 아직도 오프더그리드 집이나 사업장에 전력을 대기 위해 발전기를 돌리고 있었던 것이다. 나는 또 재생 가능한 에너지 산업이 부상하고 있는 것을 보았다. 그러나 그 산업은 잠재고객과 접촉할 방법을 못 찾고 있었다. 그래서 『홈파워』가 탄생한 것이다.

이제 15년째 출판 일에 종사하고 있다. 우리 웹사이트에서 무료로 잡지를 다운로드

서쪽에서 본 거실 바닥의 붉은 타일은 태양열로 데우는 콘크리트 온돌판을 덮고 있다.

하는 사람들을 포함하면, 매 호를 읽는 독자가 10만 명이 넘는다. 인쇄하는 잡지 부수가 3만8천 부인데, 그중에 약 2/3가 세계 곳곳의 가판대에서 팔리고 있다.

여러 해 동안 우리는 16평 '합판 궁전'에서 살면서 일했다. 단열이 안 되는 이 건물은 생필품과 컴퓨터 몇 대만으로도 꽉 찼다. 우리가 사는 곳은 길에서 10킬로미터 떨어진 오프더그리드로, 수십 년 동안 햇빛과 바람을 이용해서 모든 가전제품을 돌리고 있다. 그러다 2000년 여름, 우리는 집을 완전히 개축했다. 원래의 오두막은 완전히 해체되어 65평 새집의 재료가 되었다.

▲ 배터리와 변환기, 기타 재생 가능 에너지 장비를 갖춘 전기실

▲ 우리 집에 있는 사무실 중 하나. 세 공간에는 『홈파워』지를 만드는 데 필요한 컴퓨터가 총 다섯 대 있다.

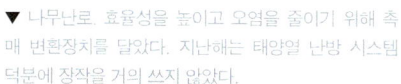

▼ 나무난로. 효율성을 높이고 오염을 줄이기 위해 촉매 변환장치를 달았다. 지난해는 태양열 난방 시스템 덕분에 장작을 거의 쓰지 않았다.

집 ● 85

새집은 2층으로 되어 있다. 아래층은 가운데에 중간층이 있으며 동서 양 축이 1.2미터 낮게 설계되었고, 그래서 건물이 앉아 있는 남향의 경사면과 비슷하게 기울어진 느낌을 준다. 이 집은 『홈파워』에서 일하는 사람들이 직접 설계를 하고 지었다. 설계상 가장 중요한 기준은 에너지 효율이었다. 우리는 태양열 난방 시스템을 구축하는 데 있어 패시브 방식과 액티브 방식을 같이 썼다. 패시브 시스템의 측면으로 볼 때 단열재를 충분히 썼다(벽에는 R-30을, 지붕에는 R-60을 썼다). 남쪽으로 이중유리로 된 창을 많이 냈고, 동쪽으로는 아침 일찍 일어날 수 있게 창을 적당히 내었다. 서쪽과 북쪽은 창을 최소화하여 열 손실을 막았다. 컴퓨터로 설계한 지붕 내물림은 창들이 여름에 건물을 과열시키지 않도록 막아주는 역할을 한다.

액티브 시스템의 측면으로 보자면, 우리는 지붕에 가로세로 1.2×2.4미터의 온수 집열판을 설치했다. 이 집열판들은 1층 바닥의 15센티미터 두께 온돌판을 직접 데워준다. 패시브 방식과 액티브 방식을 섞어 쓰고 단열을 엄격하게 하니 겨울철에

▼ 지붕에 태양열온수 집열판이 달린 집 겸 사무실이다. 지붕에 인터넷 위성수신기도 보인다. 오른쪽은 스트로베일(압축볏짚)로 지은 온실 겸 목욕탕이다. 온수 샤워기와 세탁기를 위한 태양열 집열판이 보인다. 오른쪽 앞에는 『홈파워』에 전력을 공급해주는 다양한 72PV 모듈이 있다.

▶ 안으로 들인 2층 데크로 나갈 수 있는 침실. 위 사진의 데크에서 본 모습이다.

▼ 카렌이 맛있는 요리를 하는 데 필요한 온갖 조리기구를 갖춘 부엌

◀ 열 명이 앉을 수 있는 식탁이 있는 식당

▲ 아래층 거실에서 본 식당

"태양열에너지를 얻어내는 비결이야말로 에너지 효율성이다."

비상용으로 쓰는 난로에 드는 장작 양이 18세제곱미터에서 1.8세제곱미터 이하로 줄어들었다. 우리는 집 겸 사무실을 거의 네 배 늘리면서도 장작 소비량은 열 배 줄였으니, 전체적으로 효율을 40배나 올린 것이다.

새 공간은 비좁지 않을 정도로 넉넉할 뿐만 아니라 아주 편안하다. 겨울에는 따뜻하고 여름에는 시원하다. 우리는 오리건 남서부에 있는 시스키유 산의 해발 1,000미터 지점에 자리 잡고 있다. 따라서 겨울이면 상당히 춥다. 밤 기온은 흔히 섭씨 영하 17도 대로 떨어지고, 눈이 몇 미터씩 쌓이는 경우도 제법 있다. 그럼에도 건물 안은 언제나 아늑하다. 바닥의 온돌판은 나흘 정도 날씨가 계속 흐려도 충분한 열을 보존해준다. 겨울철의 에너지 효율을 검증하려면 우리 집 개와 고양이들이 집 안의 다른 어느 곳보다 태양열 온돌판 위에 누워 있기를 좋아한다는 것을 보면 된다.

여름철에는 바깥 기온이 32도가 넘어가도 실내는 24도 이상 올라가는 법이 없다. 해가 지고 나면 창문을 많이 열어두어 서늘한 산바람이 집 안을 식히도록 한다. 그리고 아침이면 창을 닫아 시원한 공기가 낮 동안 유지되게끔 한다. 🏠

http://www.homepower.com/home/

친구들 중 하나가 사는 집 옆의 작은 오두막

스페인의 오두막

로이드, 여기 오두막 사진들을 보냅니다. 『셸터』를 보고 도움과 영감을 많이 받았습니다. 『셸터』는 정말 대단한 책입니다. 특히 이 책에 담긴 1960년대와 1970년대의 정신이 좋습니다.

나는 어릴 때부터 내 손으로 나무로 된 오두막을 짓는 게 꿈이었습니다. 마침내 마드리드 가까이 있는 산지의 한 타운인 미라플로레스에 약간의 땅을 사서 작은 오두막을 지을 수 있었습니다. 이제 건축 단계는 거의 끝났고, 남은 것은 인테리어를 마무리하는 일뿐입니다.

집을 짓는 동안 개구쟁이가 된 기분이었습니다. 또 기계화되고 부조리한 세상에 반항하는, 그러면서 겁 없고 단순해도 희망은 많으며, 시골에서 자기 손으로 지은 작은 오두막에 살고 싶어하는 청소년이 된 기분이었습니다. 이제 작은 텃밭을 일구거나 개울가에 앉아 흐르는 물소리를 듣거나 오두막에서 바이올린을 연주하곤 합니다. 더 바랄 게 없습니다. 🌼

—스페인 마드리드에서 엔리케 산초 아스날 Enrique Sancho Aznal

"집을 짓는 동안 개구쟁이가 된 기분이었습니다. 또 기계화되고 부조리한 세상에 반항하는, 그러면서 겁 없고 단순해도 희망은 많으며, 시골에서 자기 손으로 지은 작은 오두막에 살고 싶어 하는 청소년이 된 기분이었습니다."

테네시의 오두막

『셸터』는 테네시 킹스포트에 있는 퀘베커 인쇄소에서 인쇄를 한다. 이 책처럼 사진이 많은 책을 펴낼 때면 나는 언제나 첫 인쇄물이 잘 나오는지 인쇄소에 보러 간다. 인쇄공 중에 개리 크로퍼드Garry Crawford라는 사람이 있는데, 『셸터』에 나오는 사진들을 보더니 자기도 숲에 작은 오두막을 지었다며, 어릴 적 꿈을 이루었다고 했다. 남자들은 뭐니뭐니해도 재미다! 여기 개리가 테네시 호킨스 카운티에 형제, 친구와 함께 지은 오두막 이야기를 소개한다.

- 빌더: 두 형제와 전직 상선 선원. 모두 경험 전무
- 시간: 주말에만 작업하여 2년
- 비용: 임야 2,500평에 180달러. 재료비로 못과 틈 메울 모르타르 150달러. 나머지 목재와 지붕 함석판은 전부 재활용품
- 친한 친구한테서 기계톱 하나 빌림

오두막의 난방은 나무를 때는 조리용 난로로 한다. 물은 네 군데의 샘에서 긷는다. 조명은 등유 램프이며 창은 버려진 닭장에서 떼온 것이다. 앞뒤 처마는 무너진 헛간의 벌레 먹은 밤나무를 썼다.

이렇게 즐거운 일을 해본 적이 없다. 집짓기는 어른이 된 세 남자의 어릴 적 꿈을 채워주었다. 그리고 곧 별채도 시작할 수 있을 정도로 확신을 심어주었다.

—개리 크로퍼드

조앤의 집

조앤 카이거 Joanne Kyger 는 내 이웃으로 시인이며 우아한 여성이다. 그녀는 1970년에 오래된 작은 집을 샀는데, 이 집은 그녀가 세계 각지를 여행했다는 사실과 내면에 대단한 무언가를 갖고 있다는 것을 잘 드러내준다. 집 안 어디를 둘러봐도 아름답다. 티베트 탱화, 발리의 그림 달력, 많은 그림들, 다양한 바구니, 싱싱한 화분, 일본 화병, 칠기, 과테말라 거울 같은 것들이 있다. 집 안에는 좋은 향기가 가득하고, 책꽂이에는 수백 권의 책이 꽂혀 있다. 거실에서는 물로 얼룩진 오래된 지붕널이 보이고 나무난로도 있다.

이 집터로 들어가려면 터널처럼 늘어서 있는 60년 된 거대한 사이프러스나무 울타리를 통과해야 한다. 이 울타리는 조앤의 파트너인 도널드 구라비치가 만든 것이다. 정원에는 메추라기 무리가 잰걸음으로 가는 모습을 앉아서 볼 수 있는 자리가 있다. 잘 가꾼 다양한 풀꽃과 나무도 볼 수 있다. 도널드가 오래된 나무에 접붙인 여러 종류의 사과나무도 자라는데, 열매가 8월부터 10월 사이에 무르익는다.

최근 어느 잡지 기사에서는 조앤을 '시인 중의 시인'이라 했다. 그녀는 얼마 전에 펭귄출판사에서 『언제나처럼 As Ever』이라는 시집을 출간했다.

르네가 지은 집

르네 도 Renee Doe는 1970년대 초에 노던캘리포니아의 한 골짜기에 집을 지었다. 그녀는 다른 다섯 가구와 함께 6만여 평의 땅을 사서 집을 짓고 채소를 길렀다. 건축 재료는 그 마을에 있는 오래된 건물 두 채를 25달러에 사서 해결했고 트럭도 한 대 샀다. 그들은 두 건물을 해체해서 질 좋은 삼나무 벽널과 참나무 마루를 얻었다. 건축가인 스티브 맷슨은 르네가 원하는 대로 집을 설계해주었다. "나는 지붕이 가파르고 박공이 일곱 개인 집을 원했어요. 또 스티브에게 여자들이 들 수 있을 정도로 가벼운 목재를 쓸 수 있게 해달라고 했죠."

르네는 자신의 세 아이, 친구인 매기 쿨리와 함께 천막에서 지내며 집을 지었다. "우리는 바느질을 할 줄 알면 집을 지을 수 있다는 것을 알게 됐어요." 그들은 7월에 집을 짓기 시작했고, 11월에 입주했다. 난방과 조리는 조리용 나무난로를 썼다. 창문은 샌프란시스코 근처의 쓰레기장에서 구했다. "물은 들통에 길어 들고 왔고, 실외화장실을 팠어요." 아이들은 개울에서 목욕을 했다. "가을에도 너무 추워서 끔찍했죠."

나는 그 집이 공사 중일 때 가보았는데 상당히 복잡하다는 느낌을 받았던 기억이 난다. 그런데 완성이 되고 나니 아주 근사했다. 아이들은 잘 자라서 세상으로 나갔고, 지금은 르네와 파트너인 브렌트 앤더슨이 느낌이 좋고 아늑한 이 집에서 살고 있다. 🌼

카리브해의 빛깔 레나테 본 Renate Bonn

집 ● 95

알라메다 해군기지

엘 세리토

버클리

소살리토

엘 세리토

버클리

샌프란시스코 만의 빛깔

버클리

오클랜드

샌프란시스코

리치몬드

버클리

샌퀸틴

샌프란시스코

샌퀸틴

샌프란시스코

샌프란시스코

샌프란시스코

오클랜드

샌프란시스코

샌프란시스코

버클리

버클리

샌프란시스코

샌프란시스코

버클리

샌프란시스코

말리부의 해변 주택에서 샘과
니디아 비렌봄의 주방

캘리포니아의 주방

"문제는 뭘 먹느냐가 아니라 어떻게 씹느냐지." —리틀 리처드(가수)

소노마 카운티의 주방에서 재닛 베어

밥 이스튼이 설계한 작은 건물

여기서는 밥 이스튼Bob Easton이 설계한 네 가지 형태의 작은 집을 소개한다. 밥 특유의 그림은 건물의 모든 구성요소를 보여주며, 각 건물이 어떻게 지어지는지 머릿속에 쉽게 그려볼 수 있게 해준다. 네 가지 지붕 유형은 여기 소개된 것처럼 나무 각재만이 아니라 어떠한 재료로도 구현할 수가 있다. 밥은 지금 캘리포니아 산타바바라에서 건축가로 활동하고 있다.

셰드 지붕

Shed Roof

셰드 지붕은 짓기 쉬운 모양으로 납작한 지붕보다는 빗물과 눈이 잘 흘러내리도록 해주며 나중에 별채를 달거나 확장을 하기에 좋은 방식이다. 셰드 집은 벽이 높아 흔히 높은 곳에 창을 내기도 하는데, 해가 높이 떴을 때 빛을 받아들이기 위해서이다.

오른쪽 그림은 폭 1.8미터의 다락이 있는 작은 셰드 집이다. 작은 그림들은 셰드 집에 덧붙일 수 있는 방식을 보여주고 있다. 지붕 내물림을 달 경우 서까래를 벽체 상단에 못으로 고정해야 한다.

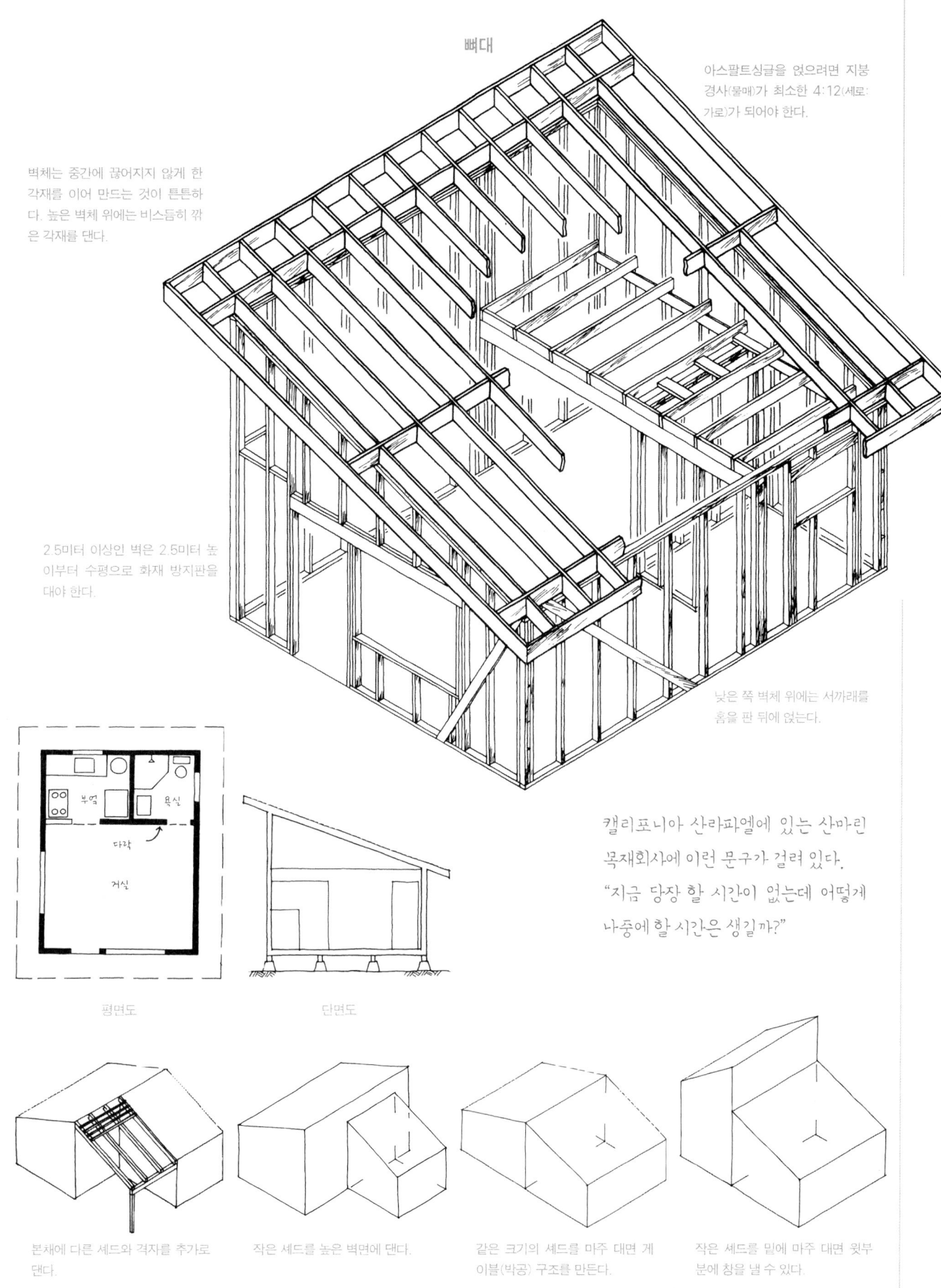

뼈대

아스팔트싱글을 얹으려면 지붕 경사(물매)가 최소한 4:12(세로:가로)가 되어야 한다.

벽체는 중간에 끊어지지 않게 한 각재를 이어 만드는 것이 튼튼하다. 높은 벽체 위에는 비스듬히 깎은 각재를 댄다.

2.5미터 이상인 벽은 2.5미터 높이부터 수평으로 화재 방지판을 대야 한다.

낮은 쪽 벽체 위에는 서까래를 홈을 판 뒤에 얹는다.

평면도

단면도

캘리포니아 산라파엘에 있는 산마린 목재회사에 이런 문구가 걸려 있다. "지금 당장 할 시간이 없는데 어떻게 나중에 할 시간은 생길까?"

본채에 다른 셰드와 격자를 추가로 댄다.

작은 셰드를 높은 벽면에 댄다.

같은 크기의 셰드를 마주 대면 게 이불(박공) 구조를 만든다.

작은 셰드를 밑에 마주 대면 윗부분에 창을 낼 수 있다.

집 ● 101

게이블 지붕

가파른 게이블 지붕 우리말로는 맞배지붕 또는 박공지붕이라고 한다 은 비나 눈이 많이 내리는 지역에서 흔히 쓰인다. 지붕이 가파르면 눈비가 잘 흘러내리며 벽체 높이 위에 저장실이나 다락을 만들 공간이 생긴다. 여기 소개된 그림은 천장이 트이고 다락이 있는 마룻대로 뼈대를 만드는 구조이지만, 보다 전통적인 방식은 마룻대와 천장 장선 ceiling joist, 반자틀 을 벽체 높이로 맞추는 뼈대이다.

게이블 지붕의 뼈대를 만드는 법은 두 가지가 있다.

첫 번째는 여기 소개된 것처럼 마룻대를 쓰는 방법이다. 이렇게 하면 천장이 트이고, 천장 장선은 벽체 높이 이하로 내려가게 된다. 마룻대는 토목기사가 크기를 맞춰주거나 건축검사관의 확인을 받아야 한다. 마룻대 방식을 쓸 때는 양쪽 벽을 단단히 보강해야 한다. 합판을 쓰면 제일 좋다. 목공이 정확하고 이음이 촘촘하며 못질이 야무져야 한다.

두 번째는 마룻대와 천장 장선을 벽체 높이에 맞추는 방법이다. 다락 바닥의 경우 천장 장선이 바닥 장선과 같은 크기가 되어야 한다.

High Gable

12:12 물매
벽체 샛기둥stud은 40센티미터 간격, 서까래는 6센티미터 간격, 벽 보강재는 1.2미터 간격으로 한다.

벽체 높이는 네 면이 모두 같도록 수평을 맞춘다. 벽난로는 좁은 쪽 벽면이나 가운데에 둠으로써 높은 굴뚝이 지지를 받을 수 있도록 한다.

뼈대

"처음에는 아주 작은 집이 아주 큰 집보다 낫다."
―토머스 풀러

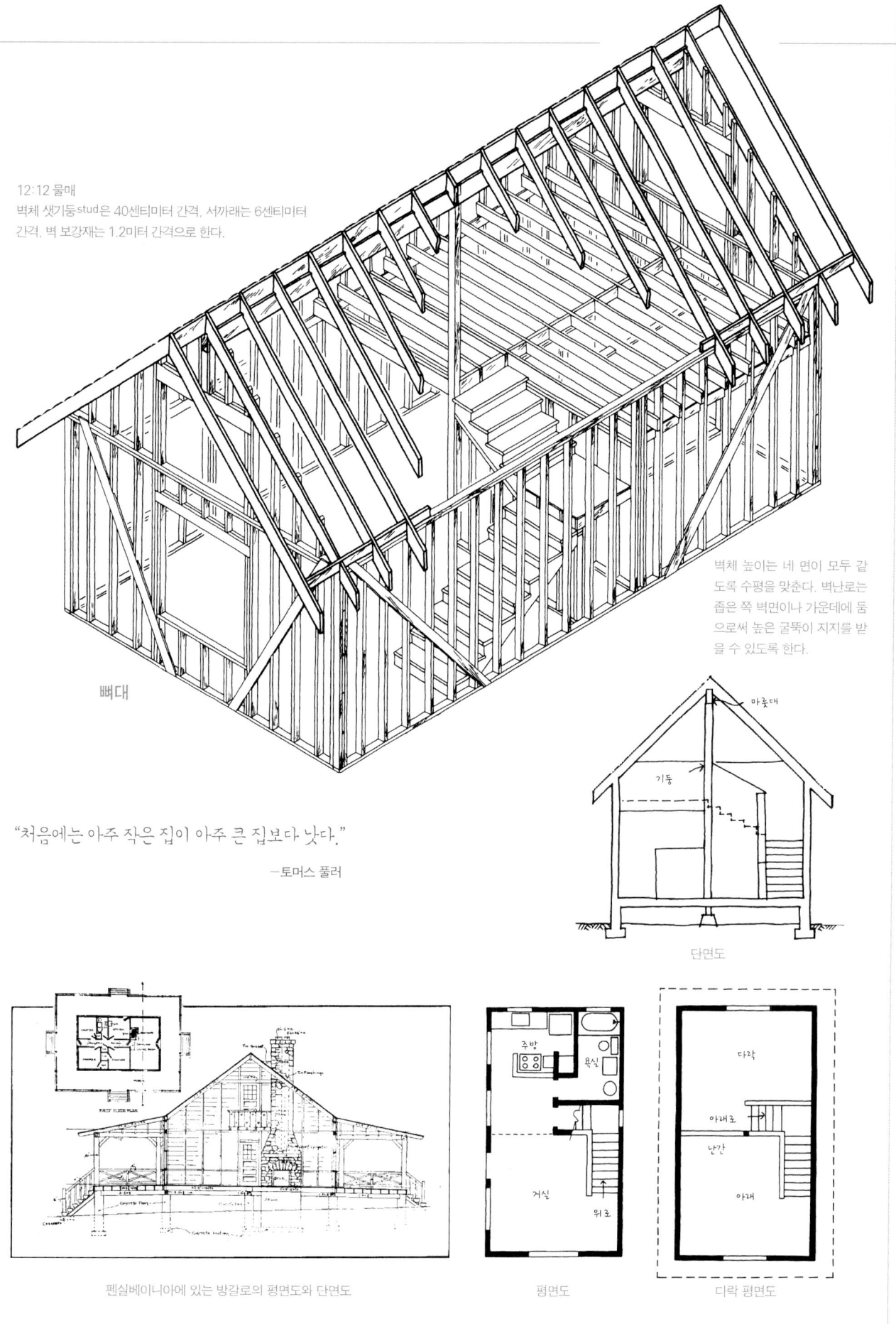

단면도

펜실베이니아에 있는 방갈로의 평면도와 단면도

평면도

다락 평면도

솔트박스

솔트박스(소금통) 모양은 뉴잉글랜드 지역이나 눈이 많이 내리는 곳에서 흔히 사용하는 방식이다. 이 구조는 대개 높은 벽체 쪽이 남쪽으로 향하고, 낮은 쪽은 북쪽을 보도록 설계된다. 이렇게 하면 낮게 비치는 겨울 햇살이 높은 벽으로 많이 들어오며, 낮고 면적이 넓은 북쪽 지붕에는 눈이 쌓이면서 훌륭한 단열재가 되기도 한다. 이런 집은 겨울에 북쪽 지붕에 눈이나 건초블록을 쌓아 단열을 하는 경우가 많다.

Salt Box

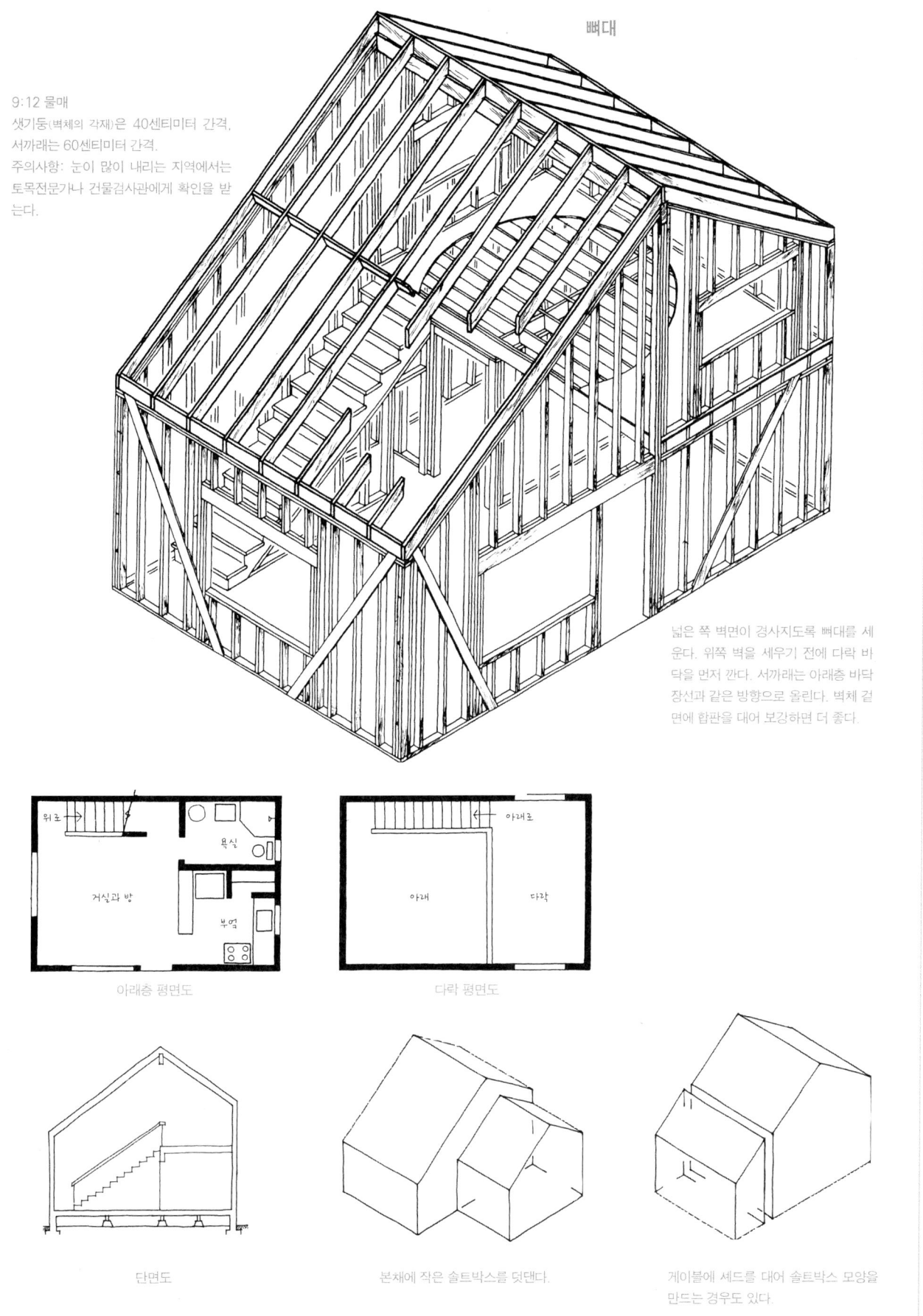

갬브럴 지붕

갬브럴 이중맞배지붕은 미국 동부지역과 캐나다에서 가장 흔한 지붕이다. 갬브럴은 말 뒷다리의 뒤로 굽은 부분을 지칭하는 단어이기도 하다. 이 지붕은 아랫부분은 가파르고 윗부분은 완만하다. 지붕 선이 이렇게 꺾이면 다락의 머리 위 공간이 더 많아지며, 그래서 이 구조의 다락은 헛간의 건초 저장 공간으로 잘 쓰인다.

"부자가 된 기분을 맛보려면 자기 형편보다 작은 집에 사는 게 가장 좋은 방법이다."
— 에드워드 클라크

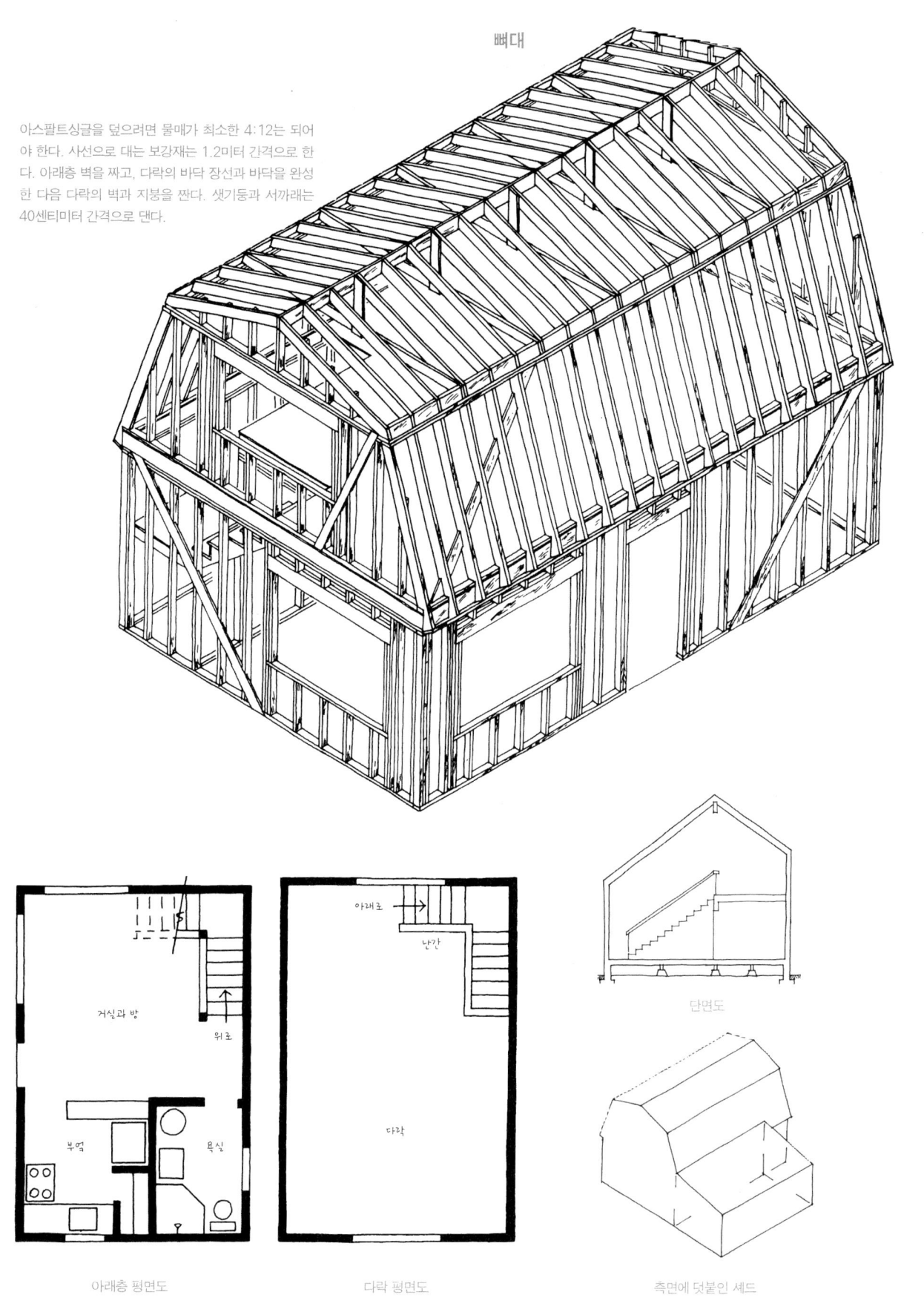

정말 정말 조그만 집

여기 소개하는 여섯 개의 조그만 집은 레스터 워커Lester Walker의 『정말 정말 조그만 집Tiny, Tiny Houses』에 나오는 것들이다. 레스터는 참 보기 드문 건축가이다. 그는 작은 집들을 설계하고 아주 유용하고 정확한 그림을 직접 그려 사람들에게 40여 채를 소개했다.

처음으로 정말 조그만 집의 범주에 넣고 싶은 집을 봤을 때 난 정말 놀랐다. 1963년 여름, 메인 주 해안에서 멀리 떨어진 곳에 있는 동물들의 위험천만한 이동로를 따라 걷다가 그 집을 발견했다. 바람이 휘몰아치는 절벽과 미끌미끌한 바위 너머로 재료를 끌어오지 않은 한 어떻게 그런 집을 지을 수 있었는지 상상이 되지 않았다.
하지만 그 자리에 그런 집이 있었다. 2.4×3미터도 되지 않는 아주 조그만 맞배지붕 오두막이었다. 순전히 바다에 떠다니는 유목과 타르종이만으로 지은 집이었다. 침대는 집에 맞춰 나뭇가지를 엮어 짜서 만들고, 부엌은 조그마하면서도 완벽했다. 물은 가까이 있는 샘에서 길어왔고, 창 밑에 있는 작은 책상은 바다를 마주 보고 있었다. 작은 후미에 있는 바위가 많은 해변, 바다에서 30미터 정도 떨어져 있는 그 집은 꼭대기에 거대한 솔송나무와 소나무들이 자리 잡은 절벽에 둘러싸여 있었다. 나중에야 그 집 주인이 자연을 사랑하고 혼자 있기를 좋아하는 80대 노부인이라는 사실을 알게 되었다. 그때 나는 건축이라는 것이 건축가나 빌더만의 것이 아니라는 점을 깨달았다.
2년 뒤에 카메라와 수첩을 들고 다시 그곳까지 걸어갔다. 그 작은 집을 나의 『정말 정말 조그만 집』에 담고 싶다는 희망도 있었다. 하지만 운이 없었다. 그 집은 엄청난 폭풍에 날아가버린 것 같았다. 그래도 그 집은 지금까지 본 건물 가운데 가장 아름다운 집으로 기억 속에 남아 있다. 그리고 이 책을 쓰게 된 것도 아마 그 집에서 받은 영감 때문이었을 것이다.

—레스터 워커

뗏목집   Raft House

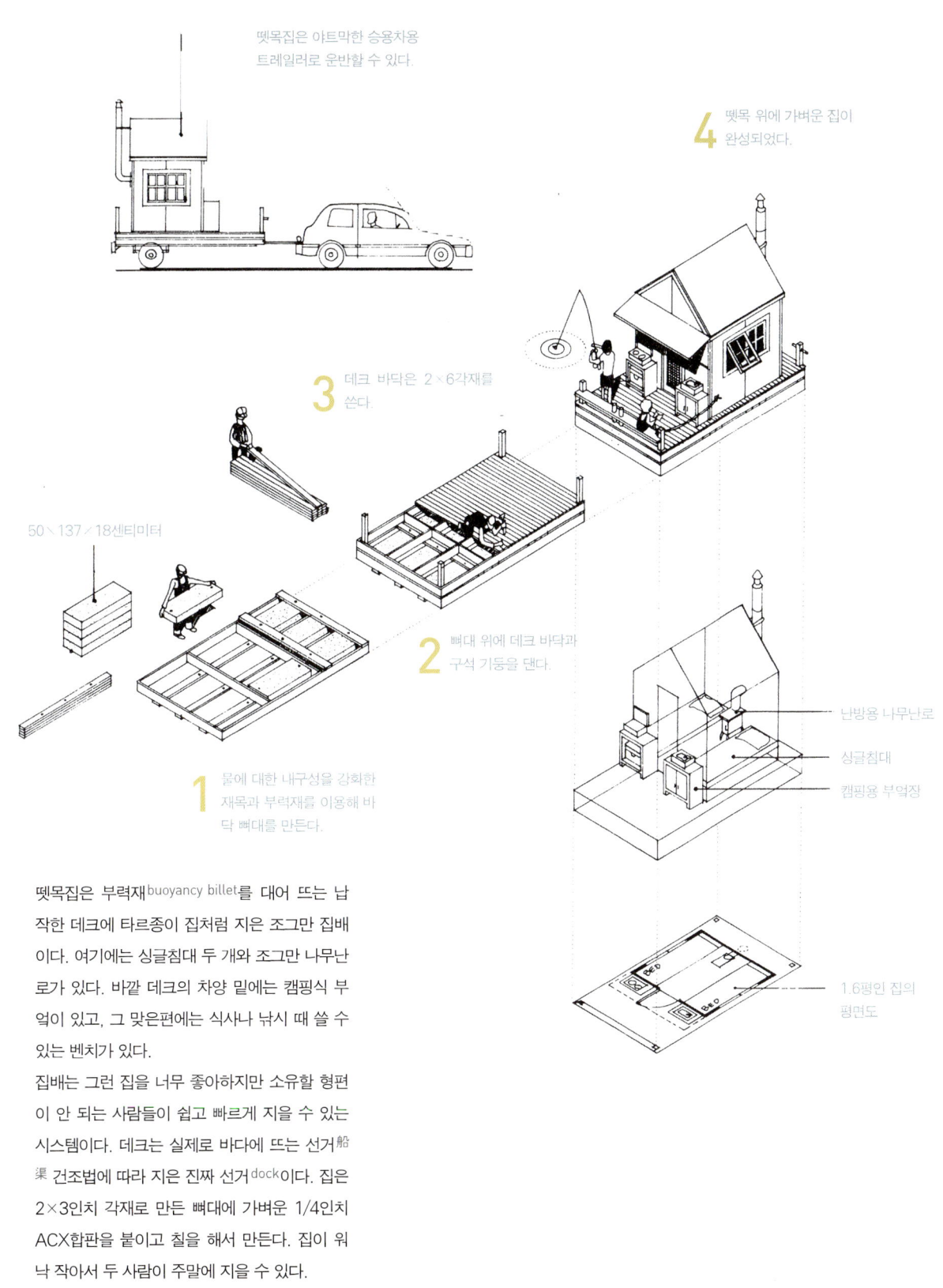

뗏목집은 부력재 buoyancy billet를 대어 뜨는 납작한 데크에 타르종이 집처럼 지은 조그만 집배이다. 여기에는 싱글침대 두 개와 조그만 나무난로가 있다. 바깥 데크의 차양 밑에는 캠핑식 부엌이 있고, 그 맞은편에는 식사나 낚시 때 쓸 수 있는 벤치가 있다.

집배는 그런 집을 너무 좋아하지만 소유할 형편이 안 되는 사람들이 쉽고 빠르게 지을 수 있는 시스템이다. 데크는 실제로 바다에 뜨는 선거船渠 건조법에 따라 지은 진짜 선거 dock이다. 집은 2×3인치 각재로 만든 뼈대에 가벼운 1/4인치 ACX합판을 붙이고 칠을 해서 만든다. 집이 워낙 작아서 두 사람이 주말에 지을 수 있다.

안팎집 2.7×1.8미터 + 실외 부엌 및 욕실　　　　Inside-Out House

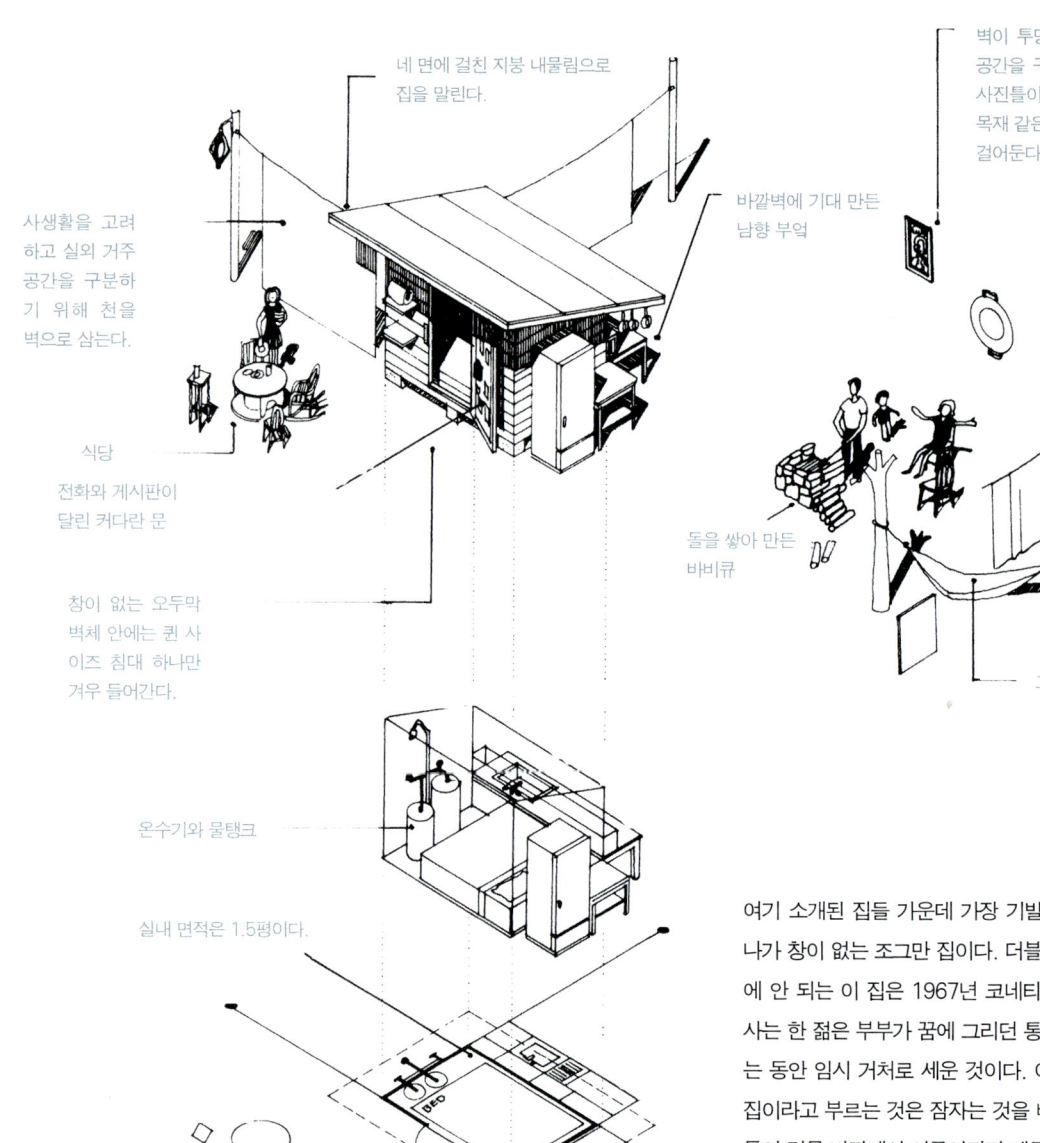

네 면에 걸친 지붕 내물림으로 집을 말린다.

벽이 투명하기 때문에 공간을 구분하기 위해 사진틀이나 쟁반, 천, 목재 같은 것을 나무에 걸어둔다.

사생활을 고려하고 실외 거주 공간을 구분하기 위해 천을 벽으로 삼는다.

바깥벽에 기대 만든 남향 부엌

식당

전화와 게시판이 달린 커다란 문

창이 없는 오두막 벽체 안에는 퀸 사이즈 침대 하나만 겨우 들어간다.

돌을 쌓아 만든 바비큐

그물침대

온수기와 물탱크

실내 면적은 1.5평이다.

여기 소개된 집들 가운데 가장 기발한 것 중 하나가 창이 없는 조그만 집이다. 더블침대 크기밖에 안 되는 이 집은 1967년 코네티컷의 샤론에 사는 한 젊은 부부가 꿈에 그리던 통나무집을 짓는 동안 임시 거처로 세운 것이다. 이 집을 안팎집이라고 부르는 것은 잠자는 것을 빼면 모든 활동이 건물 바깥에서 이루어지기 때문이다.

지붕 내물림이 큰 것은 외벽 두 개에 걸쳐 있는 L자 모양의 부엌장과 다른 한 벽에 있는 샤워장을 가리기 위해서이다. 네 번째 벽은 통풍 때문에 주로 열어두는 큰 문이 차지하고 있다. 엄청나게 큰 실외 식당은 큰 문 가까이 있다. 마찬가지로 큰 거실은 부엌 가까이 있다. 이런 공간은 주로 나무에 의해 구분되지만, 나무에 매달아둔 고리버들 쟁반이나 사진틀이나 천 조각에 의해 나뉘기도 한다. 이 집을 지은 데이비드 베인은 이렇게 말한다. "벽을 통해 볼 수가 있으니 창을 통해 볼 필요가 없었지요."

일요일집 4.3×4.3미터 + 다락   Sunday House

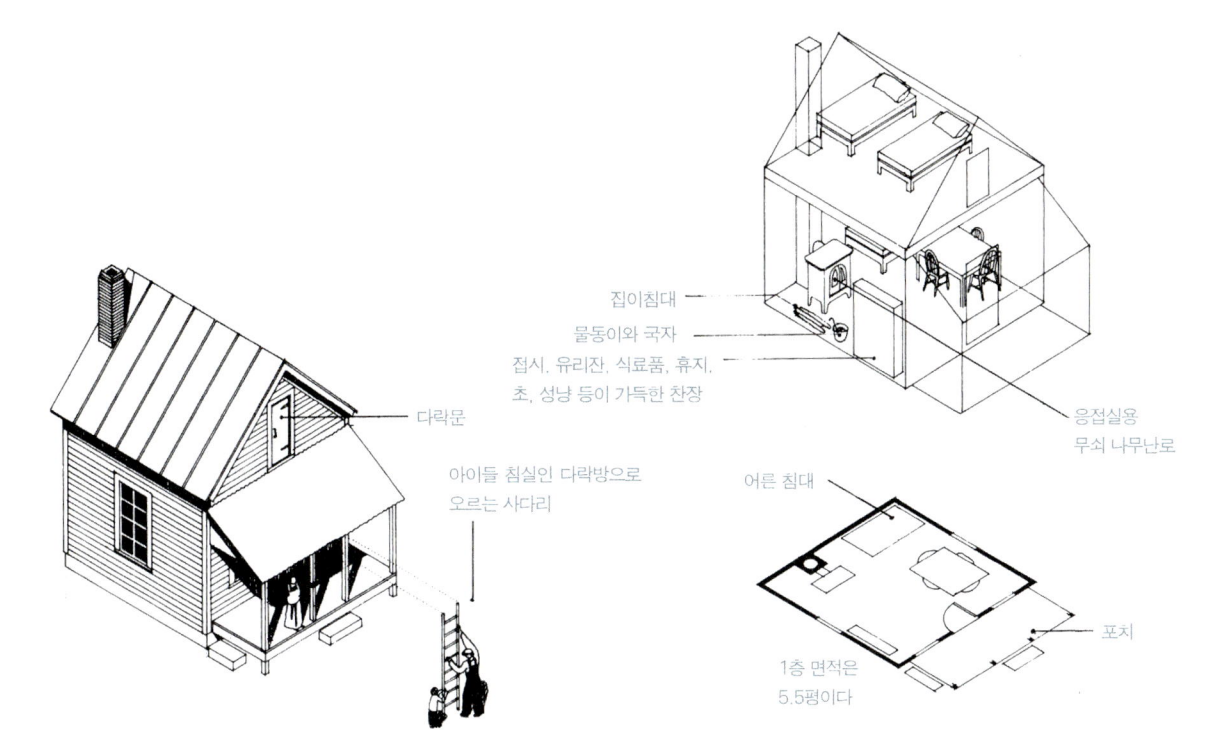

케이프코드의 허니문하우스 5.5×4.9미터   Cafe Cod Honeymoon Cottage

낭만적인 조그만 집들 중에 꽃이라 할 만한 것이 있다면 유명한 케이프코드 주택의 작은 허니문 하우스일 것이다. 18세기 때 케이프코드 지역에 살던 젊은 정착민들은 케이프코드 주택의 절반 또는 일부에 해당하는 만큼만을 짓고 살다가 식구와 살림이 늘어나면 집을 늘렸다.

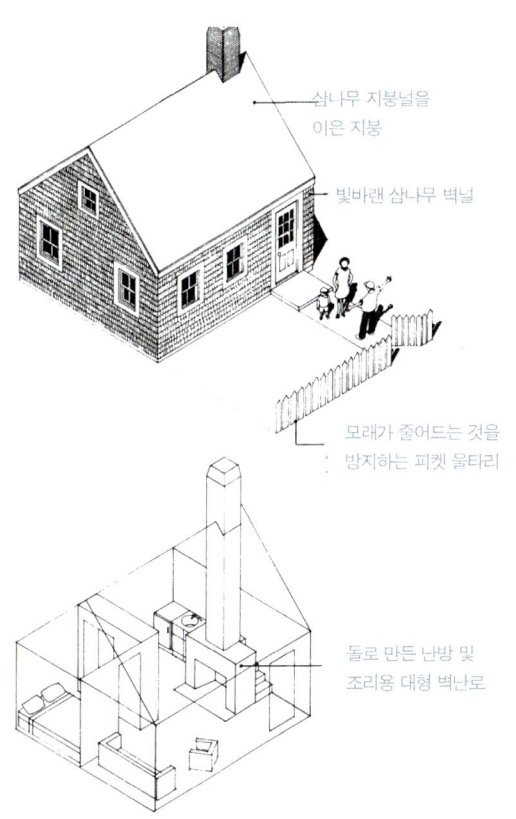

타르종이 판잣집 3.7×2.4미터   Tar Paper Shack

가장 저렴하게 집의 벽널(사이딩)을 마무리할 수 있는 방법은 건설용 타르종이를 이용하는 것이다. 이렇게 외장을 마무리하는 것은 대체로 타르종이 위에 더 마땅한 벽널을 입힐 만한 형편이 될 때까지 잠정적으로 쓰는 방법이다. 하지만 여기 소개된 바와 같이 타르종이는 효과적이고 꽤 근사한 마감재가 될 수 있다. 수명은 6년쯤 된다.

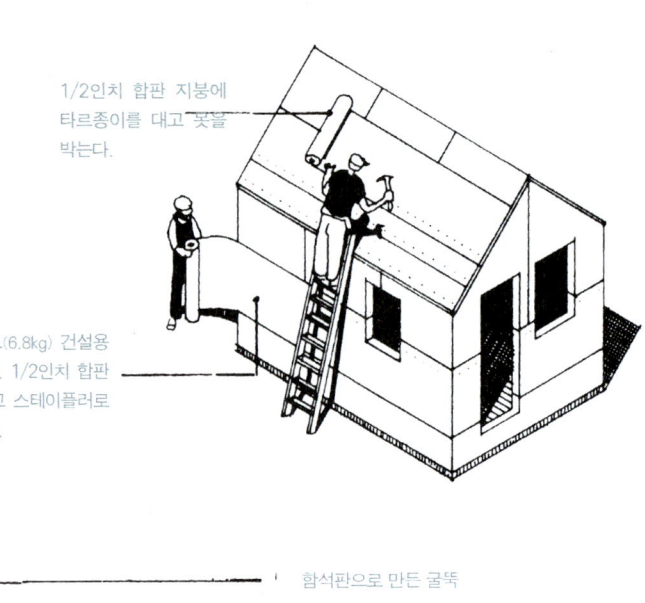

1/2인치 합판 지붕에 타르종이를 대고 못을 박는다.

15파운드(6.8kg) 건설용 타르종이. 1/2인치 합판 벽에 대고 스테이플러로 고정한다.

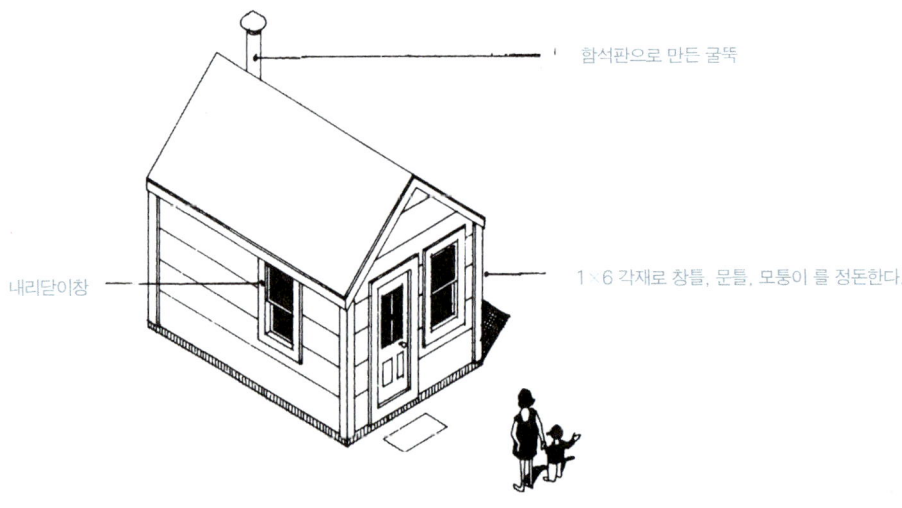

함석판으로 만든 굴뚝

1×6 각재로 창틀, 문틀, 모퉁이를 정돈한다.

내리닫이창

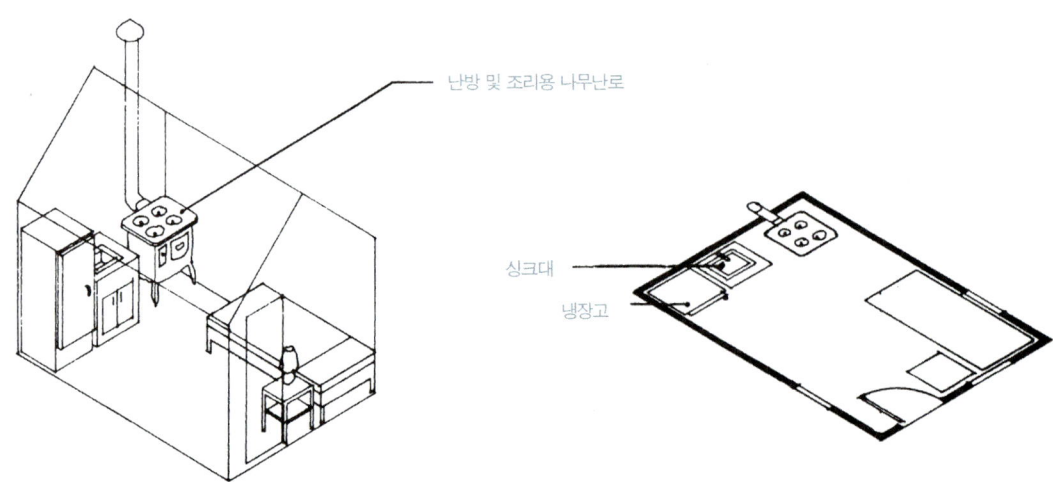

난방 및 조리용 나무난로

싱크대

냉장고

모래언덕 판잣집 3.4×2.6미터   Dune Shack

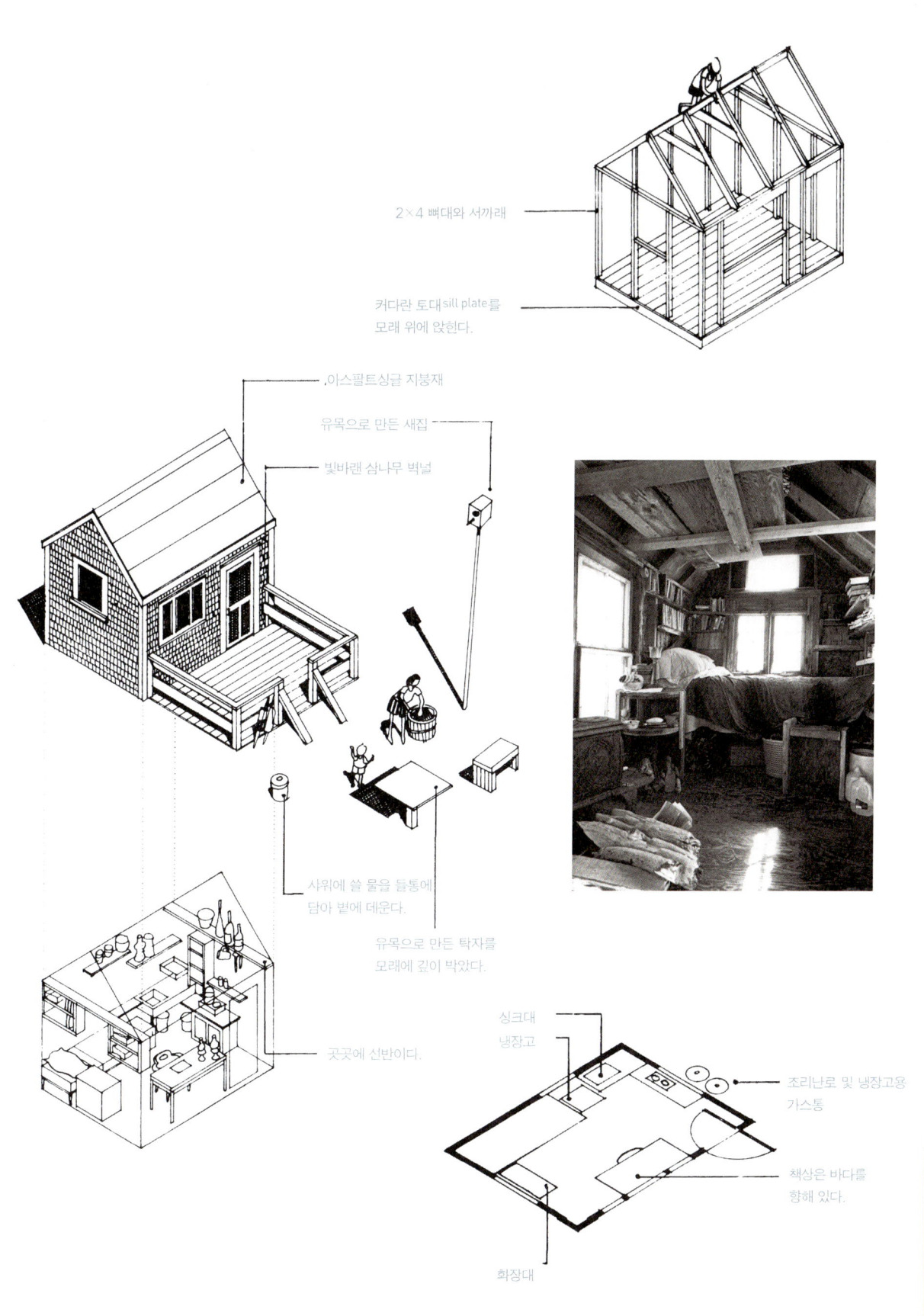

그냥 하나 지어볼까 했지요

"주인아줌마한테 300달러를 먼저 주고 나머지 700달러 일 년 동안 나눠줬죠."
그는 아직 완성이 안 된 집을 보여주었다. 집은 아늑하고 편안했으며, 우리는 이내 둘러앉아 맥주를 마시기 시작했다.
"여기저기 좀 떠돌아다녔죠. 그러다 시골에다 그냥 작은 판잣집 하나 지을까 했지요."
"건축법규는요?"
"내가 여기 집 지을 때는 그런 게 없었죠. 그래서 기운 빠질 일은 없었죠."
"설계도는 있었나요?"
"이런 그림 몇 장만 그렸죠. 비례는 없고요. 공간 몇 군데의 그림을 그린 다음에 이어붙여서 여자친구한테 보여줬죠."
"여자친구가 어서 끝내라고 닦달하지 않습니까?"
"아뇨. 실은 우리 지난 목요일에 짝을 맺었죠. 완벽한 팀이 됐죠."
"그랬군요. 힘든 일은 다 끝내신 것 같네요."
"그렇죠. 이제 힘든 일은 더 안 하죠. 그냥 이렇게 퍼지고 앉아서……. 어, 그런데 오늘 꽤 덥네요. 맥주나 한잔 더?" (웃음)

어느 여름 날 오후, 나는 빌 캐슬(32쪽 참조)과 함께 그의 친구 보보링크를 만나러 갔다. 보보링크는 한 해 전에 1,000달러를 주고 아주 작은 땅을 뉴욕 주 북서부에 샀다.

03
자연 재료

Natural
Materials

1970년대 초에 나는 측지선 돔을 지어보고 플라스틱 건자재를 써본 뒤 분자구조를 덜 바꾼 재료일수록 느낌이 좋다는 결론에 도달했다. 나무, 어도비, 짚, 흙, 돌, 대나무, 이런 것들은 느낌이 좋다. 지난 30년 동안 자연건축재료의 사용에 혁명이 일어났다. 이제 많은 빌더가 오래 쓸 수 있는 재료, 지구 자원을 덜 고갈시키는 재료, 지역에서 구할 수 있는 재료를 선택하고 있다. 자연재료를 이용하는 건축기법도 많이 개발되고 있고 그런 빌더의 네트워크도 커졌다. 여기서는 자연재료로 집짓기를 하는 사람들을 소개한다.

1900년대 어도비 농가의 리모델링 작업은 끝이 없다.

흙과 짚으로 지은 집 빌 & 아테나 스틴

2002년 7월 말의 어느 더운 날, 나는 투손에서 남쪽에 있는 사막 한가운데로 차를 몰았다. 빌과 아테나 스틴Bill and Athena Steen을 만나기 위해서였다. 빌과 아테나는 스트로베일 건축운동의 선구자가 된 베스트셀러 『스트로베일하우스The Straw Bale House』의 저자로, 멕시코 모렐로스의 시우다드오브레곤에서 마을 사람들과 함께 흙집, 스트로베일 집, 대나무집을 차례로 지었다. 여기에 두 사람의 이야기를 소개한다.

스틴 부부를 찾아간 또 다른 이유는 『지구생활기Living on Earth』의 저자인 요시오 고마츠라는 출중한 사진가를 만나보기 위해서였다. 그가 아내 에이코와 함께 이 부부를 방문 중이었던 것이다.

스틴 부부는 투손에서 남동쪽으로 113킬로미터 떨어진 곳(멕시코와는 24킬로미터 거리이다), 흙길이 마지막으로 닿아 있는 5만여 평의 농가에 살고 있다. 두 사람은 1985년에 그 땅을 샀고, 빌은 다 쓰러져가는 판잣집을 개조하여 지금의 우아하고 편안한 아시엔다(저택)를 완성했다. 이 집의 벽은 어도비 벽돌을 썼고 바닥은 멕시코 타일을 깔았다. 요즘 빌과 아테나는 스트로베일 건축, 자연소재 벽 마감(주로 흙을 쓴다), 흙바닥, 흙가마, 용설란을 비롯한 선인장 가꾸기, 요리 워크숍 장소로 농가를 이용하고 있다.

스틴 부부가 멕시코에서 프로젝트를 진행하고 있다는 것은 알았지만, 막상 가보니 개울이 집 앞으로 흐르는 등 집이 풍수적으로 뛰어나고 생각보다 훨씬 아름다웠다. 게다가 훌륭한 집의 필수요소라 할 수 있는 느낌, 모양새, 색깔, 냄새 등 모두가 참 좋았다. 여러 가지 실험적인 흙집 짓기도 진행되고 있었는데, 하나같이 보기 좋고 질감과 빛깔이 독특하고 혁신적이었다.

빌과 아테나는 세 아이, 베니토(11), 오소(10), 칼린(2, 식구들은 '버그'라 부른다)과 함께 사막에 살고 있었기 때문에 큰 아이들을 홈스쿨링 해야 했다. 빌과 아테나는 건축 연구와 글쓰기, 사진 찍기, 가르치기를 하며 살고 있었다. 버그는 맨발에 맨엉덩이로 하루 종일 돌아다니며 재미있게 놀았다. 하루는 녀석이 머리에 샐러드 그릇을 뒤집어쓴 채 진지한 표정으로 다가오면서 내가 어떤 반응을 보일지 살피기도 했다.

나는 어도비로 벽체를 쌓은 침실에서 잤다. 뜰에 있는 대나무 숲으로 나가게 되어 있는 발로 된 문이 둘 달린 침실이었다. 첫날 아침에는 뒷산으로 올라가 일출을 본 다음 내려와 사진을 찍었다. 둘째 날 밤에는 폭풍이 휘몰아치면서 천둥번개가 쳤는데, 침대 곁에 있는 발로 된 문을 통해 향기로운 사막 냄새가 풍겨왔다.

응접실, 침실, 식당이 있는 건물 전경.

◀ 부엌의 앉는 자리. 구석 자리는 어도비로 만들었고, 벽은 집에서 만든 카세인 물감을 발랐다.

▼ 부엌의 벽난로. 흙과 짚과 속돌浮石을 섞은 반죽으로 모양을 냈다.

▲ 함석판 저장탱크로 만든 물고기 연못. 만들기 쉬우면서도 아름답다.

자연재료 ● 119

▼ 갈대로 짠 차양

▲ 거실 구석의 다목적 침상. 매트리스를 치우면 책상이 된다. 그 아래는 버그의 놀이방으로 창이 있으며, 간혹 의자로도 쓰이는 디딤판이 있다.

▼ 아테나, 요시오, 빌

◀ 방금 바른 흙벽을 스펀지로 마무리하고 있다.

◀ 찰흙을 굽는 가마. 왼쪽은 짚을 섞은 찰흙으로 만들었다. 오른쪽은 남서부 전통 스타일로, 어도비로 만든 것이다.

◀ '버스정류장'이라고 부르는, 워크숍 때 앉을 자리로 만든 구조물. 기둥은 근처에 있는 노간주나무, 벽은 스트로베일, 앉는 자리는 워크숍 때 나오는 톱밥과 찰흙을 이용하여 블록으로 만들었다. 이 블록은 찍어내자마자 안 마른 상태로 자리에 놓음으로써 곡선을 쉽게 만들 수 있었다. 그 뒤는 스트로베일로 만든 셰드로, 석회와 찰흙의 접착제가 온도가 낮을 때도 굳지 않도록 보관하는 창고이다. 마른 재료는 바깥에 보관한다.

▲ 샐러드 그릇을 뒤집어쓴 버그

▲ 멕시코 화가 다발로스의 타일. 노갈레스에 데킬라, 담요, 파파야, 타코를 사러 갈 때 함께 산 것이다.

▲ 스트로베일 벽의 창. 흙을 바른 뒤 붉은 왁스와 안료로 마감을 했다. 창 내부에 반짝이는 모래를 섞은 하얀 흙반죽을 발랐다.

▲ 흙을 바른 스트로베일 벽에 박은 갤로 와인 병.

▲ 스트로베일 벽에 낸 창 주변은 짚을 섞은 흙반죽으로 마무리했다. 창 위의 아치는 쪼갠 대나무로 가벼운 뼈대를 만들고 짚을 섞은 흙반죽을 발랐다.

▲ 아프리카의 흙집처럼 아래로 벌어지게 만든 모퉁이

▲ 거의 완성된 스튜디오. 벽체는 스트로베일에 짚을 섞은 흙반죽으로 마감했다.

자연재료 ● 121

▶ 나중에 목욕탕으로 쓰일 곳. 지금은 둘 데가 없는 연장과 잡다한 물건을 임시로 보관하고 있다.

▼ 자전거 보관소. 바깥쪽은 짚을 섞은 흙반죽을, 안쪽은 회반죽을, 천장은 카리소 갈대와 부들로 만든 돗자리를 썼다.

▲ 반으로 자른 토기가 간접조명용 붙박이가 되었다.

▲ 워크숍 좌석으로 쓰이는 다른 버스정류장. 두 버스정류장 모두 실습생들에게는 아주 중요한 곳이다. 여러 겹을 바른 벽 속에는 많은 실습생의 혼이 담겨 있다.

▲ 짚을 섞은 찰흙으로 만든 아치 위에 서 있는 빌과 실습생 노리 라이트

▲ 손님용 별채의 내부. 1990년에 처음 열린 스트로베일 워크숍의 부산물이다. 어도비로 만든 벽과 앉는 자리는 거실과 욕실을 나누는 역할을 한다. 벽 뒤편은 회반죽을 바른 샤워장이다.

멕시코에서 일하는 동안 스틴 부부가 발전시킨 기본 반죽법. 근처에서 구한 찰흙용 흙을 체에 쳐서 물에 뿌린 뒤 몇 분 동안 그대로 두어 흙이 물을 고루 빨아들이도록 한다. 성급하게 섞어버리면 덩어리가 많이 생긴다. 그 다음에 충분히 잘게 자른 짚을 넣고 섞는데, 그래야 반죽에 힘이 있으며 벽에 두껍게 발라도 갈라지지 않는다. 외벽에 한 번 바를 때 5센티미터 두께로 바른다. 아래 두 사진은 '애벌질'을 하는 모습이다. 애벌칠용 흙손을 써서 벽에 반죽을 던진 뒤 바른다. 이렇게 해서 내구성이 좋은 궂은 날씨에도 강한 벽이 탄생한다.

노래하는 집

첫 책 『스트로베일하우스』를 끝냈을 때, 우리는 가진 것을 다 써버린 상태였다. 앞날이 좀 어두워 보였지만 우리는 재미있고 신나는 일이라면 무엇이든 달려들 준비가 되어 있었다. 그 즈음 멕시코 시 우다드오브레곤에 있는 세이브더칠드런 재단으로부터 처음으로 제안을 받았다. 소노라 주 남부의 근대화된 농업지역에 위치한 이 단체는 우리에게 머물 곳과 가스, 타코, 그리고 오래된 우리 자동차가 그곳을 오가다 문제가 생길 경우 수리를 제공해주기로 했다. 그 뒤로 우리는 가장 뜻밖이었던 장소를 8년 동안 사랑하게 되었고, 한 대가족과 깊고 지속적인 우정과 협력관계를 맺게 되었다. 우리는 대부분 그 지역에서 난 자연 그대로의 재료나 재활용 재료를 종류대로 실험해보는 프로젝트에 함께 참여하게 되었고, 그 일은 지금도 계속되고 있다. 우리는 그런 재료들을 다양한 방식으로 결합하여 일련의 실험적인 작은 집들을 지었고, 세이브더칠드런의 사무실 건물도 그렇게 세웠다.

이 집들을 '카사스 케 칸탄Casas Que Cantan'이라 불렀는데, 노래하는 집이라는 뜻이다. 멕시코의 한 사진가가 지은 『라 카사 케 칸타La Casa Que Cantá』라는 아름다운 책의 이름을 딴 것이었다. 그리고 다른 무엇보다 작업이 재미있었다. 그것도 아주 많이. 사람들은 흔히 우리가 가난한 사람들을 도우러 그곳에 갔다고 오해를 하는데, 오히려 우리가 그들의 덕을 많이 봤다고 해야 할 것이다. 우리보다 여러 면에서 풍요로운 그들이 우리가 겪는 근대화된 빈곤의 공허감을 상상치 못하던 방식으로 헤아릴 수 없이 많이 채워주었으니 말이다.

▲ 세이브더칠드런 건물의 도서관. 둥근 천장vault은 카리소 갈대를 팽팽하게 엮은 다음 짚을 섞은 흙반죽을 발라 단열을 하고 콘크리트로 마무리를 했다. 책꽂이는 여자들과 아이들이 짚을 섞은 흙반죽으로 모양을 만들었다. 벽은 가까이 있는 알라모스라는 식민지 시대 타운에서 구한 아름다운 붉은 흙으로 마무리했다.

◀ 세이브더칠드런 건물의 아치형 입구. 흙에 짚을 섞어 만든 블록을 이용했다.

▲ 세이브더칠드런 건물의 응접실. 회반죽을 바르고 수채물감으로 덧칠한 프레스코 방식의 벽이다. 파란색은 '아술아닐'이라는 안료로 사탕가게인 '둘세리아스'에서 흔히 구할 수 있다.

▲ 세이브더칠드런 건물, 스트로베일을 쌓고 있다.

▲ 흙을 바른 뒤 남쪽에서 본 모습이다.

▲ 마감이 된 북쪽

▲ 에밀리아노 로페스가 달빛 아래서 스트로베일을 내리고 있다.

자연재료 ● 125

▲ 세이브더칠드런 건물의 스트로베일 벽에 짚을 섞은 흙반죽으로 미장을 하고 있다.

▲ 실험적으로 지은 방 하나짜리 스트로베일하우스. 세계 각지에서 온 기부금을 모아 한 가족을 위해 지었다.

아테나와 반죽 전담반이다. 거의 딸처럼 함께 지낸다.

▼ 전시 창 truth window. 흙반죽을 도려내어 스트로베일이 드러나도록 연출했다.

▲ 세이브더칠드런 건물의 안뜰 patio. 내부에 야자수로 이엉을 이은 포치가 있다. 바닥은 콘크리트를 막 치고 숟가락으로 패턴을 낸 것이다.

입구. 해바라기가 잘 어울린다.

빌 스틴이 찍은 자연건축

빌 스틴은 대학생 시절이던 1960년대 말에 사진을 찍기 시작했다. 사진가 마이너 화이트의 영향을 받고서였다. 1980년대 초까지는 주로 풍경사진을 찍었다. 그러다 80년대 중반에 아내인 아테나와 함께 스트로베일하우스를 짓기 시작하면서 작업과정을 사진으로 찍어 정리하기 시작했다.

때로 이 일은 혼란스러웠다고 했다. "한 손은 흙투성이여서 다른 한 손으로만 카메라를 들고 있어야 했지요." 그는 사진이 담긴 책 두 권을 출간했다. 베스트셀러인 『스트로베일 하우스』와 『스트로베일하우스의 아름다움』이다.

▲ 페니 리빙스톤과 제임스 스타크가 노던캘리포니아에 직접 지은 스트로베일 아치천장 집 앞에 서 있다.

▶ 1990년대 중반에 지은 스트로베일 예배당. 애리조나 세도나의 어느 목장에 있다.

▶ 스트로베일로 지은 닭장. 뉴멕시코 길라의 스티브 맥도널드의 작품

▲ 유타 모압의 카키 헌터. 흙자루earthbag 집을 짓는 빌더이다.

▼ 뉴멕시코 길라에 있는 수 멀린이 스트로베일로 지은 허브 약방

▲ 『세라믹하우스』의 저자인 네이더 칼릴리가 지은 캘리포니아 헤스페리아의 벽돌 돔

▶ 캘리포니아 데스칸소에 있는 레인 매클릴랜드와 로리 로버츠의 스트로베일 스튜디오

◀ 마운드빌더 족Mound Builders. 북미 미시시피 강과 오하이오 강 유역에 많은 고분과 둑을 남긴 선사시대의 여러 인디언 부족의 집을 모사한 것. 인디애나 에번즈빌에 있다.

자연재료 ● 129

자연건축 캐서린 와넥

1992년에 스트로베일 건축법이 재발견되고 나서 와넥Catherine Wanek은 세계 각지를 다니면서 스트로베일 집을 전파했다. 그러면서 전통적이고 현대적인 자연건축의 사례를 두루 취재했다. 그녀는 2002년에 나온 『자연건축술The Art of Natural Building』의 공저자이며, 2003년에 나온 『새로운 스트로베일 하우스The New Strawbale House』의 저자로서 사진도 직접 찍었다. 와넥은 남편 피트 퍼스트와 함께 뉴멕시코 킹스턴에 살면서 '자연건축 콜로키엄'과 유명한 블랙레인지 여관을 운영하고 있다.
blackrange@zianet.com

프랑스 브리타니에 사는 주인 엘사 르갱이 직접 지은 집. 스트로베일로 짓고 대서양에서 불어오는 폭풍에 베일이 상하지 않도록 지붕 내물림을 크게 했다. 뼈대는 각이 지게 했지만 스트로베일 벽은 곡선으로 처리했다.

▲ 웨일스의 가구 제작자인 데이비드 휴가 지은 작업장. 목조에 이엉을 얹었다. 참나무의 자연 그대로의 모양을 이용함으로써 우아한 곡선을 만들어냈다.

▼ 덴마크 유틀란트에 있는 농업대학의 스트로베일 기숙사에서 라스 켈러. 외벽은 회반죽으로 마무리했다.

▲ 뉴멕시코 킹스턴의 블랙레인지 여관에 있는 스트로베일 닭장. 둥우리는 코브cob, 짚을 섞은 흙반죽으로 만들었다.

▲ 유타 모압에 있는 카키 헌터와 도니 키프마이어가 지은 '벌집'. 아치모양을 많이 쓴 이 돔 구조물은 흙자루를 쌓고 흙반죽과 회반죽을 발라 만들었다.

자연재료 ● 131

티에리 드로네가 지은 동화 같은 집. 스트로베일과 장작 모르타르 cordwood masonry 방식을 함께 사용했으며, 지붕은 '살아 있는 지붕'으로 마감했다. 프랑스 동부에 있는 이 건물은 그의 작업장이면서 두 마리 말이 사는 마구간이기도 하다. 베일로 만든 벽은 언덕을 보호하기 위한 것으로, 습기를 차단하기 위해 비닐을 대고 배수로를 팠다. 이 방법이 권할 만한 것인지는 시간이 지나면 알 수 있을 것이다.

뉴멕시코 타오스 근처에 있는 영성공동체인 라마재단. 1996년에 일어난 산불로 기존의 집들이 다 타버린 뒤 1999년에 '지금 여기 짓자'는 운동이 결성되어 재건했다. 스트로베일로 지은 이 패시브하우스는 열을 잘 보존하기 위해 어도비에 짚을 섞은 흙반죽으로 벽을 마감했고, 바닥은 흙으로 처리했다. 지금은 '트리하우스'로 불리는 이 목조 기초 건물은 선레이 켈리가 설계했으며, 화재 때 죽은 폰데로사 소나무를 이용했다.

머드 댄싱 이언토 에반스 & 린다 스마일리

이언토 에반스 Ianto Evans 와 린다 스마일리 Linda Smiley 는 북미 코브 건축의 대표적인 선구자이다. 그들은 노스아메리칸 건축학교(오리건 코킬에 본부를 두고 있다)를 운영하고 있다. 코브하우스 일종의 토담집으로 짚을 섞은 흙반죽으로 벽을 만든다 와 자연건축 관련 워크숍을 열어 견습과정을 제공하고 있으며, 코브코티지 컴퍼니를 경영하고 있다. 이언토와 린다는 여기 소개하는 코브 주택에 살고 있다. 이 집은 넓고 아름답고 지력이 좋은 채소밭을 둔 반원형 복합주택으로 숲 속에 있는 호수가 내려다보인다. 이언토와 린다는 최근 마이클 G. 스미스와 함께 흙집 건축의 모든 것을 담은 『손으로 만든 집 The Hand-Sculpted House』이라는 책을 펴냈다. 이 책에 하트하우스라 부르는 그들의 집 건축 과정을 자세히 소개하고 있다.

이 집에 대해 간단히 소개하자면, 기초는 45센티미터 폭의 호를 파서 지름 5센티미터의 배수관과 잡석을 묻은 뒤 무릎 높이까지 돌을 쌓은 다음 모르타르를 발라 쥐가 드나들지 못하도록 하고, 그 위에 흙반죽을 쌓아 올렸다. 반죽은 바닥에 타르 천을 깔고 고운 흙과 강에서 퍼온 굵은 모래, 줄기가 긴 밀짚, 물을 섞어 만들었다. 섞을 때는 맨발을 세게 구르며 반죽을 만들었는데, 이때 드럼이나 플루트 같은 악기의 연주가 곁들여졌다. 이것은 '머드 댄싱'이라 부르는 일종의 의식이었다. 이 매력적인 집짓기에 대해 그들은 "발밑의 땅을 빚어 건물을 세우는 일"이라 했다. 🏠

http://www.cobcottage.com

왼쪽에 보이는 드럼통에 불을 피우면 열이 창까지 연결된 자리 밑으로 전달되어 창 오른쪽에 있는 굴뚝을 통해 연기가 빠져나간다.

▲ 이언토와 린다의 복합주택. 가운데가 하트하우스이다.

▲ 아침 햇살을 쬐고 있는 이언토

▲ 채소밭 너머로 호수가 보인다.

▲ 내가 방문한 날, 린다는 벌들이 구멍을 낸 흙벽을 메우고 있었다.

▲ 아름다운 채소밭!

테네시 숲속의 가족 농가

1971년 자니 키몬스 Johnny Kimmons 가족은 테네시 주 세콰치밸리에 있는 37만 평의 땅으로 이사했다. 지난 30년 동안 그들은 많은 건물을 지었고, 숲과 하나가 된 생태적인 생활을 하고 있다.

http://svionline.org/

8.4평의 패시브 흙집. 덮은 흙에서 풀이 자라는 '살아 있는 지붕'과 흙바닥이다. 터를 고를 때 나오는 흙의 일부를 지붕을 덮는 데 사용하고, 나머지는 흙벽을 쌓는 데 썼다.

▲ 간이부엌과 욕조가 있는 온실. 뼈대는 근처에 있는 블랙로커스트 나무(잘 썩지 않는다)를 기계톱으로 켜서 만들었다.

▼ 유리판 사이에 끼운 압화

◀ 버려진 고급 부엌의 조리대 상판을 잘라 붙인 바닥

▼ 라마 헛간 및 아트갤러리. 뼈대에 붙인 재활용 플렉시글라스는 갤러리의 선반 구실을 한다.

▲ 3미터 높이의 코브난로

▼ 골조방식으로 지은 이 구조물은 폭풍에 쓰러진 나무를 이용했다. 위층은 회의도 하고 잠도 자는 공간이고, 아래층은 세라믹 및 유리 스튜디오이다.

▼ 블랙로커스트 나무를 기계톱으로 켜서 만든 나선형 계단

자연재료 ● 137

흙자루 페이퍼크리트 집
켈리 하트

켈리와 로자나 하트Kelly and Rosana Hart는 콜로라도에 직접 지은 흙자루 페이퍼크리트earthbag/papercrete 집에 산다. 하트의 웹사이트에는 오래도록 쓸 수 있는 건축 및 자연건축 관련 재료 – 어도비, 스트로베일, 코브, 장작, 흙자루, 페이퍼크리트종이 콘크리트, 흙 콘크리트cast earth, 경량 콘크리트 – 에 대한 정보가 아주 많다. 여기에 켈리의 사진과 그의 집 건축 과정을 소개한다.

http://www.greenhomebuilding.com/

흙자루샌드백이라 부르기도 한다를 사용한 집짓기는 오래된 방식이면서 새로운 것이기도 하다. 흙자루는 오래전부터 쓰였는데, 특히 군대에서 튼튼한 방어벽이나 홍수방지 둑을 쌓을 때 많이 이용했다. 또한 집을 지을 때도 흙자루를 사용했는데, 이는 묵직하고 튼튼한 벽을 만들 수 있고, 온갖 종류의 악천후에도(심지어 총탄이나 폭격에도) 견디며, 구하기 쉬운 다른 여러 재료와 섞어 간단하고 빠르게 세울 수 있기 때문이었다. 원래는 이런 목적으로 마대burlap를 흙자루로 썼으나 오래가지 않아 잘 썩었다. 그보다는 새로운 폴리프로필렌 자루가 햇볕에 너무 오래 노출되지 않는 한 월등히 튼튼하고 오래갔다. 또 건축재로 오랜 수명을 유지하기 위해서는 어떤 종류의 반죽을 발라 자루의 햇빛 노출을 막아야 했다.

그러다 캘-어스 인스티튜트의 네이더 칼릴리Nadir Khalili라는 건축가가 흙자루를 돔이나 아치 같은 구조물의 건축재로 쓰는 실험을 시작하면서 흙자루 건축에 대한 관심이 되살아났다. 칼릴리는 중동의 건축과 어도비 벽돌로 둥근 구조물을 짓는 데 익숙했기 때문에 흙자루를 그런 식으로 이용한다는 생각을 자연스럽게 할 수 있었다. 캘-어스 인스티튜트는 칼릴리만의 독특한 기법을 사람들에게 가르쳐왔으며, 학생들의 실험으로 그 분야가 점점 늘어나고 있다.

나는 칼릴리의 아이디어를 받아들여 흙자루를 한 줄씩 쌓을 때마다 가시철사를 깔았다. 그러면서 그럴싸한 방법을 하나 개발해낼 수 있었는데, 그것은 어도비용 흙이 아니라 가루를 낸 화산암을 쓰는 방법이었다. 이렇게 하면 벽의 단열이 아주 좋아지며(스트로베일만큼이나 좋아진다) 잘 썩지도 않고 습기 때문에 망가지지도 않는다. 그리고 흙자루를 덮는 재료로는 페이퍼크리트를 썼다. 벽으로 공기와 습기를 통하게 하면서도 자루가 햇볕과 악천후에 노출되지 않도록 해주기에 아주 좋은 것 같다. 그리고 자주 보수를 해주어야 하는 어도비 마감과는 달리 페이퍼크리트 마감은 보수가 거의 필요 없다.

▲ 아래 사진과 같은 돔이다. 다락 장선이 걸쳐져 있으며, 아치 모양의 입구는 아직 모양새를 유지하고 있다. 다락 장선은 수평을 맞춘 뒤에 사이사이를 자루로 메우고 위에 조금 더 쌓는다. 이렇게 다락을 만드니 완성되어 갈수록 구조물이 더 안정감이 있었다. 자루를 한 줄씩 깔 때마다 가시철사를 두 가닥씩 깔았더니 자루가 단단히 자리를 잡았고, 위로부터 압박을 받아 돔이 밖으로 불룩해지는 경향이 없어졌다. 또 자루 하나마다 밑에 짐 묶는 끈을 깐 뒤 나중에 자루를 세 개씩 묶어주었다. 이렇게 하자 구조물이 전체적으로 서로 당기는 힘이 강해져 마지막에 반죽을 바르기도 좋았다.

▲ 나중에 주방 겸 거실이 된 커다란 타원형 돔 공사를 시작할 때이다. 폭이 9·6미터 정도 된다. 물이 잘 빠지고 냉기가 올라올 염려가 없는 모래 바닥이기 때문에 기초는 화산암가루(스코리아)를 15~20센티미터 깐 패드면 충분했다. 배경에 스코리아 더미가 보인다. 앞에 있는 커다란 수레바퀴는 둥근 창의 틀로 쓸 것이다.

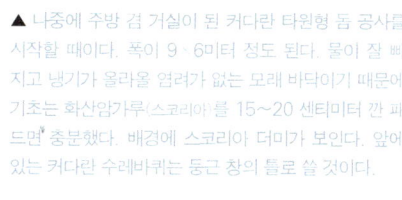

▼ 밖으로 나갈 수 있는 층계참. 그 위로 올라가면 다락이고, 아래로 내려오면 1층이다. 내부 마감에는 자연 그대로의 나무를 많이 썼다. 앞에는 비상 난방용인 오래된 나무난로가 보인다.

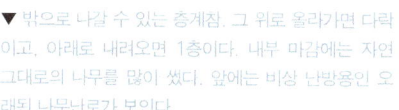

▲ 이 집은 우리가 처음으로 실험해본 흙자루 돔이다. 내부의 지름은 4미터이고 돔 전체의 높이는 5미터이다. 처음에 우리는 이 돔의 터에 있는 고운 모래들로 자루를 채워 써보았는데, 모래가 돔의 전체 모양을 잡지 못하고 자꾸 넘어져서 문제가 되었다. 그러다가 스코리아를 쓰게 되었는데, 단열도 더 잘되고 모양도 잘 잡아주었다. 문틀 위의 아치 모양은 나무 뼈대를 대어 만들었다가 나중에는 떼어냈다. 외벽에 페이퍼크리트를 바르기 전까지는 타르 천을 덮어 자루가 햇볕에 노출되지 않도록 했다. 자외선에 오래 노출되면 자루가 상하기 때문이었다.

▶ 왼쪽은 내부 지름 5미터의 침실용 돔이고, 오른쪽은 커다란 돔의 일부다. 가운데는 그 둘을 연결하는 부분 공사가 한참 진행 중이다. 뒤쪽(북쪽)에 있는 자루 벽은 남쪽 지붕 및 벽을 위한 서까래와 함께 보강이 될 구체의 일부이다. 다락 내의 다른 버팀대들도 구체의 모양을 함께 잡아주는 것들이다.

▼ 집으로 들어가는 둥근 천장으로 된 입구. 왼쪽에 종탑이 있고, 그 뒤 가운데 부분 오른쪽의 무더기는 저장실이다.

◀ 다른 쪽 출입문의 층계참에서 거실을 내려다본 모습이다. 어도비 위에 깐 판석 바닥에 우리 개 네 마리 중 하나가 서 있다. 커다란 돔의 나머지 바닥은 흙반죽을 부은 뒤 바위 같은 패턴으로 자국을 냈다. 이 집은 고전적인 패시브형 집이어서 남향으로 창이 많으며, 열을 보존하기 위해 바닥에 검은 것을 깔았다. 개 뒤로는 수레바퀴 창 밑으로 앉는 자리가 보인다. 이 자리는 건축 과정에서 흙자루로 만든 것이다.

▲ 켈리와 로자나 하트

▲ 이 돔은 타원형이어서 2층을 지탱하기 위해 탄탄한 장대 뼈대가 필요했다. 나는 이 돔을 지어본 뒤로는 원형 돔 말고는 절대 권하지 않기로 했다. 이런 식으로 해주지 않으면 돔이 균형을 잡을 수 없기 때문이었다. 1.8미터 높이의 출입문 위로 커다란 아치가 보인다. 이 집은 패시브형 설계이기 때문에 햇빛이 많이 들어올 수 있도록 크게 트인 곳이 필요했다. 몇 번의 실패와 상당한 실험 끝에 우리는 자루를 이중으로 까는 방법을 써서 커다란 아치를 만들어낼 수 있었다. 이 집은 모든 통로의 기둥에 이중으로 나란히 자루를 까는 방법을 썼다.

▲ 커다란 돔 외벽에 내가 페이퍼크리트를 입히고 있다. 자루를 보호하기 위해 최대한 빨리 이 일을 했다. 원형 창에는 전부 열 보존이 좋은 판유리를 끼우고 페이퍼크리트를 입혔다.

▲ 페이퍼크리트의 대부분은 이 견인 믹서기로 섞어 만들었다. 마이크 매케인이 만들어낸 이 믹서기는 아주 놀라운 기계이다. 이 기계는 자동차 뒤쪽 끄트머리, 함석판 저장탱크, 잔디깎이 날, 몇 가지 기계 부속품으로 만든 것이다. 이 기계로 페이퍼크리트를 만들기 위해서는 먼저 재생 펄프에 물을 15센티미터 정도 붓고, 필요하면 모래를 넣은 다음, 시멘트를 한 부대 넣는다. 그리고 차를 천천히 몰아 주변 길을 한 블록 정도 돌고 오면 걸쭉한 반죽이 만들어진다. 체로 필요 이상의 수분을 걸러낸 다음 건물에 바른다. 한 번 섞으면 일륜차 서너 대 분량의 페이퍼크리트가 나온다.

자연재료 ● 141

설계도 : 대나무 뼈대에 기와를 인 집

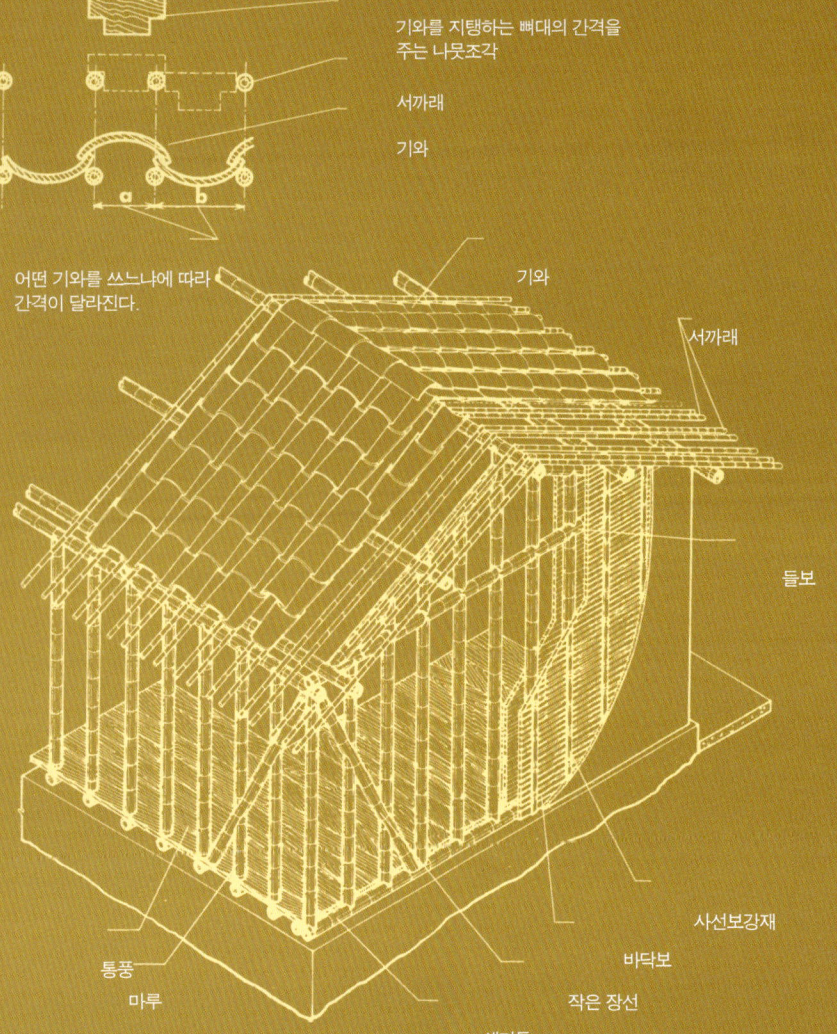

기와를 지탱하는 뼈대의 간격을 주는 나뭇조각
서까래
기와

어떤 기와를 쓰느냐에 따라 간격이 달라진다.

기와
서까래
들보
사선보강재
바닥보
작은 장선
샛기둥
마루
통풍

신의 선물, 대나무

오스카 이달고로페스

오스카 이달고로페스 Oscar Hiddlg-Lopez 는 지난 50년 동안 대나무에 푹 빠져 지낸 사람이다. 건축가로서 콜롬비아대학에서 강의를 하고, 세계 곳곳을 다니면서 대나무 건축에 대한 강연과 워크숍을 하고 있다.

1965년에 처음으로 콜롬비아 보고타의 한 컨트리클럽에 대나무 정자를 지었고, 나중에는 보고타, 콜롬비아, 볼리비아, 페루, 코스타리카에 지은 대나무 건축물의 UN 고문으로 활동하기도 했다. 콜롬비아에 대나무 집을 세 채 지었으며, 백여 채의 대나무 집 건축을 자문했고, 대나무 가구를 만드는 작은 공장을 운영하기도 했다. 1974년에 그는 지금은 고전이 된 『대나무』라는 책을 스페인어로 펴냈다. 2003년에는 550쪽에 달하는 대나무 건축의 백과사전인 『대나무 신의 선물』이라는 책을 냈다. 이 책은 대나무 구조물 건축에 관심이 있는 사람들의 필독서이다. ✿

http://www.bamboodirect.com/

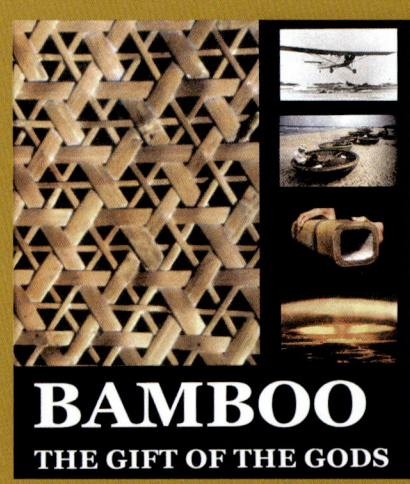

BAMBOO
THE GIFT OF THE GODS

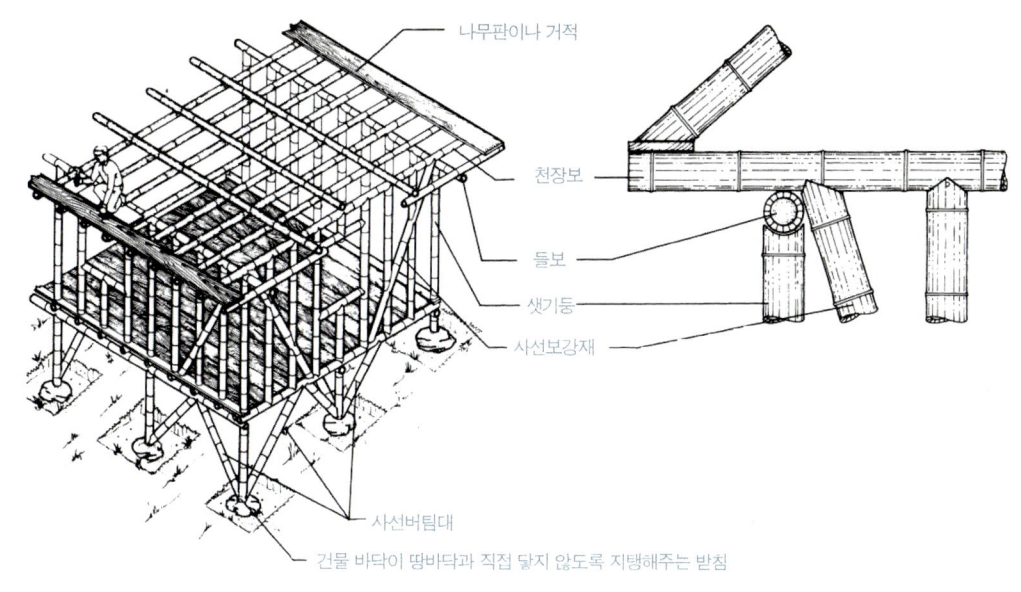
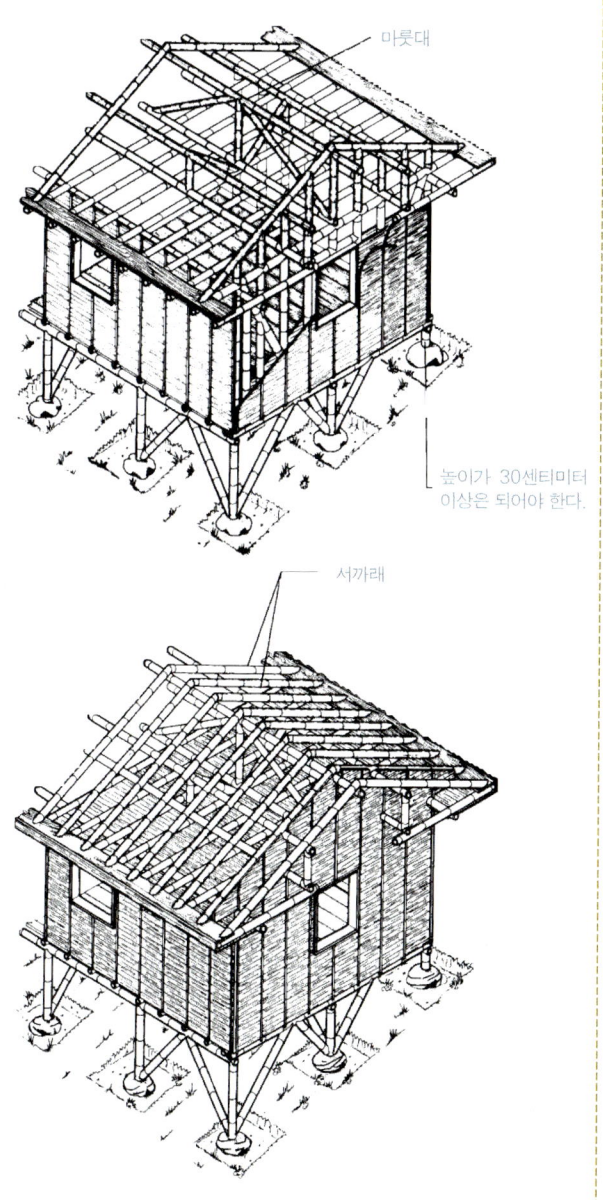
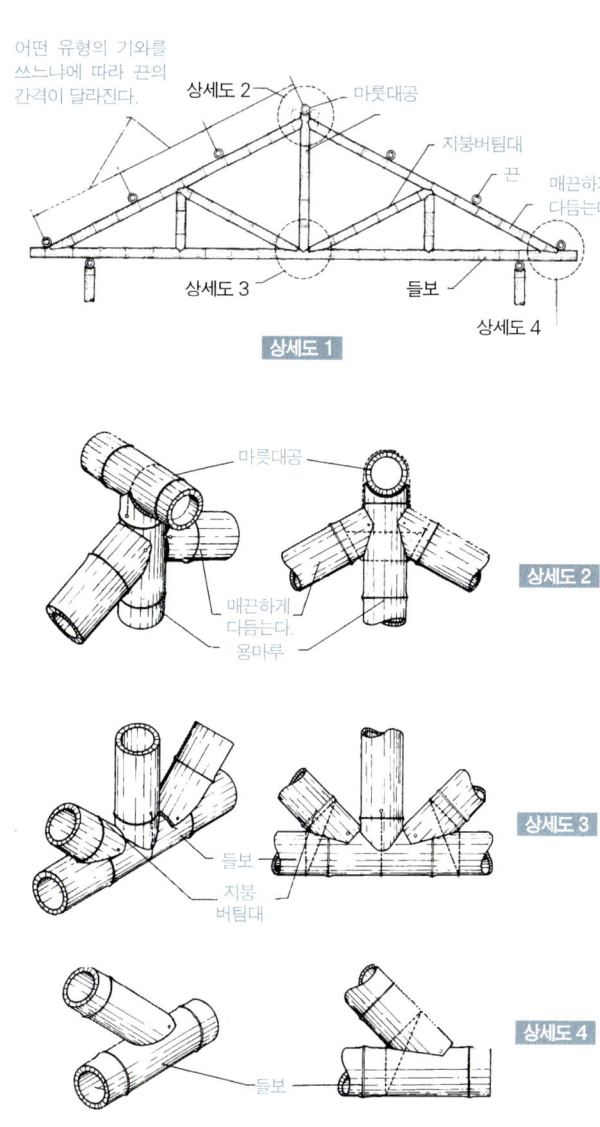

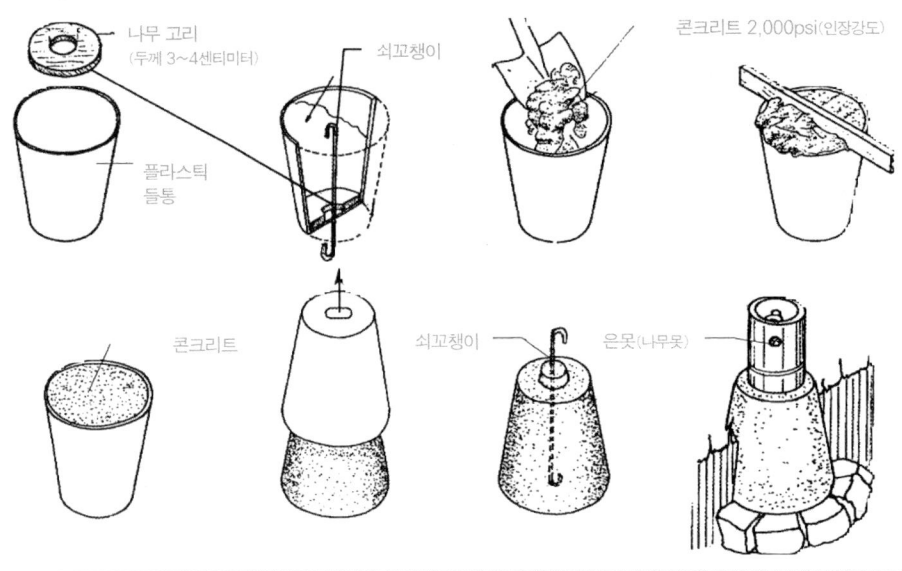

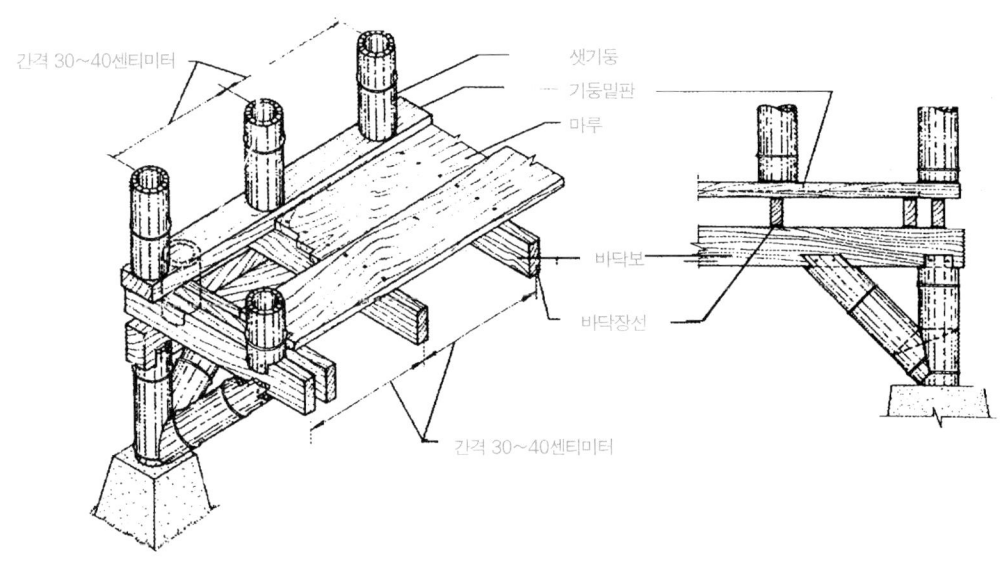

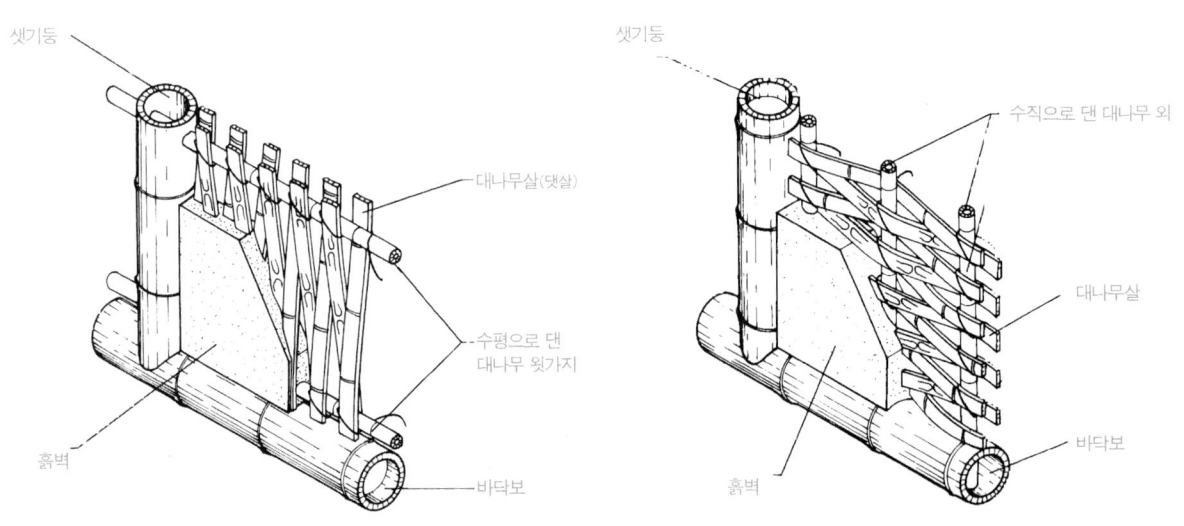

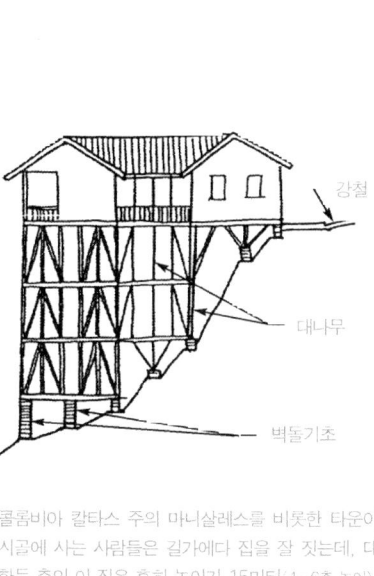

콜롬비아 칼다스 주의 마니살레스를 비롯한 다운이나 시골에 사는 사람들은 길가에다 집을 잘 짓는데, 대개 한두 층인 이 집은 흔히 높이가 15미터(4~6층 높이) 정도인 구조물에 의해 지지된다. 1960년대까지만 해도 대나무를 거저 구해다 쓸 수 있었기 때문에 이런 구조물은 아주 흔했다.

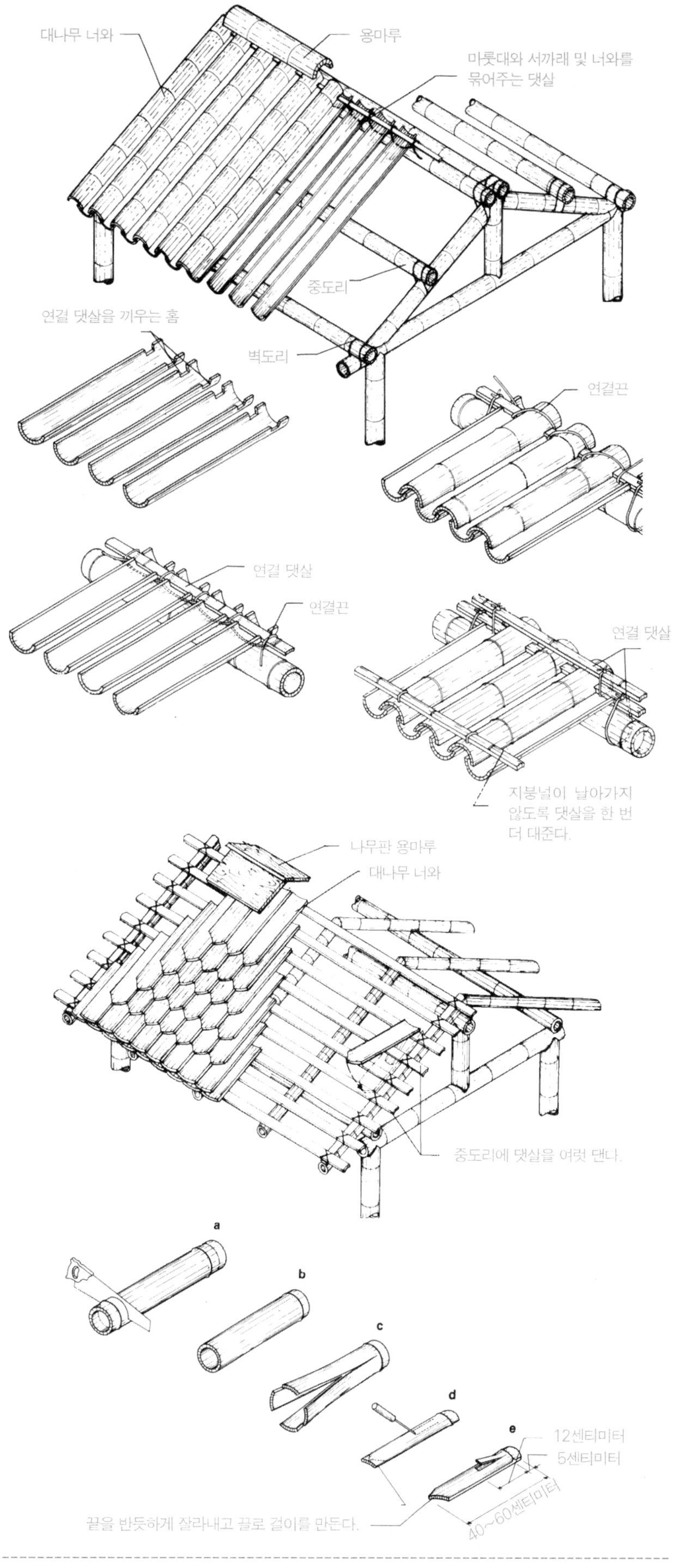

145 · 자연재료

전통 농가 (지름 12미터)

인장강도를 높이기 위해 처마를 대나무살로 둘렀다.

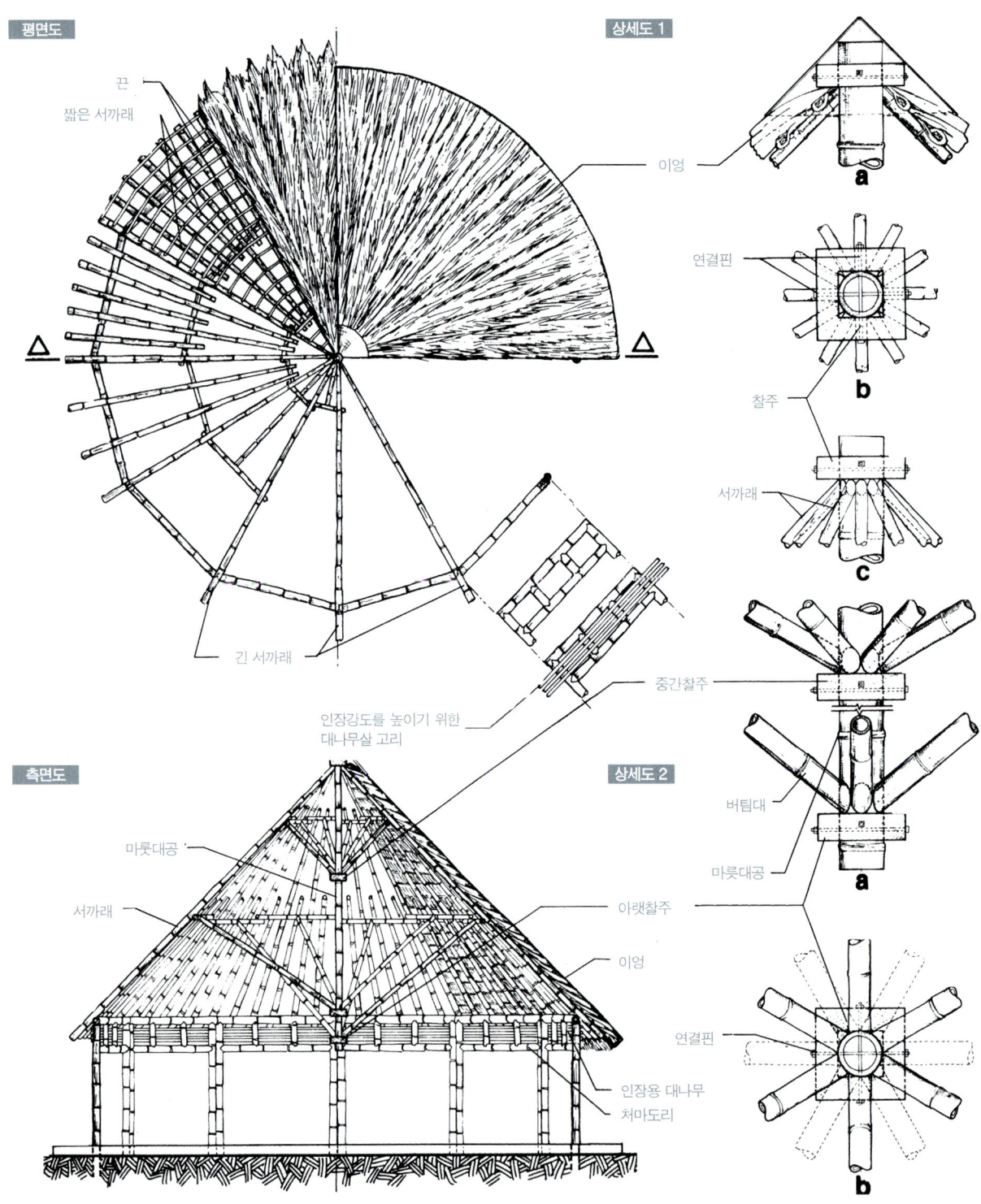

대나무를 묶는 전형적인 방법

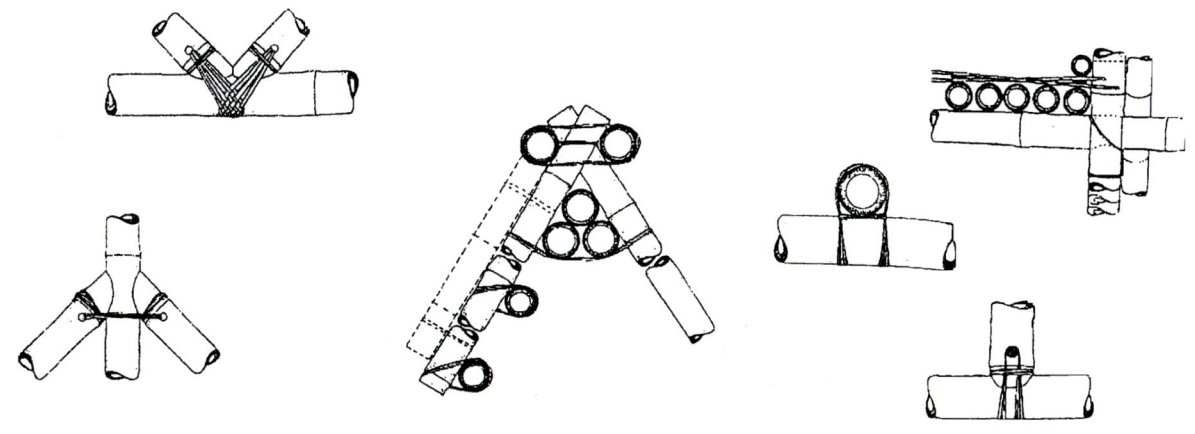

대나무 다리

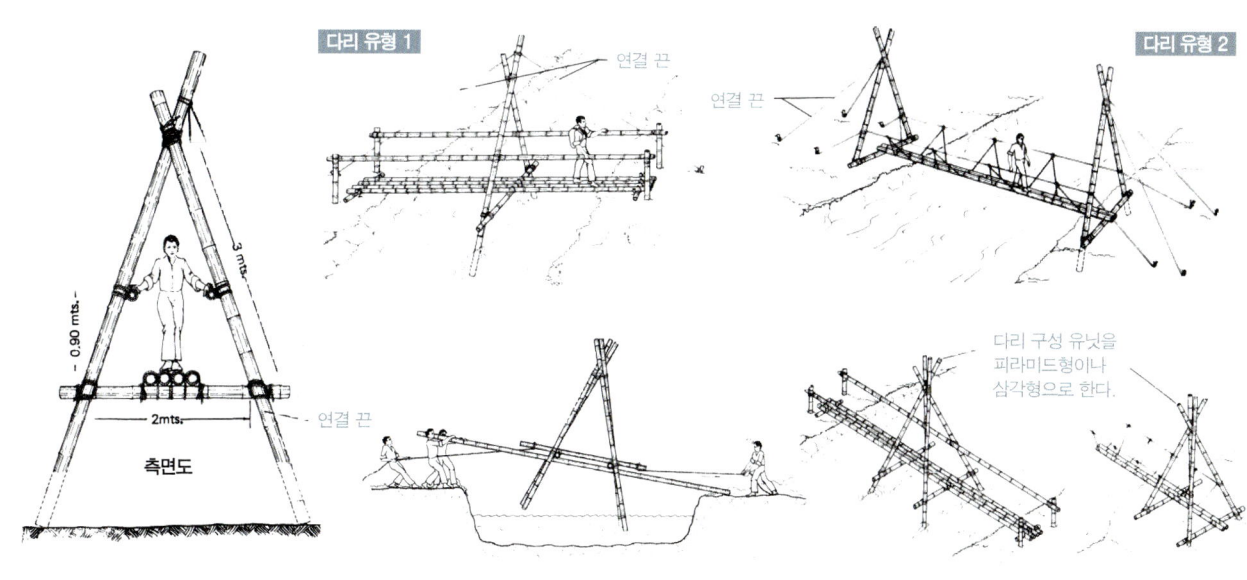

랜드와 쿠키의 통나무집

1977년에 쿠키와 나Cookie & Rand Loftness는 집세를 내는 게 지긋지긋해졌고, 이제 우리 집을 가질 때가 되었다는 결론을 내렸다. 우리한테는 『셸터』가 있었는데, 이 책은 건축이니 설계니 하는 것에 대해 전혀 몰라도 우리가 직접 집을 지을 수 있다고 믿게 해주었다.

얼마나 열심히 봤던지 책이 다 풀어지고 너덜너덜해져 무슨 종이다발같이 되어버렸다. 『셸터』는 우리한테 집을 지으려면 돈이나 전화통화에 기대지 말고 본능과 상상력과 타고난 능력을 믿으라고 했다. 참 좋은 소리였다. 우리에게 돈도 전화도 없었으니까. 12년이 지난 지금, 우리는 세를 낼 필요가 없을 뿐만 아니라 우리 인생의 중심이 되어주는 집을 갖게 되었다.

어쩌다 보니 우리가 맨 처음 구경한 땅은 퓨젓 만의 조그마한 후미에 면해 있는, 올림픽 산을 바라보고 있는 곳이었다. 게다가 땅값은 딱 우리가 가진 돈만큼이었다. 그래서 그 땅을 샀다. 좋은 나무들이 꽤 있는 6천여 평의 땅은 터가 고르고 널찍했으며, 60미터의 가파른 절벽이 만까지 닿아 있었다. 우리는 땅을 사자마자 당장 그리로 가서 벌채용 칼로 덤불을 베어내면서 어떤 집을 지으면 좋을지 이야기하기 바빴다.

"12×18미터 크기면 될까? 2층으로 지으면 어떨까? 위층이 있어야겠지? 지하실도 있어야 하는데, 아무래도 통나무집이 낫겠지?"

우리는 아주 집짓기 좋은 터에서 작업을 시작했다. 언덕 높이에 있는 곳이어서 북쪽으로는 전망이 좋고 남쪽으로는 볕이 좋았다. 재목을 알아보다가 2천 달러를 주고 통나무를 한 트럭 샀다. 집을 지으려고 빌린 6천 달러 중에 3분의 1을 쓴 것이다. 3백 달러는 지하실에 해당하는 공간을 파러 온 포클레인 업자에게 들어갔다.

"두 분이 직접 지으려고요?" 그가 물었다.

"그래요."

"생쥐가 코끼리를 어떻게 먹는지 아시죠?"

"글쎄요, 어떻게 하죠?"

"조금씩 조금씩 먹지요" 하고 말하면서 그는 빙긋 웃으며 윙크를 했다.

지난 세월 동안 늘 그 말을 잊지 않았던 게 도움이 됐다. 그보다 나이 많은 다른 사람이 해준 조언도 훌륭했다. 그것은 쉽게 쉽게 하라는 것이었다.

바닥을 파면서 우리는 가로세로 9미터 크기의 집을 짓기로 결정했다. 그다음엔 시멘트 혼합기를 구하러 갔다. 당시에 우리는 55년식 캐딜락을 갖고 있었는데, 혼합기를 실어오기 위해 67년식 포드 픽업트럭으로 차를 바꿨다.

지하실 벽을 2.5미터 높이로 하기로 결정한 다음 블록과 시멘트와 모래, 석회를 주문했다. 거기에 천 달러가 더 들어갔다. 돈을 절반 이상 쓰고서야 진짜 집짓기를 시작할 수 있었다. 얼마나 오래 걸릴지 알 수 없었지만 우리는 대단히 낙관적이었다. 낮에는 블록 쌓기를 하고 밤에는 늦게까지 도서관에서 건축 책을 읽었다. 그러면서 통나무를 어떤 식으로 다룰 것인지, 집이 어떤 모양이 될 것인지를 조금씩 알게 되었다. 그렇다고 무슨 설계 도면이라도 그린 것은 아니고 가지고 다니던 봉투 뒷면에 그린 그림 정도가 고작이었다.

우리는 일반적인 스타일처럼 통나무를 구석에서 서로 포개는 방식을 쓰지 않기로 했다. 대신에 통나무 네 개를 구석 기둥으로 쓰고 나머지를 그것들 사이에 놓는 방법을 택했다. 그것도 나무 끝을 기계톱으로 따서 납작한 면을 만들고 드릴로 구멍을 뚫은 뒤 아주 큰 못을 박아 고정하기로 했다. 통나무를 차례로 쌓아 올릴 때는 기계톱으로 만나는 부분을 옆으로 다 밀어서 두 나무가 틈 없이 꼭 맞도록 했고, 그러자니 몇 달 동안 바쁘게 그 일만 했다.

▼ 트러스를 처음 세울 때 우비를 입은 채 누운 쿠키

위층과 지붕의 경우 어떻게 하면 되는지는 잘 몰라도 통나무로 뼈대를 만들기로 이미 정해두었다. 그때 나는 장부맞춤이 어떤 것인지도 몰랐고, 나무로 뼈대를 만드는 방식이 철도 다리에 이용된다는 정도만 알고 있었다. 그런데 마침 다행히도 우리가 보던 통나무건축 책에서 힌트를 얻어 면이 둥근 통나무로 뼈대를 만드는 작업을 시작할 수 있었다. 우리는 그저 좋아하는 모양을 그렸고, 고등학교 때 배운 삼각법과 계산

자연재료 ● 149

▶ 겨울을 대비한 장작 보관용 오두막. 1미터 굵기의 널빤지로 만든 구조물로 가장자리를 지탱하며 계단도 있다.

법에 따라 장붓구멍의 자리를 잡고 모양을 낼 수 있었다. 물론 그거야 첫 통나무를 얹기 시작할 때까지는 아름다운 상상에 불과했다. 우리는 곧 기계톱으로 둥근 통나무에 사각형의 홈이나 촉을 만드는 일이 결코 쉬운 일이 아님을 알게 되었다. 그리고 제대로 된 장부촉을 만들어내기까지 엄청난 인내심이 필요했다. 처음으로 장붓구멍에 장부촉이 제대로 맞춰졌을 때의 안도감과 흥분은 정말 대단했다. 그런 식으로 조심조심 몇 주 동안 작업을 한 뒤에야 우리는 뼈대를 들어올리기 위해 맥주를 사놓고 친구들을 끌어모을 수 있었다. 그것이 우리 집에서 열린 최초의 파티였다. 그때시야 비로소 집이 되어간다는 느낌이 들고, 좋은 날이 올 것이라는 예감도 들었다.

하지만 위층과 지붕의 뼈대를 올리고 나서도 입주를 하기까지 해야 할 일이 산더미처럼 많았다. 그것도 서둘러 해야 했는데, 왜냐하면 계속 집세를 낼 수도 없었고 돈이 바닥나기 전에 땅값도 다 지불해야 했기 때문이다. 우리는 여름 동안 위층을 끝내고 앞문을 달고 몇 군데 창을 내고 전기를 끌어오고 물 문제를 해결해야 했다. 할 일이 태산이었다.

먼저 우리는 갖고 있던 커다란 플라스틱 사과주스 통 중 하나를 2층의 튀어나온 통나무에 달았다. 또 하나는 픽업트럭에 두고서 읍내에 나갈 때마다 공원에서 물을 길어왔다. 돌아와서는 트럭을 2층에 달아놓은 통 밑에 세우고 트럭의 물을 양수기로 퍼올렸다. 그렇게 채운 물을 임시로 쓰는 부엌에서 중력을 이용해 사용했다. 이 방법은 날씨가 많이 춥지 않을 때까지는 좋았으나, 한번 단단히 얼어버린 뒤로는 봄까지 녹을 줄을 몰랐다.

난방용 난로도 하나 만들어야 했는데, 우리는 『셸터』에 소개된 바 있는 오울 위크의 난로제조법 책에 의존했다. 그렇게 해서 만든 난로는 200리터 드럼 안에 110리터 드럼이 든 하강기류식으로 아주 특이한 것이었다. 우리는 이 난로에 생나무를 가득 채우고 불을 땠는데, 그러면 나무의 물기가 서서히 빠지다가 한밤중이면 힘차게 타올랐다.

9월 말에 입주하기로 했다. 갖춰진 것이라곤 난로와 조잡한 급수시스템뿐이었지만 마침내 오래 살 집에서의 정주를 시작했다. 계획은 큰 빈 박스 같은 집을 먼저 지어놓고 안에서 어떻게 살 것인지 나중에 결정한다는 것이었다. 그렇게 내부에 벽 하나 없는 집에 들어가 살기 시작했다. 지하실로 내려가는 계단도, 2층으로 올라가는 계단도 없었다. 창문을 낼 자리에는 비닐을 쳤고, 목욕은 할 방도가 없고 단열도 되지 않고 그 밖에도 없는 것투성이였다. 그래도 좋았다. 어쨌든 그것은 우리 집이었고 어떻게든 만들어나갈 것이기 때문이었다.

이제 이 집에서 13년째 살고 있는데, 집은 조금씩 보다 발전된 공간으로 바뀌어갔다. 예컨대 집 아래에서 작은 샘을 발견했고 샘을 파서 좀 넓힌 다음 구멍을 뚫은 양동이를 넣고 자갈을 둘렀다. 그리고 양동이와 침전탱크를 파이프로 연결하고, 이어서 언덕 아래에 있는 3,800리터 탱크에 연결했으며, 큰 탱크 안에 수중용 펌프를 넣어 가압식 물공급 시스템을 완성했다. 샘물은 원래 1분에 몇 리터 정도의 물밖에 솟지 않지만, 저장탱크가 있어 모인 물을 다 쓸 수 있었다.

▲ 샘에서 나온 물을 쓰고, 태양열로 데우는 수영장. 기계의 힘을 빌리지 않고 파냈으며, 양철파이프 뼈대에 온실용 섬유유리 덮개를 덮어 따뜻하게 만들어주었다.

수도를 갖추고 나니 정화조를 만들어야겠다는 생각도 들었다. 정화조는 10센티미터 콘크리트 블록에 모르타르를 발라 쌓은 다음 타르를 발라 만들었다. 그렇게 10년 동안 퇴비화장실을 잘 쓴 뒤에 이제는 수세식 화장실과 샤워시설을 갖추게 되었다.

아래층은 막힌 통나무 벽으로 되어 있어 좀 어두웠는데, 터 자체는 볕이 잘 드는 곳이었기 때문에 남쪽 벽을 대부분 터서 온실을 만들어 붙이고 바닥을 콘크리트로 깔았다. 갑자기 밝고 쾌적하며 볕이 잘 드는 공간이 생기니 참 좋았다. 그리고 화분 놓을 자리도 많아져 집 안 분위기가 화사해졌다.

▲ 쿠키와 랜드

그 즈음 우리는 완전히 새로운 삶이 될 과정 속으로 뛰어들었다는 사실을 거의 깨닫지 못하고 있었다. 우리의 교육, 기술, 사고는 하나에서 다른 것으로, 또 다른 것으로 이어지는 방식으로 이 집과 함께 진화해갔다. 우리는 생각하는 것은 거의 다 할 수 있다는 것을, 그리고 모르는 것은 도서관 어딘가에 있다는 것을 알게 되었다. 지금 같은 소비사회란 것이 사람들을 점점 더 서비스에 의존하게 만들어 그 값을 지불하기 위해 임금 노예노동에 굴복하게 만드는가 하면, 동시에 자기 의존을 가

◀ 온실은 집을 밝고 따뜻하게 해준다.

자연재료 ● 151

능케 하는 정보를 도서관에서 자유롭게 구할 수 있게 해주는 것은 다분히 역설적이다.

애초에 우리는 돈이 별로 없는 생활을 했기 때문에 어떻게 하면 돈을 안 쓰면서 생활을 향상시킬 수 있을까 하는 생각을 늘 해왔다. 그러다 보니 열렬한 재활용주의자가 되었고, 목재상에 가서 뭘 살 형편이 안 될 때면 바닷가에 가서 파도에 밀려오는 판자들을 모아올 정도가 되었다. 이제 집이 잘 정리되고 돈이 아주 없는 것도 아닌데도, 소비적인 주류 건축업계의 '일반 관행'은 거의 신경 쓰지 않으면서 우리가 원하는 것을 지을 수 있다는 생각을 하면 얼마나 기쁜지 모른다.

물론 어떤 장소를 창조해낸다는 것에는 단순한 집짓기보다 큰 보람이 있다. 지금까지 우리는 정글의 많은 부분을 베어내어 밭을 만들고 과실수를 심고 돼지와 닭을 키우기 위해 울타리를 쳤다. 그리고 샘에서 넘쳐나는 물을 이용해 잉어와 송어가 사는 연못을 만들려고 한다. 우리는 서서히 농부가 되어가고 있다. 그것은 언제나 원하던 바였다. 남들이 우러러보는 직업도 아니고 직업 상담가들에게서 거의 들어보지 못하는 분야지만, 모든 것을 알아서 생각하고 알아서 행동한다는 것은 대단히 즐거운 일이다.

『셸터』는 우리한테 워낙 중요한 책이어서 기꺼이 우리의 경험을 남들과 나누고 싶었다. 사람들이 '전문가'나 정부의 규제나 문화라는 것의 지배적 사고방식이 가하는 위협을 받아 자기 집을 갖는 유일한 방법—요즘의 집값으로는 허망한 꿈이다—은 형편이 될 때까지 임금 노예노동자가 되는 길뿐이라고 생각하는 대신, 직접 자기 집을 지을 줄 알게 된다면 세상은 훨씬 더 나은 곳이 될 것이다.

가위꼴 트러스 뼈대

지금까지 작업을 해오는 동안 늘 고민한 가장 중요한 점은 돈을 쓰지 않으면서 삶을 어떻게 향상시키느냐는 것이었다. 별채를 지을 때 마침 작은 전나무 장대에 관심을 갖게 되어 숲에서 어린 전나무를 많이 구해왔다. 이 장대들을 장부맞춤으로 이어서 거의 돈을 들이지 않고도 건물을 세울 수 있겠다 싶었던 것이다. 마침내 오두막을 짓기 시작했고 짓는 동안 새로운 가능성을 엿보며 잘 진행할 수 있었다.

여기 소개된 사진들은 우리가 자동차 창고라 부르는 6×18미터의 최근 작업 결과다. 세우기 까다로운 편이지만 이 건물의 핵심인 가위꼴 트러스는 마룻대공 트러스에 비해 나무가 적게 들어가고 측면으로 버티는 힘이 강해서 덜 위험하다. 이 건물에는 100달러가 들어갔는데, 40달러는 건물 피어(기초)의 콘크리트에, 나머지 60달러는 근처의 장작, 주로 목재상에서 장대를 구해오는 데 썼다. 나머지 재목은 아는 목재회사에서 안 쓰는 것들을 주워왔다. 물론 지붕을 이을 때 돈이 좀더 들어갈 것이다. 장작 보관소 같은 작은 오두막일 경우에는 공짜로 삼나무를 충분히 구해올 수 있었지만 이 경우에는 불가능할 것이다. 🏠

—랜드 & 쿠키 로프트니스

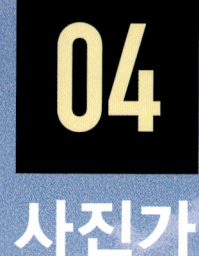

Photographers

사진가

04

사랑이 없는 집은 집이 아니다.

행크 윌리엄스

지구 생활기

사진: 요시오 고마츠   그림: 에이코 고마츠

나는 건축 책을 아주 좋아한다. 서점에 가면 기념비적인 건물이나 부자들의 호화 주택보다는 한 가족이 살 만한 작은 집들에 관한 책을 찾아본다. 30년 이상 이 일에 애정을 쏟다 보니 아주 놀라운 책을 하나 발견하게 되었다. 그것은 고마츠 요시오Yoshio Komatsu의 『지구 생활기』라는 걸작이었다. 이 책에는 세계 각지에서 천연재료로 집을 짓고 사는 사람들을 담은 1,700장의 정교한 사진이 실려 있다. 일본어로 되어 있었지만 아무 문제가 되지 않았다. 사진 자체가 설명을 해주고 있었으니까!

1985년 이후 요시오는 토착적인 집의 사진을 찍으면서 전 세계를 돌아다녔다. 아내인 에이코가 같이 갈 때도 있었다. 그는 캐논 EOS 카메라 두 대를 갖고 다니며 촬영을 한다(주로 16~35밀리와 28~70밀리의 캐논 줌 렌즈를 쓴다). 그의 사진에 담긴 건물들은 훌륭하고 독특하다. 게다가 사진에 등장하는 인물들도 편안하고 행복해 보인다. 그만큼 사진가와 편해진 것이다. 이 책의 미국판은 아테나와 빌 스틴이 최근에 편집하여 『손으로 지은 건물Built by Hand』이라는 이름으로 출간했다. 여기서는 사진가이자 기인인 고마츠 요시오의 작품과 아내 에이코의 그림을 소개한다.

일본 야마나시 현의 작은 헛간. 하사도 슈헤이가 설계한 이 건물은 채소 저장고로 쓰인다. 나뭇가지로 뼈대를 만들고 흙을 바른 뒤 오래된 헛간에서 가져온 너와를 박아 넣고 맨 위에 볏짚으로 이엉을 이었다.

인도 이 깔끔한 집은 파키스탄 접경에 위치한 구자라트 쿠치의 루디아 마을에 있다. 벽은 흙과 짚과 소똥을 발라 만들었으며 벽 치장이 아름답다. 내벽은 흙을 바른 뒤 작은 거울들을 박아넣었다.

몽고 울란바토르에서 남쪽으로 150마일 떨어진 곳에 있는 유르트(게르). 몽고의 유목민들은 가축을 방목할 곳을 따라 유르트를 옮겨 다닌다. 벽은 세울 때는 펴지고 옮길 때는 접히는 나무 격자로 되어 있다. 지붕은 가운데 있는 고리에 연결하는 장대로 지탱한다. 외피는 두꺼운 양털가죽이며 가운데는 말똥을 지피는 조리용 난로가 있다.

유르트를 세우는 모습

사진가 ● 159

▲ **토고** 이 근사한 집은 마치 붉은 흙이 땅에서 자라난 것처럼 보인다. 이것은 여러 개의 타워를 두꺼운 벽으로 연결한 일종의 성이다. 이엉을 이은 원뿔형 지붕 아래의 공간은 기장이나 사탕수수를 저장하는 자리이다. 나머지 2층 공간은 침실 또는 부엌으로 쓰인다. 바닥층은 짐승들이 쓴다. 외벽에는 숭배하는 짐승의 두개골이 있고, 적을 감시하는 구멍이 있다. 사진에서 오리 가족이 벽에 난 구멍으로 향하는 모습을 보라.

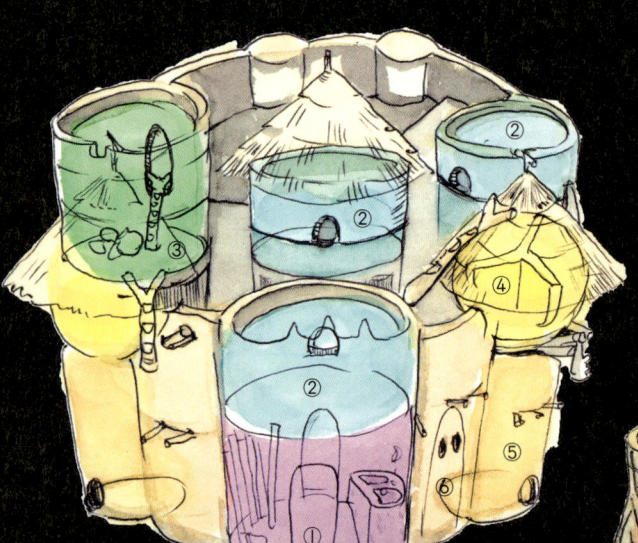

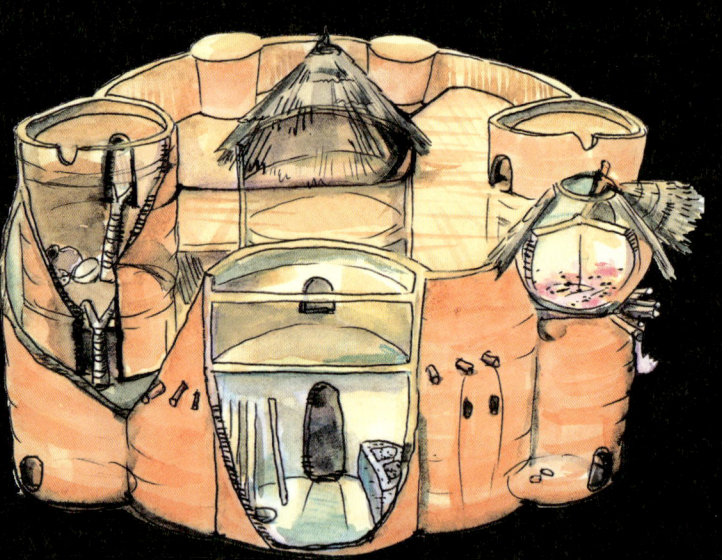

① 작업장 및 입구 ② 침실
③ 부엌 ④ 곡식저장고
⑤ 닭장 ⑥ 감시 구멍

인도네시아 술라웨시 섬 북쪽의 마나도에 있는 바자우 사람들의 집. 이들은 물고기를 잡고 해초를 길러 파는 어민이다. 단순하게 지은 이 집은 맹그로브나무 바닥, 대나무 벽, 야자잎 지붕으로 이루어져 있다.

세네갈 파디우는 다카에서 남쪽으로 110킬로미터 떨어진 곳에 있다. 이 마을은 작은 조개무지 섬이며 나무다리로 연결되어 있다. 마을 바깥에는 이렇게 지주 위에 세운 바구니 같은 곡식저장고가 있는데, 이는 여러 해 전에 큰 화재로 피해를 입자 식량을 지키기 위해 물 위에 지은 것이다.

베트남 호치민 시 북동쪽 130킬로미터 지점에 있는 랑가 호수의 수상가옥. 이들은 물 위에 살면서 물 속 우리에 물고기와 악어를 길러 시장에 내다 판다.

베냉 노크웨 호수

미얀마 인레 호수

▶ **베네수엘라** 오리노코 삼각주에는 와라오 인디언들이 산다. 그들은 강둑 가까이 수상가옥을 지으며 그 집에는 벽이 없다. 그들의 삶에서 강이 얼마나 중요한지는 이름에 반영되어 있다. '와'는 '카누'라는 뜻이며, '아라오'는 '사람들'을 뜻한다.

▶ **말리** 몹티 근방의 니제르 강에 있는 집배. 이곳은 사하라사막 일원의 다양한 사람들이 모이는 활발한 교역장이다. 여기 보이는 바조 사람들은 이 배에 살면서 물고기를 잡는다. 그들은 강가에 짚으로 헛간을 지어 물고기를 말려 장에 내다 팔기도 한다.

파푸아뉴기니 당집

베네수엘라 지름 30머디 정도의 원형 구조물인 샤보노. 오리노코 강 상류, 브라질 접경 아마존의 외딴 정글에 살고 있는 야노마미 인디언의 건물이다. 샤보노는 방어의 목적으로 각각 화로가 있는 여러 개의 집을 나란히 이어 붙여 만든 공동주택이다. 하나의 샤보노에는 50~70명의 사람들이 숲에서 완전히 자급자족하며 산다.

아시아의 집

사진: 케빈 켈리

케빈 켈리 Kevin Kelly는 1970년대와 80년대에 걸쳐 배낭 하나에 카메라 두 대만으로 아시아 전역을 여행했다. 그는 일본, 미얀마, 태국, 스리랑카, 이란, 아프가니스탄, 파키스탄, 인도 등지를 여행하며 4만여 장의 사진을 찍었다. 2002년에 그중 600장을 추려서 『아시아 그레이스Asia Grace』라는 책을 펴냈다. 케빈의 풍부하고 다양한 경험이 담긴 이 책은 사진 설명이 전혀 없다는 점이 특이하다.

케빈은 재주가 아주 많은 사람으로, 잡지 『와이어드Wired』가 활발했던 초기에 편집장을 지낸 가장 잘 알려져 있다. 그전에는 『호울어스 리뷰Whole Earth Review』지의 발행인이자 편집인으로서 『호울어스 카탈로그』 시리즈를 펴낸 바 있다. 1981년에는 걷기에 관한 최초의 잡지인 『워킹저널』을 펴내기도 했다. 또 개척적인 온라인 뉴스그룹인 WELL의 창립회원이며, 여러 권의 책을 썼고, 『뉴욕타임스』, 『이코노미스트』, 『에스콰이어』에 글을 쓴 작가이기도 하다. 지금은 스튜어트 브랜드, 라이언 필런과 함께 모든 생물의 산 세대를 기록하는 '올 스피시스 인벤토리All Species Inventory'라는 프로젝트에 참여하고 있다.

여기 소개하는 케빈의 사진들은 그가 7년 동안 아시아의 여러 지역을 다니며 찍은 것들이다. 그의 웹사이트에 가면 『아시아 그레이스』의 사진을 전부 온라인으로 볼 수 있으며, 그의 과거와 현재의 관심사도 구경할 수 있다.

http://www.asiagrace.com/

▼ 아프가니스탄 헤라트에 있는 벽돌로 지은 여관. 지금은 구리 세공인의 저장고로 쓰인다.

"촬영 원칙은 간단했다. 먼저 찍고 나중에 묻는 것이었다. 나는 여행 기간 대부분을 혼자서만 다녔다. 시간은 많았고 돈은 없었다. 배낭에 필름 500통만 챙겨서 미국을 떠났다. 사진의 대부분은 니코마트 카메라 바디 두 대로 찍은 것이다. 그리고 아주 무겁고 구식인 렌즈가 다섯 개 있었다."

▶ 히말라야의 쿨루 계곡에 있는 나가르 마을 근처의 농가. 목조 뼈대에 흙으로 틈을 메운 집이다. 짐승들은 아래층에 살고, 사람은 전망 좋은 발코니가 있는 위층에 산다.

▶ 인도령 히말라야의 쿨루 계곡. 너와집들이 보인다.

사진가 ● 167

▲ 호수 위의 섬에 있는 라자스탄 궁은 무굴 제국의 영향이 느껴진다. 지금은 작은 호텔로 이용되고 있다.

▲ 산꼭대기는 언제나 신성한 장소로 여겨져 왔다. 한국 동쪽의 어느 산에서 한 여인이 돌무더기 제단에서 절을 하고 있다. 여인은 초를 켜놓고 국기를 들고 있다.

▼ 그리스 아토스 산의 울퉁불퉁한 반도에 있는 집들. 승려들이 해안에 은거지로 많이 지었다.

▶ 지구상에서 가장 많이 모인 사람들을 수용하기 위해 지은 천막 구조물 중 하나이다. 1976년 인도 알라바드에서 열린 쿰멜라 축제에는 11,000명의 순례객이 찾아왔다.

▼ 홍콩 외곽의 애버딘 항을 가득 메운 집배들. 이곳 거주자들은 수상 택시를 이용하여 연안으로 통근한다. 장사꾼들은 배로 수상가옥촌을 돌아다니며 물건을 팔고, 곳곳에 음식점 배들도 여럿 있다. 집배들 가운데 항해가 가능한 것도 있으나 대부분은 동력이 없는 고정된 배들이다.

시킴 지역의 어린 승려

네팔령 히말라야 산지에 있는 이 좁은(폭이 1.5미터밖에 안 되는 곳도 있다) 계단밭은 보리, 귀리, 기장 같은 것을 재배한다. 이런 밭들은 무너지지 않도록 엄청난 공을 들여야 한다. 가운데 있는 오두막은 거주옹이 아니라 낮에만 쓰는 농막이다.

발리에 있는 사원 섬

할리히 랑네스의 집들. 이제 할리히에 있는 높은 집터(바르프텐)는 둑으로 둘러쳐져 보호를 받고 있다.

섬 같은 집, 할리히
사진: 한스 요아힘 퀴르츠

독일 최북단에서 덴마크 접경 지역 바로 아래, 함부르크에서 북서쪽으로 약 100킬로미터 떨어진 북해에는 북프리시아로 알려진 곳이 있다. 이곳은 낮고 넓은 갯벌 지역으로, 조수 차이가 3미터까지 나서 간조 때는 원래 면적의 3분의 1이나 더 넓어진다.

해안을 조금만 벗어나면 열네 개의 작은 섬이 군도를 이루고 있는 곳이 나타난다. 제일 큰 섬은 질트, 푀어, 아므룸, 펠보름이라고 한다. 나머지 열 개의 섬을 '할리히 Hallig'라고 하는데, 섬과 모래언덕의 중간쯤 되는 작고 낮은 지대로 아주 독특한 곳이다. 이곳에는 '바르프텐 Warften'이라고 하는 인공적으로 높인 둔덕 위에 집을 지어 수백 명이 살고 있다.

1년에 서른 번 정도는 높은 조수가 바르프텐을 완전히 둘러싸서 같은 할리히의 다른 바르프텐과 격리시킨다. 그래서 공중에서 보면 이 군도는 열네 개의 섬이라기보다는 쉰 개의 섬으로 이루어진 것처럼 보인다.

전에는 북해 죽음의 바다라는 뜻인 '모르트제'라 부르기도 했다가 이 지역을 덮치곤 했는데, 1362년에서 1634년 사이엔 엄청난 겨울 폭풍이 '대익사'를 일으키기도 했다. 1962년에 폭풍으로 큰 홍수가 난 이후 할리히의 집들 주변으로 6미터 높이의 둑을 쌓음으로써 더 이상 홍수가 나지 않게 되었다.

할리히의 집들. 세 사진속의 집들은 해수면 위로 높인 인공 둔덕인 바르프텐에 외따로 들어서거나 작은 그룹으로 지어졌다.

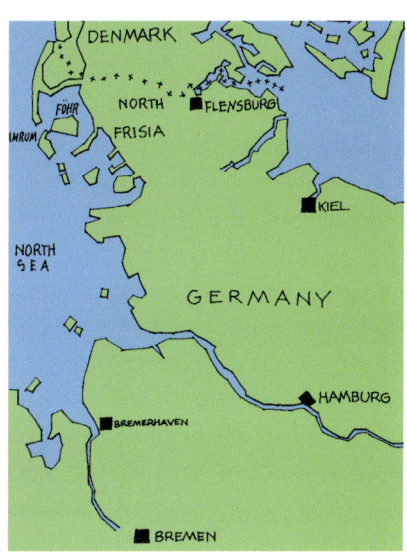

할리히 후게   할리히 랑네스   함부르크 할리히

할리히 후게의 농가들 중 하나. 홍수 때면 북해에 의해 이웃으로부터 고립된다.

▶ 할리히 랑네스의 우체부. 그는 동력이 달린 조그만 철도 무개차를 타고 이 할리히에서 저 할리히로 우편물을 배달한다. 철로는 간조 때는 잠기지 않아 통행이 가능하다.

만조 때의 할리히 쥐더루그. 바다 위에 떠 있는 배같이 보인다. 할리히 하벨의 경우와 마찬가지로 할리히 쥐더루그도 한 가구밖에 살지 않는다. 왼쪽에 둘러쳐져 있는 하얀 울타리 안은 식수 연못이다. 지금은 대부분의 할리히가 본토의 수도관으로 연결되어 있다.

집이 겨우 물에 안 잠길 정도로 수면이 높아졌을 때의 할리히 하벨. 20년 전 이 사진을 찍을 때는 농부 한 사람만 이 집에 살고 있었다. 아래층이 물에 잠길 정도로 폭풍우가 심해지면 그는 짐승들을 데리고 위층으로 올라갔다.

는 멕스칼티탄 섬마을. 거대한 만다라가 떠 있는 것 같다. 이 사진은 폭우가 쏟아져 길거리가 운하로 변한 1968년 늦여름에 찍은 것이다. 오른쪽 아래에는 일부 물에 젖은 농구장이 보인다. 왼쪽 아래의 U자 모양 건물은 어촌 협동조합이다.
사진:『내셔널 지오그래픽』의 W. E. 개럿

태국 담노엔 수닥 인근 콰이 강의 집배
사진: 로버트 바랍

그리스 메테오라의 수도원
사진: 클레이 페리

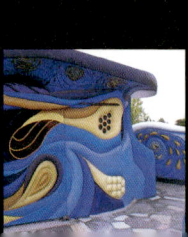
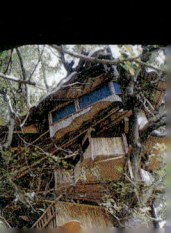

05

판타지

Fantasy

우리는 모두 방이 하나인 집, 지붕 대신 창공을 가진 세상에 살면서
흔적을 남기지 않는 천상의 공간을 항해하고 있다.

존 뮤어

애리조나 사막에 만든 조각마을

마이클 칸

내 사촌 마이클 Michael Kahn은 열두 살 때 그림을 그리기 시작해서 평생을 화가로 살고 있다. 어떤 타협도, 어떤 직업도 예술을 향한 그의 열정을 막을 수 없었다.

마이클은 삼촌의 아들로, 우리는 한 살 터울이고 어릴 때부터 함께 놀며 자랐다. 그러다 둘 다 1950년대에 대학에 갔고, 60년대 초까지 소식이 끊어졌다가 캘리포니아의 밀밸리에서 1년 동안 살았다. 그러다가 '의식 확장'의 도로여행 시절이라 할 수 있는 1965년, 나는 케이프코드의 프로빈스타운에 있는 그를 방문했다. 그 뒤로 우리는 연락을 주고받으며 지내고 있다.

나는 마이클의 작품을 60년 세월의 흐름을 갖고 보기 때문에 별로 치우침이 없다. 나는 마이클이 소위 미술계에는 알려지지 않았지만 미국에서 꽤 가치 있는 미술작품을 창조하고 고안하며 살았다고 생각한다. 마이클은 수줍음이 많은 사람이어서 마케팅보다는 작품 자체에 공을 들인다. 따라서 사람들은 그를 잘 모른다. 그는 부자나 대기업으로부터 보조금을 받지도 않는다. 그래서 그의 작품을 이 책에서 소

개하는 게 행복하다.

마이클은 1958년에 캘리포니아대학 산타바바라 캠퍼스를 졸업했다. 심리학자가 되기 위해 대학원에 진학할 생각이었으나 뉴올리언스에 갔다가 어떤 초상화가를 만나고서는 그림에 대한 애정이 다시 불붙었다. 그 뒤 뉴욕으로 간 그는 아트스튜던트 리그와 내셔널아카데미에서 공부했고, 결국엔 프로빈스타운까지 가서 헨리 헨쉬에게 배움을 청했다. 그러고는 그레데 섬으로 가서 오래된 농가에서 지중해 풍경을 보며 살면서 일련의 유화를 그렸다. 마이클은 거기서 아내 레다를 만나고 파리로 옮겼다가 다시 프로빈스타운으로 돌아왔다.

그들은 1년 동안 1960년식 포드 플랫베드(작고 낮은 트레일러)를 캠핑카로 만들었다. 그 무렵 마이클은 대형 그림을 그리고 싶어했다. 애리조나 세도나 일원의 풍경에 대해 막스 에른스트가 묘사한 "내면의 비전에 가장 가까운 갖가지 모양의 붉은 바위들"이라는 글을 읽은 뒤였다. 그들은 1977년 세도나로 트럭을 몰고 갔다가 콘빌 근처의 강둑에 있는 3,700여 평의 땅에 캠프를 차려도 좋다는 사람을 만났다. 두 사람은 비가 새는 천막과 캠핑카, 트럭만으로 시작했다. 책은 작은 헛간(겨울궁전)에 쌓아두고, 음식은 미루나무 아래의 야외 부엌에서 해먹었다.

"거주 공간을 지으면서 우리는 이 공간을 예술품으로 만들기로 했어."

▼ 오래된 자동차 앞유리를 실리콘으로 이어 붙여 만든 온실. 스테인드글라스는 유리 안쪽에 실리콘으로 붙인 것이다.

▼ 온실의 옆모습(옆 사진의 오른쪽 구석에서 본 모습)

남쪽 벽. 벌새가 좋아하는 곳

▲ 키바. 돌계단을 내려가면 2.4미터 깊이의 서늘하고 조용한 카펫이 깔린 명상처가 있다.

맨 처음 지은 주요 건물인 '엘리펀트'는 3년이 걸렸다. 어도비, 나무, 돌, 페로시멘트, 유리 등을 사용했다. 깎아 만든 페인트칠이 된 터널을 통해 돌바닥과 계단, 데크, 다채로운 스테인드글라스가 있는 방으로 들어가게 된다. 어쩌다 보니 창으로 된 큰 벽의 중심이 코끼리를 닮게 되었다. 어느 날 친구가 와서 보고는 '엘리펀트'라고 했고, 그것으로 건물 이름이 정해졌다. 엘리펀트 바깥에는 커다란 연못이 있고, 태양열 온수 샤워장이 있으며, 지하에는 키바(인디언의 지하실 큰 방)가 있고, 주변에서 발견한 것들로 만든 돌, 거울, 그 밖의 조각물이 있다.

◀ 북쪽 벽. 피아노와 2×4 각재를 잘라 붙였다. 콜라주에 붙어 있는 문은 뒷방으로 비밀스럽게 연결된다.

▼ 여름철 오후, 야외 부엌에서 마이클과 레다

파이프 드림

파이프 드림 Pipe Dreams은 마이클이 가장 최근에 지은 건물로, 자기 그림을 모아둔 화랑이면서 여러 개의 공간과 그림, 직물, 타일작품, 돌조각, 벽과 바닥에 비치는 스테인드글라스 빛깔의 광선이 있는 미로이기도 하다. 마이클의 친구 데이비드 오키피와 마이클 글래슨버리는 이 공간을 만들어내는 작업에 자발적으로 참여했다.

여기 소개된 사진들을 보면 알수 있지만, 마이클은 조각물 마을을 만들어냈다. 그는 주로 프로빈스타운의 조각가 콘라드 맬리코트와 『셸터』의 영향을 받았다고 했다. 그것도 아이디어와 기법만이 아니라 창조적 영감도, 잘 될 것이라는 믿음도 영향을 받았다고 했다.

▲ 바깥문

▲ 바깥문의 안쪽

▲ 마이클 칸과 마이클 글래슨버리의 콜라주 벽

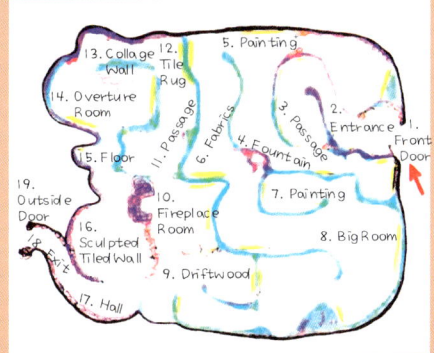

▶ 마이클 글래슨버리의 벽화

▲ 파이프 드림과 같은 이름의 조각. 지붕 위

▲ 앞문

◀ 모르타르 없이 쌓은 돌과 유목으로 된 벽

▲ 칠을 한 돌바닥

▲ 방에 전시된 유화(1970년작)

▼ 마이클 글래슨버리의 콜라주 벽

병으로 만든 집 마 페이지

존과 맥신(마 & 파) 페이지 John(Ma) and Maxine(Pa) Page는 1970년대에 도시(샌프란시스코 반도)에서 네바다 사막 한가운데의 외딴 골짜기로 이사 왔다. 존은 작은 사금광산에서 광부 노릇을 했고, 맥신은 자기 그림을 둘 수 있는 집을 병으로 짓기 시작했다. 나는 네바다 사막에서 온천을 찾아다니다가 어느 날 우연히 이 병집 bottle house을 발견했다. 아침 해가 뜨면서 외딴 사막 마을의 이 집이 다채로운 빛으로 황홀하게 빛나고 있었다. 얼마나 인상적이었던지 나는 그 뒤로 아이들을 데리고 페이지 부부를 찾아가 사진을 찍곤 했다. 여기에 그 사진과 신문기사의 일부를, 그리고 맥신의 편지 일부를 소개한다.

1970년대 초 맥신 페이지는 실리콘밸리의 모태가 된 휴렛패커드에서 일했다. 여섯 아이의 어머니였던 맥신은 몇 해 전에 이혼을 하고서 혼자 아이들을 데리고 교외에서 살고 있었다. 어느 날 그녀가 집에 돌아와 보니 웬 총각이 아이들과 앉아 있었는데, 아들의 친구인 줄 알았다고 했다.

그 총각은 존이었고, 그녀의 맏아들보다 한 살이 어리면서도 그녀한테 관심을 가졌다. "그는 베트남에 다녀왔는데 25세이면서 35세로 보였고, 저는 45세였는데 그는 제가 35세 같아 보인다고 했죠."

존과 맥신은 19년이라는 나이 차에도 불구하고 의기투합했다. 두 사람은 어울려 다니다가 존의 스물다섯 번째 생일인 1974년 8월 5일에 산호세에서 결혼했다. 맥신은 44세였다.

"제가 직장에서 얼마나 놀림을 받았을지 짐작하시겠죠. '네 젊은 신랑 어때?' 하는 소리 말이죠."

그들은 네바다로 떠나 유령촌을 찾아다니기 시작했다. 1975년에 그들이 발견한 유령촌인 유니온빌에서 27킬로미터 떨어진 피팅에는 집이 아홉 채 남아 있었다. 존은 그곳 보안관을 만났고, 마침내 보안관은 돌볼 생각이 있으면 낡은 집들 중 하나에서 살아도 좋다고 했다. 그들은 가까운 보난자킹 탄광에서 일하던 중국인들이 쓰던 침실이 둘 있는 집으로 들어갔다. 그곳은 오래전부터 과수원을 하던 곳으로, 사과나무, 체리나무, 살구나무, 배나무가 있었다. 존은 파이프로 냇물을 끌어와서 나무에 물을 주었다. 여름이면 동네 사람들이 와서 과일을 따먹었다. 행복한 생활이었다. 잭과 맥신은 아주 약간의 편의시설만 갖춰놓고 꽤 오래 살았다. 19세기 광

였다. "20달러어치면 골무에 담을 수 있는 정도였죠."

그들은 세광기도 구했다. "그걸로 충분히 돈을 벌어서 장비를 다 살 수 있었죠." 존은 아주 오래된(1910년식) 불도저와 1939년식 포드 덤프트럭을 샀다. "1939년은 존이 태어난 해죠." 그들은 짐 싣는 기계와 돌 깨는 장치도 샀다. 돌을 깔때기 모양의 장치에 실으면 벨트를 타고 깨는 장치로 옮겨갔다. 그중에 금이 섞여 있으면 채취통으로 빠져 물에 씻겼다. 운 좋은 날은 하루에 100달러어치의 금을 얻기도 했다. 존은 해군에 근무할 때 용접공으로 일했기 때문에 장비를 언제나 수리할 수 있었다. 그들이 사는 땅에는 다섯 군데의 샘에서 물이 솟아 개울을 이루었다. "정원이 있었는데 가장자리에 당근, 호박, 콩, 감자, 브로콜리, 상추, 양파 등을 심었죠. 딸기도 있었어요. 언덕에 올라가면 야생 블랙베리와 들장미 열매도 있었고요."

존이 광산에서 일하는 동안 맥신은 그림도 그리고 바느질도 하고 글도 쓸 작업실을 짓기로 했다. "리이얼라이드(캘리포니아 데스밸리 근처)에서 병집을 보고 저거다 싶었어요."

"바닥에 2×6 각재를 깔고 구석에는 4×4 각재를 놓았지요. 그리고 그 사이에 2×4 각재를 놓은 다음에 모르타르를 써가며 병을 쌓기 시작했어요. 집을 짓기 시작하니까 사람들이 와서 보더군요. 그러더니 다시 올 때에는 병을 갖다주었어요."

겨울이면 눈이 꽤 왔다. "서부에서 겨울을 나려면 꽤나 고달프죠. 한번은 눈이 90센티미터나 쌓인 협곡에서 존이 고개까지 가야할 때도 있었어요. 읍내까지 (32킬로미터) 차를 가지고 갔다가 걸어서 돌아와야 하는 때도 몇 번이나 있었죠."

존에겐 꽤 거친 광부 친구들이 있었다. "그 친구들은 오래된 광산의 동굴 안에 살았어요. 하루는 터널을 파고 들어가서 다른 광산까지 뚫고 나오기까지 했죠. 그들은 그곳에 허먼 냅스틴이라는 은둔자가 살았다는 사실을 알게 되었어요. 그는 금가루를 꽉 채운 이유식 병을 몇 개 가지고 동부로 돌아갔다가 뉴저지에서 경찰한테 부랑자로 잡히고 말았죠. 그 광산으로 들어가는 길은 다 폐쇄되어 있어서 그들은 다른 터널을 뚫고 들어가는 수밖에 없었죠."

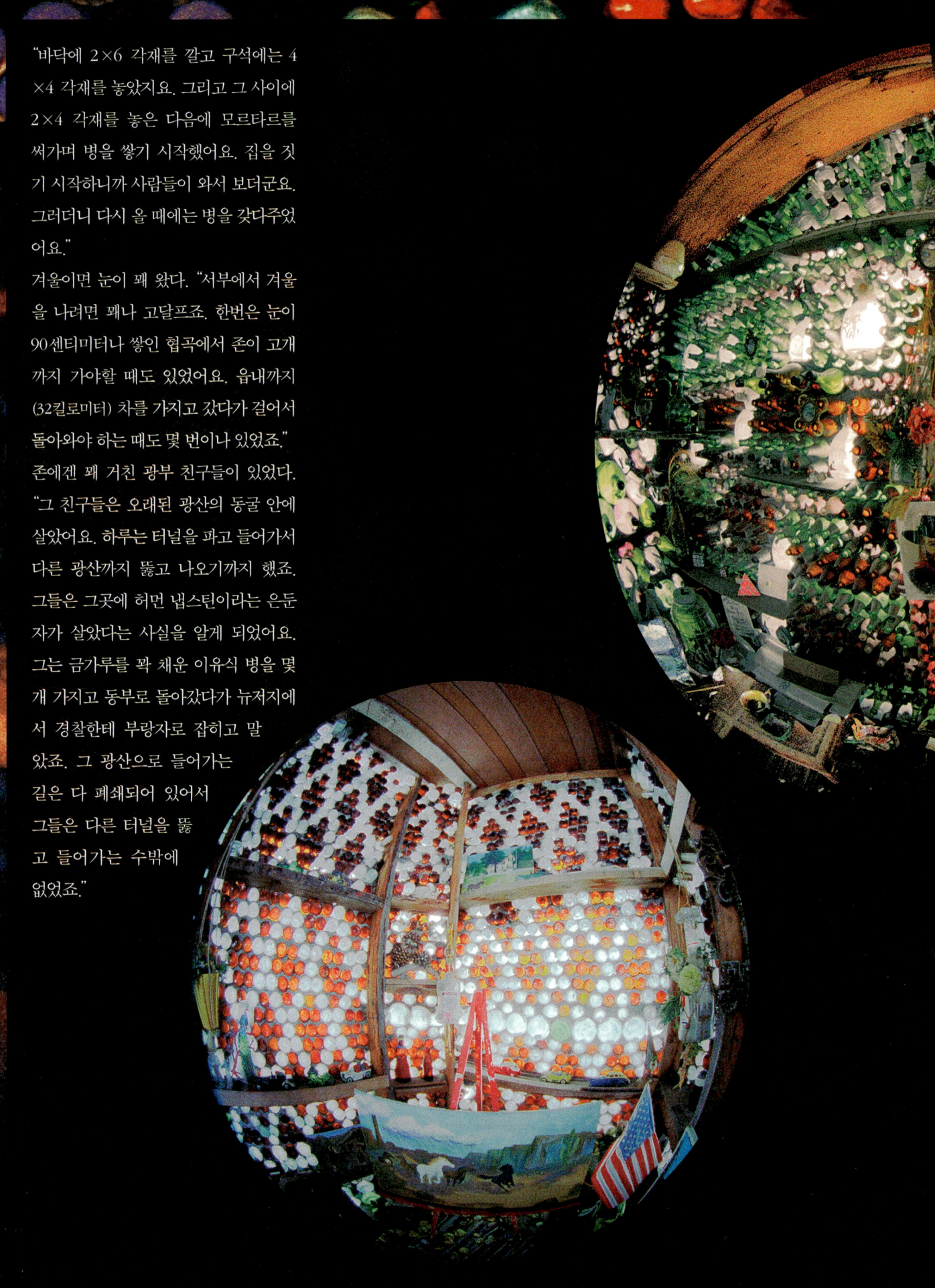

맥신의 편지

PROSPECTORS

Some people think that prospectors are strange, others say that we are just a bit off "upstairs." We are known for leaving the cities, the fancy clothes, barber shops, beauty salons, and MODERN CONVENIENCES like bathrooms. We drive from smooth cement roads to surfaces of rock and dirt and trails of dust — to pursue our dreams.

Lipstick and hair-dos yield to sloppy hats to shade our faces, (no longer made up) — the clean-shaven faces are exchanged for beards. Dresses and suits are traded for our shapeless chest waders and old dirty levis. Our once clean and manicured hands are now water shrunk and rough, we don't dare use 'lotion' as it might float away our gold flakes. Tables and chairs are absent, bedrock and boulders serve their purpose instead. Tree roots often hold our treasure with its 'colors' and black sand.

We hear music from the running creeks. We appreciate art as we look upon a hillside, and sculpture is seen in the crevices that we clean. When we look at a rock, it is not just to be stepped on, it has a story to tell with its smooth or rough surface.

You will recognize us with our shovels, pans, dredges or sluice boxes. Our dreams keep us going. Today, we have almost forgotten yesterday's sweat and toil Sore backs and scratched knees, are but a memory. Today, the creek beckons as tho' to say, "Don't Give Up." We believe, on some gravel bar, a ledge, or hillside, maybe the next crevice or behind the next boulder, our gold will be found.

The Prospector is likely to be the most stubborn, closed mouth, but open eared and unattractive critter who walks the face of the earth. When we meet, we share an understanding look, a ready smile, a sparkle in the eye. If we are fortunate enough to compare our little gold bottles (even if they contain only a few colors) we know that we share a special friendship.

You will see us kneeling by the creek, for this is our usual position. It is also a position of being thankful, for we are truly grateful, and we acknowledge that we are, indeed, a guest of the land, B.L.M?

I'd RATHER BE A PROSPECTOR THAN PROSPEROUS IN THE CITY's

▲ 벽에 붙어 있는 오래된 신문 칼럼

존이 지은 건 지금까지 다 쓸 만해요. 존의 아버지가 8월 초에 여기 왔었는데, 그가 용접을 잘해놓은 걸 보고 안타깝게 고개를 젓더군요. "샌프란시스코에서 용접을 하면 한 시간에 75달러를 받을 수 있는 솜씨인데." 그는 아들이 해군에서 용접공 및 배관공 자격증을 받았고, 베트남전과 미 해군 덕분에 정글의 전사로, 킬러로 활약했다는 사실도 기억하지 못하더군요. 우리는 남들이 모르는 것들을 많이 배우면서 살았다고 생각해요. 하지만 샌프란시스코에서 우리의 삶은 행복하지 않았고, 그래서 지금 여기에 살고 있지요. 우리는 겨우내 난방용으로 나무를 잘라 썼고, 나무난로로 요리를 했어요. 존이 용접 토치를 쓰려면 프로판가스를 아껴야 했으니까요. 우리가 좀 다르게 산 게 별건가요? 개척민들은 우리보다 두 배는 어렵게 살았어요. 나는 사람들한테 흔히 '30년 동안 가스회사에 의존해서 살았다. 이제는 물을 끌어오고 장작을 패는 삶으로 은퇴한 거다'라고 말하지요. 만일 존도 나처럼 30년을 도시에 살도록 내버려뒀다면 그 삶이 편했을까 하는 생각을 해요. 지난 12년 동안 여기 살면서 존의 목공 솜씨는 계

맥신의 인형

집 뒤의 연못

속 나아지고 있어요. 그렇다고 도시의 건축검사관의 기준을 통과할 만큼은 아니겠지만 우리가 여기서 만든 것에 만족하며 살지요. 배관이 언 적은 없지만 읍내 사람들과 마찬가지로 이따금 파서 손을 보긴 해야 돼요. 물은 1년 내내 잘 흐르지요. 존이 만든 것에 대해서라면 책 한 권을 쓰고도 남을 거예요. 사우스포크에 있는 7.3×4.3미터 오두막을 맞추는 것에서 시작하여 바bar 겸 음악감상 오두막, 내 책방 겸 작업실, 포치, 침실, 금광 시설에 이르기까지 지금도 계속 짓는 중이죠. 『셸터』가 있어서 훨씬 더 좋아졌고요.

▲ 네바다의 찬송가

▲ 주말에 페이지 부부를 찾아갈 때 두 아들을 데려갔다. 당시 여덟 살쯤 된 에반은 존이 어딜 가나 따라다녔다. 에반은 언제나 '남자 중의 남자'를 좋아했다. 어느 날 오후 그들이 연못에 갔을 때 개가 마구 짖기 시작했다. 풀숲에 방울뱀이 있었던 것이다. 존은 권총을 꺼내 뱀을 쏘아 죽였다. 그날 저녁 마는 뱀 껍질을 벗겨 에반에게 주었다.

▲ 마는 이것을 종이인형 만들듯이 알루미늄 호일을 자른 뒤 펠트 조각에 붙여 만들었다. 반을 접으면 완전히 대칭이다.

에필로그

1992년 여름, 존 페이지는 사고로 세상을 떠났다. 맥신은 이런 편지를 보내왔다. "그이는 다시는 내가 있는 골짜기로 자유롭게 오지 못하게 되었어요. 그이는 이 골짜기, 그리고 토끼와 코요테 사냥도 그리워할 거예요. 하지만 우리 모두가 그이를 그리워하는 만큼은 아닐 거예요."

존이 세상을 떠나자 토지관리국은 임대 계약을 철회해버렸다. 맥신은 이렇게 썼다. "외롭고, 존 없이 어떻게 세상을 헤쳐나갈지 아직도 모르겠어요. 우리는 힘들게 살았지만 좋은 삶이었어요. 무엇보다 우린 사랑했으니까요." 맥신은 라스베이거스 외곽의 헨더슨으로 이사를 갔다. 그녀는 지금 다시 병집을 짓고 있다. 이번엔 딸네 집 뒤뜰이고 '팔각정'이다. 🏠

개울의 욕조는 더운 오후에 몸을 식히기 좋은 장소이다.

We have done "So Much" with "So Little" for "So Long". now I can Do Anything with almost Nothing & Survive here

▲ "나는 집에 머물러 있으면서 세상이 나를 찾아오게 하지요. 여기서의 삶은 대부분 아주 좋았어요. 아직 만나지 못한 새 친구가 그리우면 집을 떠날지도 모르겠지만요."

▲ 작은 자동차 모형이 놓인 병 울타리

▲ 50년 된 옥외변소

1992년, 8월에 잭 풀턴과 나는 존을 추모하러 갔다. 스무 명 정도가 참석했고, 우리는 바비큐를 하며 어울렸다.

우리 집 바깥 전경. 현재가 앞문이 될 부분이 지금은 벽돌이 쌓여 있고, 실내에서는 벽감으로 쓰이고 있다. 나중에 2층을 올릴 때 쓸 철근이 위쪽 벽에 붙여있다.

날아오르는 콘크리트 스티브 코너

언젠가 스티브 코너 Steve Kornher의 작업을 인터넷으로 우연히 알게 되었다. 스티브는 30년째 집짓기를 해오고 있으며 멕시코에서만 15년이 됐다. 그는 어도비와 다져서 굳힌 흙rammed earth을 이용할 뿐만 아니라 다양한 유형의 콘크리트 석조 건축을 해왔다. 그는 지금 경량 화산석 골재에 푹 빠져 있다. 다음은 최근 작업에 대한 그의 글과 사진이다.

아내 에밀리아와 나는 멕시코 중부 산악지대(해발 1,900미터)인 산미겔 데 아엔데에서 25분쯤 떨어진 2,500여 평의 터에 살고 있다. 멕시코 스타일인 우리 집은 아직도 짓는 중이다. 돈이 있는 만큼 짓고 나중에 덧붙일 자리에는 철근이 남아 있다. 우리는 한 번에 석공 두세 명을 써가며 2년에 걸쳐 집과 큰 창고를 지었다. 집을 천천히 짓는다는 것은 훨씬 더 즐거운 일이며 보다 창조적일 수 있다. 천천히 생각하면서 필요에 따라 바꿀 수 있기 때문이다.

현재 우리 집은 실내 면적이 34평 정도이며 바깥 활동이 가능한 데크가 많이 있다. 1층 대부분은 어도비로 지었다. 남향의 창과 내물림은 겨울에 패시브 태양열을 공급해준다. 지붕은 전부 조개껍질을 모티프로 하는 석조 아치형이다. 멕시코에는 뛰어난 석공이 많은데 별난 것들을 해결하기 위해 유능한 장인에게 신세를 많이 지게 된다.

내가 산미겔에 온 이유는 원래 2주 동안의 도자기 워크숍 때문이었다. 그러다 이곳의 향료와 식물에 빠지게 되었고(불법적인 것은 아니다), 꽃과 종자 재배에 종사하다가 다시 건축 일을 하게 되었다. 나는 이 분야에 18년을 몸담아왔고, 이 집에는 8년째 살고 있다.

우리 집 터 중 절반은 산미겔에 있는 아내의 가게에 댈 꽃을 재배하는 데 쓰고, 나머지 반은 주로 원래 식물들이 자라던 그대로이다.

내 목표 중 하나는 돈을 적게 들이면서 400년 넘게 갈 집을 짓는 것이다. 이 기후에서 그런 집을 짓기 위해서는 자체 지지력이 있는 구조여야 하며 석조로 지을 필요가 있다. 어도비, 경량 콘크리트 블록, 강화 콘크리트 기둥 등을 써야 한다는 말이다.

지붕은 건물 수명에서 가장 중요한 자리를 차지하기 때문에 자체 지지력이 있어야 하고, 둥글고 굽은 데가 많은 것이 좋다(납작하면 안 된다). 자체 지지력이 있는 수직 벽도 본래 굽은 게 좋다. 그렇게 출발하면 어느새 모든 부분이 둥글둥글하고 구불불해진다. 오래가는 집을 지을 생각을 한다면 리모델링이 가능하도록 짓는 게 최선이다. 어도비나 경량 콘크리트로 지을 경우 나중에 얼마든지 문을 낼 수가 있다. 단단한 콘크리트를 쓰면 그런 일은 엄두도 내기 어렵다.

▲ 전에는 침실로, 지금은 거실로 쓰이고 있는 방. 우리는 형편이 될 때마다 공간을 늘린다.

▲ 팀의 집 지붕에서 내려다본 피크닉 테이블(지름이 3미터쯤 된다). 상판이 두께 4센티미터 정도의 페로시멘트인 이 테이블의 밑부분은 단단한 콘크리트이고, 콘크리트 물감을 칠했다.

▲ 우리 집 작업장 문. 철, 경량 콘크리트, 섬유유리, 콘크리트 물감을 썼다.

지붕

나는 다양한 지붕을 위해 여러 가지 형태를 시도해보았다. 지금까지 해본 것 중에 제일 큰 것이 6×6미터 정도이다. 작은 지붕은 짓는 도중에도 위에서부터 지지를 할 수가 있지만 큰 지붕은 가운데 뭔가를 받쳐야 한다. 지붕 모양을 어떻게 설계하느냐도 아주 중요하다. 원통형 아치천장이나 변형 돔, 특히 조개껍질 모양(내가 좋아하는 것으로 꽤 만들기 쉽다)은 모두 압착력이 강하다. 지붕 모양 자체가 지지력이 있고 재료를 서서히 부어서 만들면 보강재가 거의 필요 없다. 아랫부분의 모양이 갖춰지면 주로 3/8인치 철근이나 용접철망으로 지붕의 나머지 모양을 쉽게 잡을 수 있다.

지붕은 금속으로 된 뼈대 위의 틀(나중에 떼어내어 재활용할 것이다)에 맨 처음 3/8인치 두께로 거푸집을 부어 만든다. 이 껍질은 경량 콘크리트를 붓기 전까지 구조를 지탱해주며 지붕 모양이 어떨지를 보여준다. 이때는 필요에 따라 바꾸기가 쉽다. 지붕 재료를 붓고 나서(10~15센티미터 두께로) 대엿새가 지나면 거푸집을 떼어내어 다른 지붕의 본으로 쓴다. 나는 다시 쓰고 옮길 수 있는 거푸집을 아주 좋아하

▲ 시공을 위한 흙 모형. 지금도 나는 찰흙 모형 만들기를 좋아한다.

산미겔 데 아옌데에 있는 보니와 헤이든 케이든의 집 계단. 경량 콘크리트로 지었다. 원래 난간도 있었으나 별로 필요가 없어 없앴다.

는데, 대개 3/8인치 철근이나 용접철망을 이용해 만든다. 요즘은 빠르고 저렴하게 만들 수 있는 원통형 아치천장에 빠져 있다.

벽

벽은 대개 10~15센티미터 두께로 하고, 마찬가지로 경량 화산석 골재를 쓴다. 처음에는 거푸집에 이 콘크리트를 부어 썼으나 지금은 이 지역에서 블록을 만들고 그게 더 빠르기 때문에 구불구불한 벽에도 블록을 쓰고 있다.

경량 콘크리트

콘크리트는 압착력이 강하다. 콘크리트를 이용하는 최선의 방법은 자체 지지력이 있어서 철근으로 보강해줄 필요가 별로 없는 구조물을 짓는 것이다. 멕시코에서는 대부분의 건물이 콘크리트를 써서 원하는 대로 마음껏 짓기가 좋다. 이 지역의 빌더들은 페로시멘트, 철망을 댄 스티로폼 패널, 스트로베일, 흙 콘크리트를 사용해 집을 지어왔다. 나는 경량 콘크리트를 써서 제일 성공을 거두었다. 경량 콘크리트가 단단한 일

▶ 주방의 지붕. 내가 처음 시도한 조개껍질 모양의 콘크리트 지붕이다. 너무 납작하게 하는 바람에 보강재로 철이 많이 들어갔다. 이 지붕은 위층을 지탱하기 위해 튼튼하게 지었다.

▲ 벽장이 자리한 지점 위의 경량 콘크리트 지붕. 조개껍질 모양의 세 부분이 합쳐지는 곳이다. 남향의 채광창이 보인다.

◀ 라스카나스에 있는 아치 창. 오렌지색 플라스틱 파이프를 대어 원하는 모양을 가늠해본 뒤 떼어내고 경량 콘크리트를 부었다.

반 콘크리트와 다른 점은 모래와 자갈 대신 속돌(화산석) 같은 가벼운 재료를 쓴다는 점이다. 그래서 무게가 절반밖에 되지 않는다.

콘크리트라고 해서 다 흉하고 단단하고 차갑고 작업하기 까다로운 것은 아니다. 경량 콘크리트는 범위가 아주 넓다.

"나무와 아주 비슷한 밀도와 압착력을 갖는다. 작업하기 쉽고, 보통 못을 박을 수 있으며, 톱으로 자를 수도 있고, 목공용 연장으로 구멍을 낼 수도 있고, 수리하기도 좋다. 우리는 초경량 콘크리트가 앞으로 가장 유용한 건축재료의 하나가 될 것이라 믿는다." —『패턴 랭귀지』에서

세계 어느 지역에나 적당한 콘크리트 골재는 있기 마련이다. 이곳 산미겔에서 쉽게 구할 수 있는 골재는 퍼미스나 스코리아 같은 화산석이다. 이 재료를 벽에는 시멘트와 8:1 또는 10:1의 비율로, 지붕에는 5:1의 비율로 섞어 쓴다. 대부분의 경량 콘크리트는 단열과 방음에 강하다. 실제로 지하철역에서 방음용으로 많이 쓰이고 있다. 또 조형성이 뛰어나 지붕과 벽이 단일체인 구조물에 이상적이다.

이제는 더 지혜로운 건축시스템이 필요하다고 생각한다. 수백 년이 가도 쉽게 관리하고 구조를 고칠 수 있으며, 지역에서 흔히 나는 재료를 사용하는 집을 짓고 싶다. 그런 점에서 경량 콘크리트는 가장 이상적인 재료이다.

▲ 라스카냐스에서 변형 돔을 만드는 모습. 가벼운 금속 거푸집(나중에 또 쓴다) 위에 재료를 부어 만든다. 3/4인치 두께의 거푸집은 사진 왼쪽의 보이지 않는 부분에 있는 구조물에 먼저 쓴 것이다.

▲ 바닥에서 스티로폼 패널을 조립한 뒤 정해진 위치에 올려놓고 재료를 입힌다. 이 구조물 안에는 팀의 집에 있는 커다란 플라스틱 물탱크가 들어 있다.

▲ 앞쪽은 3/4인치 거푸집이 설치되어 있는 모습. 뒤쪽은 용접철망을 댄 뒤 경량골재를 8센티미터 두께로 덮은 뒤 모래 섞은 시멘트를 바른 모습이다.

▲ 우리 집 세탁실에 댈 작은 연 또는 낙하산 꼴 지붕. 페로시멘트로 만든 것이며, 가운데의 원형은 3/8인치 철근을 썼다.

판타지

티몰란디아

팀 설리반Tim Sullivan의 농가는 산미겔 데 아옌데에서 20분 거리에 있는 5천여 평 땅에 자리하고 있다. 그는 스티브 코너의 이웃이다. 그가 지은 건물로는 21평의 본채, 야외 퇴비화장실, 식품저장실, 간이 차고, 작은 작업장, 사생활 보호용 담 등이 있다. 근처에는 스튜디오 아파트가 달린 큰 작업장도 있다.

팀은 경량 콘크리트의 가능성을 확장하는 데 관심이 많았다. 스티브 집의 곡선과 콘크리트 문이 좋아서 자기 집터에서도 그것을 실현해보고 싶어했다. 그것은 서서히 진화해가는, 상황에 따라 설계해가는 타입의 프로젝트였다. 아침에 모델을 만들어서 오후에 바로 시공하는 때도 많았다.

스티브 코너는 팀의 '발자국'에 맞춰 벽과 지붕 모양을 만들었고, 팀과 또 다른 이웃인 로비 프리드먼은 칠을 하고 이런저런 마무리 작업을 했다. 애초부터 팀은 밝고 강렬한 색을 원했는데, 색이 섞인 시멘트를 구할 수 없었기 때문에 페인트를 섞어 썼다. 지붕은 전부 경량 콘크리트용 골재를 썼고, 벽은 경량 콘크리트 또는 주변의 돌을 가져다 썼다.

이곳 사람들은 이 프로젝트를 '티몰란디아Timolandia'라 부른다. 스티브는 이렇게 말한다. "여기서 다양한 벽과 지붕 모양을 실험하는 것은 대단히 즐거울 뿐만 아니라 놀라운 기회이기도 하지요."

▶ 페로시멘트로 만든 문. 철망에 단단한 콘크리트 사용

◀ 길에서 본 본채와 사생활 보호용 담의 모습. 오른쪽 뒤편에 있는 이웃집도 경량 콘크리트로 지었다.

◀ 부엌과 거실 사이의 통로. 왼쪽에 샤워장이 있다.

▼ 부엌에서 올라오는 계단. 계단이 가파르긴 하지만 튀어나온 3/8인치 철근이 좋은 발판 구실을 한다. 아이들이 디디기에도 좋다.

데크에 있는 계단과 난간. 그 뒤는 태양광집열판

◀ 반 고흐의 '별이 빛나는 밤?' 거의 그런 것 같다. 미닫이문이 달린 차고이다. 해머로 두들긴 금속, 경량 콘크리트, 색유리 사용

▲ 물결치는 듯한 '테하' 지붕. 팀의 집에 있는 큰 작업장이다.

▲ 양배추 지붕. 왼쪽은 건축 중인 양배추 지붕. 팀의 작은 작업장이다. 경량 골조라서 못을 박기 좋고 반죽을 발라 양배추 잎 모양을 만들기도 좋다.

▲ 본채 동쪽의 모습

▶ 본채의 계단. 처음에는 날아오르는 계단으로 출발했지만 아래에 작은 가스히터를 가리는 용도로도 쓰이게 되어 모양이 좀 바뀌었다.

▼ 전복껍질 모양의 지붕. 낮에는 채광창, 밤에는 12볼트의 붉은 등을 이용한다.

▲ 뱀 모양의 문과 호세. 팀의 집에서 일한 장인 중 하나

◀ 콘크리트로 만든 놀라운 곡선 조형물

▲ 경량 콘크리트 부엌 지붕을 떠받치는 구조물. 왼쪽은 완성된 모습

◀ 4층으로 된 '공중의 큰 트리하우스'의 뒷모습. 중국 하이난 섬의 에코리조트에 있다.

▲ '공중의 큰 트리하우스'와 구름다리로 연결되어 있는 작은 바. 위에 침실 다락이 있다.

트리하우스 데이비드 그린버그

1960년대에 데이비드 그린버그David Greenberg는 친구인 로저 웹스터와 함께 '환경 커뮤니케이션'이라는 회사를 운영했다. 그들은 캘리포니아 베니스의 한 다락에 사무실을 차려놓고 일련의 건축 슬라이드쇼를 학교 등의 기관에 대여해주었다. 슬라이드 가운데는 『셸터』의 것도 있었고, 파올로 솔레리, 영국의 아키그램 그룹, 앤트팜Ant Farm 같은 곳의 것들도 있었다.

나는 그들과 근 30년을 소식이 끊어진 채로 지내다가 지난여름에 페인트칠한 스쿨버스를 타고 여행 중인(265쪽의 'LA 필름메이커스') 로저와 우연히 마주치게 되었다. 그래서 데이비드와도 다시 연락이 되었는데, 그는 하와이에 있는 자기 땅에 트리하우스를 짓고 살면서 중국 하이난 섬의 에코리조트에 지을 트리하우스를 설계하고 있었다. 데이비드는 애리조나주립대학에서 건축 학위를 받았으며, LA에서 몇 해 동안 건축가로 일하면서 UCLA에서 8년 동안 건축을 가르치기도 했다. 그러다 7년 전에 모든 일을 그만두고 하와이로 이사를 갔다.

1970년대 중반에 나는 하와이 카우아이 섬에 있는 소 방목지에서 야생 버섯을 따고 있었다. 비가 내리기 시작했다. 비를 피하려고 나무가 우거진 곳으로 달려갔다. 하지만 이미 흠뻑 젖어버렸다. 그곳에는 버섯을 따고 있는 사람들이 있었다. 내가 UCLA에서 건축을 공부하는 대학원생이라고 말하자, 그들은 와서 자기들이 지은 집을 한번 봐달라고 했다. 멀지 않은 곳에 아름다운 해변이 있으며 그 가장자리 정글에 집이 있다고 했다. 알고 보니 그 땅의 주인이 50명의 히피

▲ 아래 사진 가운데서 바라본 트리하우스 바와 다락 모습

중국 하이난 섬의 '공중의 큰 트리하우스' 전경

▲ 하와이 마우이 섬의 '하나'에 있는 나무 꼭대기의 트리하우스

들에게 해변 가장자리에 있는 나무에 살도록 허락해주었고, 그들이 열두 채의 아름다운 트리하우스를 지은 것이었다. 나는 내 눈을 의심하며 집 하나하나를 구경했다. 당시에 나는 대안건축에 관심이 있었으나 그런 집을 한 채도 본 적이 없었다. 그들은 비를 피하기 위해 대나무와 비닐로 지붕을 만들었다. 나는 그중에 제일 근사한 집으로 올라갔다. 대나무 사다리를 타고 올라가 보니 방이 하나 나타났다. 하와이식 문양이 그려진 천을 씌운 쿠션이 가득했으며, 바닥에 깔린 풀 거적 위로 햇살이 비쳐 나뭇가지 그림자들이 무늬를 수놓고 있었다. 쿠션에 기대 앉자 그들이 음악을 연주했다. 음악에 맞춘 듯 풀 거적 위에서 춤 추는 잎 그림자를 보면서 나는 취해버렸다. 잠시 뒤 주인들은 모래사장 건너에 있는 바다로 뛰어들었고, 나는 좀더 쉬기로 했다. 그들이 떠나자 나뭇잎을 흔드는 바람소리가 들려왔다. 잎 그림자가 바닥에 물결무늬를 만들어내자 소리는 더욱 커졌다. 살포시 잠들기 전에 마지막으로 생각한 것은 참 아름답다는 느낌이었다. 얼마 후 커다란 파도소리에 잠을 깨어 따뜻한 바닷물을 향해 맨몸으로 파도를 타러 뛰어들었다.

5년 뒤 나는 마우이 섬의 정글에 25,000평의 땅을 샀고, 1996년에는 전에 찍었던 트리하우스 사진을 발견하게 되었다. 그 아름다운 모습에 새삼 매료되고 말았다. 대나무를 좀 구해야 했다. 다행히 섬 이쪽 편에는 대나무가 많았으나, 대숲이 멀리 있어서 구해오기가 힘들었다. 돈을 주고 사려면 비쌌다. 필요한 양은 많았고 돈은 없었다.

그러다 며칠 뒤 행운이 찾아왔다. 언젠가 트리하우스를 짓는 데 대나무가 필요하다고 '코코넛 와이어리스'(하와이의 주요 통신수단)라는 무선 인터넷에 글을 남긴 적이 있었다. 그런데 친구의 친구가 키가 크고 굵은 골든 대나무(중간 중간에 녹색 줄무늬가 있는 종류)가 많은데 화원에 있는 전화선과 전선이 위험하니 조심해서 대나무를 치워주면 좋겠다고 한 것이다. 다음 날 일찍 기계톱을 들고 밝은 표정으로 찾아갔다. 그날따라 겨울 바람이 매우 셌다. 바람이 한바탕 불 때마다 대나무가 전깃줄을 흔들었다. 우리는 줄을 높이 묶은 다음 바람이 안전한 방향으로 불 때 대나무를 베어 댕기기로 했다. 그렇게 해서 이틀 동안 평균 길이가 8미터나 되는 대나무를 50그루 벴다. 그리고 내 지프차에 특별한 뼈대를 설치해 대나무를 모두 농장으로 실어왔다.

나는 열심히 일했다. 무슨 막중한 임무를 맡은 사람처럼, 미친 사람처럼, 먼동이 틀 때 일어나 컴컴해지도록 일했다. 어느 날 아침 해가 뜰 무렵 팩스 들어오는 소리와 함께 잠을 깼다. 팩스 내용은 LA에서 변호사로 일하는 한 여자 친구가 트리하우스에 대해 쓴 시였다. 시는 며칠에 한 번꼴로 계속 왔는데 좋은 트리하우스를 만들 수 있는 정신적 자양분이 되어주었다. 나무가 마치 친구 같다는 느낌을 주었다. 데크에서 일하다가 다음은 어떻게 할까를 고민할 때 시 한 구절이 말해주곤 했다. 그것이 완벽한 것 같아 나는 펄쩍펄쩍 뛰었고, 나무는 뛰는 내 무게를 다 받아주었다.

나는 낮에 나무 위에서 단 일 분이라도 더 있기 위해 매일 아침 해가 뜨기도 전에 일어났다. 터가 말 그대로 정글 한가운데 있어서 빨리 어두워지기 때문에 일을 마쳐야 할 때면 언제나 안타까웠다. 또 매일 쓰레기장에 갔다. 무엇이나 잠재적으로

마우이 섬의 '하나'에 있는 헤일 바와 호텔 트리하우스. 유명한 빌더인 프란시스 시넨치가 지은 건물로 2천 년 된 폴리네시아식 설계를 바탕으로 했다.

건축재료가 될 수 있는 것들을 찾았다. 매주 마우이 산업지구 뒷골목의 쓰레기 컨테이너도 뒤졌다. 그러다가 방충망이 달린 문을 열 개나 발견했고, 덕분에 내 다락침실의 문은 방충망을 대부분 달 수 있었다.

나에게는 바다가 200도 각도로 내려다보이는 멋진 그물침대가 있었다. 어느 흐린 날 일과를 마칠 무렵 나는 그물침대에 드러누워 한가로이 흔들고 있었다. 대단한 일몰은 아니지만 완전히 반했다. 새들의 지저귐과 멀리 파도의 속삭임 말고는 조용했다. 새소리를 듣자 휘파람을 불고 싶었다. 먼저 뮤지컬 '남태평양'의 곡조로 시작했다. 주제가인 '발리 하이'를 불고 있자니 부리가 노란 쇠찌르레기가 몇 미터도 안 되는 나뭇가지에 앉는 것이었다. 나는 새와 경쟁이라도 하듯 휘파람을 불었다. 새는 내 곡조가 맘에 드는지 이 가지에서 저 가지로 뛰어다니며 점점 다가왔다. 잠시 뒤 다른 새 한 마리가 또 날아왔고 또 한 마리가 왔다.

마우이 섬의 헤일 트리하우스의 내부

마침내 나는 다섯 마리의 새 앞에서 남태평양 콘서트를 하며 그날 늦도록 그곳에 머물렀다.

트리하우스를 지어보면 상황에 따라 그때그때 일이 달라진다. 무엇 하나 특수하지 않은 게 없다. 언제나 최선의 세부사항은 그 상황에 임해서야 발견할 수 있다. 내 트리하우스의 큰 데크에는 살짝 튀어나온 '섬'이 있다. 그것은 데크가 걸터앉아 있는 큰 가지에 자르고 싶지 않은 크고 근사한 옹이가 있었기 때문이다. 그런 식으로 나무는 스스로의 아름다움을 새로운 차원으로 드러냈다.

친구가 팩스로 보내준 시들 가운데는 나무의 그런 부분을 아주 아름다운 언어로 표현해주는 것들이 있었다. 나는 모든 자연에 대해 그러했던 것처럼 나무를 신성시하게 되었다. 내가 나무에서 잔 밤들은 아마 내 인생에서 가장 기억에 남는 시간이 될 것이다. 달빛이 잎과 가지 사이로 새어 들어오면 나무 위의 집 전체가 초를 밝히는 구식 크리스마스트리처럼 빛이 났다. 그리고 그 속에 내가 있었다. 아침이면 해가 대양 위로 솟아올라 나무 속으로 들어갔다. 🏠

06
여행

Trips

여기에 나오는 사진들은 오래전부터 여행 다니면서 찍은 것이다. 나는 어디를 가나 대개 도요타 사륜구동 트럭으로 건축물을 찾아다닌다. 그리고 가는 곳마다 흥미로운 일을 하는 놀라운 사람들을 만나게 된다. 사진을 찍고 메모를 하고 인터뷰를 한다. 무슨 사냥이라도 하는 기분인데, 무언가 독특한 것을 찾는 스릴이 있다.

그리고 여행을 다녀올 때마다 책을 만들었다. 사진과 손글씨로 쓴 메모가 있는 스크랩북 같은 것이다. 복사본을 하나 만들어(하나를 만드는 데 몇 달 동안 밤마다 작업을 해야 할 때도 있다!) 친구에게 부친다. 친구는 그것을 보고 나서 몇 주 뒤에 도로 부쳐준다. 상업적으로 보면 납득할 만한 일이 아니지만 그렇게 하는 게 좋다. 여기에 나오는 일부는 그런 책들 중 하나에서 가져온 것이다. 나머지는 전체 여행사진 중에 일부를 추린 것이다. 지금부터 긴 여행길을 떠난다. 조수석에 앉아 행복한 집 구경 잘 하시길……

미시시피 강가에서

1970년대 중반에 나는 『셸터』 슬라이드 쇼를 하러 뉴올리언스에 있는 툴레인 건축학교에 갔다. 행사를 치른 다음 날 차를 빌려 주변 시골을 돌아보았다.

나는 미시시피 강 서편에 있는 배턴루지로 차를 몰았다. 날은 흐리고 습했다. 이 거대한 강둑에 자리 잡은 것들은 이상하게도 조용했다. 사는 사람이 얼마 되지 않았다.

사진에서 보다시피 많은 집이 비어 있었다. 이 집들은 보기만 해도 노동자의 집임을 알 수 있고, 그 생활양식이 끝났다는 것도 명백했다. 농장주택에 가면 벽에 1800년대의 지도가 걸려 있는데 미시시피 삼각주를 따라 땅이 구분되어 있음을 보여주었다. 대략 파이 모양의 땅덩어리가 강에서부터 먼 쪽을 향해 부채꼴로 뻗어 있는 모습이었다. 그 시절의 지도와 사진을 보면 당시 강가가 생활의 터전으로 활력이 넘쳤음을 알 수 있다.

▲ 이 건물들은 모두 지붕이 넓은데, 비로부터 벽과 창을 가려주는 우산 역할을, 더운 날에는 건물을 그늘지게 해주는 파라솔 역할을 한다. 포치(회랑)는 밖으로 드러난 일종의 통로로 무더운 저녁에 나와 앉아 열기를 식힐 수 있는 공간이다. 두 개씩 있는 프렌치도어 경첩에 의해 바깥으로 열리는 두짝문은 각각 실내 공간으로 연결되며, 덧문은 밖으로 열린다.

오크밸리 대농장 저택(215쪽 가운데 사진)의 이웃에 있는 작고 세련된 집. 유사성을 살펴보자. 지붕 모양도, 지붕창도, 기둥도, 포치 공간도, 그리고 대칭성도 닮았다.

▶ 크고 잘 지은 힙 지붕 집hip roof, 우진각지붕 또는 모임지붕이라고 한다. 네 모서리에서 시작된 추녀마루가 용마루에서 만나거나 한 점에서 만나는 방식이다. 이 들판에 버려진 채 서 있다. 수평으로 된 부분(지붕 끄트머리, 포치 데크, 난간) 중 어디 하나 처진 데가 없다는 점에 주목하자. 이 집은 땅바닥에서 위로 조금 떨어져 지어졌다. 메리 믹스 폴리Mary Mix Foley는 자신의 책 『미국의 집The American』에서 이렇게 올려 짓는 방식은 아랫부분을 마구간으로 쓴 아주 오래전의 농가주택에까지 거슬러 올라가는 것이며, 이 사진의 경우처럼 프랑스인 이민지역에서는 아랫부분을 세탁실이나 작업장, 저장실로 흔히 썼다고 한다.

▼ 약간의 장식이 평범한 건물을 얼마나 특별한 것으로 만들 수 있는지 아래 두 집을 살펴보자. 여기서는 박공벽 가운데 있는 원형 디자인, 처마 위의 굽은 너와, 기둥 꼭대기에 댄 장식물이 그런 것들이다.

▲ 루이지애나 바셔리에 있는 오크밸리 대농장 저택. 1836년에 지어졌다.

▲ 집 뒤로 보이는 들판에는 오래된 녹슨 괭이가 있었다. 보통 괭이는 길이가 15센티미터인데 이것은 20센티미터이다. 그런 연장을 쓰려면 분명히 힘센 사람이어야 할 것이다.

근사하고 넓은 포치. 목공으로 장식한 아치가 돋보인다

▲ 섬의 프랑스 이민 지구에 있던 집. 지붕은 높은 게이블 모양이며, 아주 호화롭고 큼직한 지붕창이 돌출되어 있고 포치에 처마가 있다. 모든 게 완벽한 대칭을 이루고 있다. 굴뚝, 데크 기둥, 창, 데크 난간이 다 그렇다. 중앙의 포치 지붕은 지붕창 바닥에서부터 밖으로 흘러나오도록 설계되었다. 잔디 위의 돌들은 하얗게 칠해져 있다.

노바스코시아

1973년 여름, 나는 건축가 밥 이스튼과 함께 『셸터』를 펴냈다. 이듬해 여름 스튜어트 브랜드Stewart Brand가 『호울어스 에필로그The Whole Earth Epilog』라는 책을 펴낼 때 편집을 도왔다. 스튜어트는 노바스코시아Nova Scotia에 땅을 좀 사두었었다. 세인트로렌스 만 건너편의 케이프브레튼 섬에 있었는데, 나는 여름 막바지에 그곳으로 가서 집(밥 이스튼이 설계한 것) 기초 세우는 일을 돕기로 했다. 당시 열두 살이던 아들 피터와 함께 캐나다 횡단 열차를 타고 동쪽 끄트머리로 떠났다. 우리는 토론토 북쪽의 작은 타운에서 내렸다. 기차 차장이 근처에 멋진 헛간이 있다는 이야기를 해주었던 것이다. 우리는 며칠을 헛간 촬영을 하면서 지내다가 노바스코시아로 데려다줄 13미터 길이의 스쿨버스를 발견했다.

스튜어트의 땅은 케이프브레튼 섬의 서편에 있었다. 그는 짐칸 바닥에 구멍이 난 고물 포드 밴을 갖고 있었고, 우리는 그걸 끌고 섬 곳곳을 뒤지고 다녔다. 주택, 헛간, 딴채 등 건물의 수준이 놀라웠다. 거친 기후, 혹독한 겨울, 만의 무시무시한 폭풍우, 짧은 식물 생장기 등 이런 환경이 약간의 실수도 허용치 않는 곳이었다.

▲ 이 거대하고 눈에 확 띄는 건물도 섬의 프랑스인 지구(북쪽)에 있었다.

▲ 캐나다에서 1,600킬로미터 이상을 시속 80킬로미터로 달려주는 14미터 길이의 스쿨버스 운전석에 피터가 앉아 있다.

오래전에 스코틀랜드계, 아일랜드계, 프랑스계가 이 섬으로 이민한 뒤로 많은 후손이 아직도 살고 있다. 세기가 바뀔 무렵 이곳 정착민들의 사진을 보면 우리와 종이 다른 사람처럼 보인다. 남자들은 덩치가 크고 건장하며, 여자들은 억세고 활력 있어 보인다. 그들은 숲을 베고, 작물을 심고, 집과 헛간을 짓고, 물고기와 바다가재를 잡는 식으로 거의 모든 것을 직접 만들어 쓰며 혹독한 겨울을 이겨냈다. 여기 소개된 건물들을 보면 그런 강인한 사람들의 유산임을 잘 알 수 있다.

▲ 216쪽에 있는 집과 기본적으로 같은 설계이면서 더 단순한 형태. 다니다가 이런 건물을 찾아낸다는 것은 보물창고를 발견하는 일과 같다. 앞벽과 만나도록 내물린 지붕창은 이 지역의 특징 같다.

▲ 지붕창이 셋이고 장식이 훨씬 많은 집이다. 검은 칠을 한 하이라이트가 있고, 화려한 나무장식이 돋보인다. 지붕창 처마끝의 소용돌이 장식은 레이스 같은 효과를 낸다.

▶ 216쪽에 있는 집보다 훨씬 간단한 버전. 여기서도 지붕창은 기본적인 박공지붕에 붙어 있는 가장 중요한 부분이다. 지붕창의 지붕 곡선은 밑부분에서 살짝 굽어 나옴으로써 멋을 더해준다. 여기 소개된 네 집의 지붕창은 앞쪽 벽까지 나와 있다. 설계가 근사한 작은 집이다.

순수 건축

이런 건물을 찾아낸다는 것은 보물창고를 발견하는 것과 같은 일이다. 케이프 브렌튼 섬에 가서 이렇게 훌륭한 농부 겸 빌더가 지은 건축물을 발견하게 될 줄 몰랐다. 이 건물들은 보기 좋을 뿐만 아니라 잘 지어졌고 기능적이다. 더욱이 자기 집을 지으려는 사람들에게 시사해주는 바가 많다. 동네의 난방이나 단열 등도 참고로 하면 집 짓는 데 좋은 모델이 될 수 있다.

이런 집들을 책이나 잡지에서 보기 힘들다는 게 이상한 일 아닐까? 건축가들 중에 진정한 집짓기의 기술 및 과학을 제대로 이해하고 적용하는 사람이 너무나 적은 것도 참 이상한 일이다. 🏠

▲ 이 헛간은 비율이 섬세하고 아름다워서 더 근사하다. 갬브럴 모양은 지붕 물매가 변하는 형태로 건초를 두거나 침실로 쓰는 2층에 머리 위의 공간을 더 많이 제공한다. 지붕창은 단순하고 평면을 이루며 지붕과 앞벽이 자연스럽게 만난다. 벽에 빗물이 닿지 않도록 처마 끝을 살짝 들어올린 부분에 주목하자.

◀ 작고 멋진 갬브럴 모양의 딴채. 빨간 칠을 한 벽에 테두리를 하얗게 칠했다. 지붕 가장자리(위의 집도 마찬가지)에 처마돌림띠를 대어 서까래나 지붕널이 튀어나오지 않도록 해서 깔끔해 보인다.

케이프브렌튼의 헛간. 어떤 정신이 느껴진다. 주변과 조화를 잘 이루며 단순하면서 우아한 느낌을 준다. 솔트박스 모양에 가깝지만 긴 지붕이 용마루에서 3미터쯤 되는 지점에서 각도가 살짝 꺾인 점이 다르다.

▲ 바다가재잡이 어민들의 저장고. 대칭형 힙 지붕이다.

◀ 역시 처마 마무리가 야무진 갬브럴 지붕. 이곳 사람들은 이렇게 지붕 끝이 살짝 들려 올라간 부분을 '나는 홈통'이라 부른다. 왼쪽 페이지 위의 두 건물의 처마끝도 잘 살펴보자. 빌더들은 서까래 끝머리에다 짧은 2×4 각재를 약간 각도를 주어 못을 박아 만들었다. 이렇게 하면 빗물이 벽과 창에 닿지 않도록 해주며 보기에도 경쾌한 느낌을 준다.

나는 이 작은 건물이 참 좋다! 비율, 단순함, 들에 서 있는 자태가 다 마음에 든다. 자의식이 느껴지지 않는 완벽한 건축물 같다.

▼ 설계와 시공이 잘된 버려진 교회. 섬에 있는 다른 많은 오래된 건물들처럼 이 교회도 땅에 납작하게 깔려 있는 거대한 사암 암반 위에 서 있다.

이 지역의 빛깔

▲ 이 집 주인은 우편함을 자기 집 모양과 똑같이 만들어서 집 앞에 비율이 꼭 맞도록 기둥 위에 달아놓았다. 집 주인이 세 아이와 함께 앞계단에 서 있다.

▶ 작고 대칭을 이루는 매력적인 힙 지붕 오두막

◀ 캐나다 뉴브런즈윅 주에 있는 치장을 많이 한 작은 집은 조지가 어머니를 위해 지은 것이다.

▼ 조지와 어머니

▼ 집으로 개조한 버스. 은색 페이트칠을 했다.

220쪽 아래의 통나무 옆집에는 프랭크가 살았다. 은퇴한 기계공인 그는 35달러를 주고 지역에서 구한 2×4 각재(가문비나무)와 판금 조각으로 이 집을 지었다. 조리용 나무난로를 사용했고, 풍부한 장작을 은색 집 밑과 주변에 쌓아두고 살았다.

여행 ● 221

• 1989년에 네바다, 애리조나, 유타를 여행한 뒤에 손글씨로 써서 만든 책의 일부이다.

정신이 느껴지는 헛간 겸 마구간. 유타 주 에스칼란테

유목민 모드로 바뀌기까지는 2주 정도 걸리는 것 같다. 그 정도 되면 서부를 여행하며 만나게 되는 사막, 길, 사람들, 그리고 그들의 생활 방식에 훨씬 더 적응하게 된다.

브라이스 캐니언은 아름다운 숲이긴 한데, 여기서도 공원관리국의 무지함 때문에 아주 불쾌했다. 내 말은 과연 '공원소식'이라는 FM라디오 방송을 시끄럽게 틀어놓을 필요가 있느냐는 것이다. 거기서 나는 경치가 좀 못해도 사람 손을 덜 타는 곳에 사는 게 낫다는 판단을 내렸다.

유타의 에스칼란테

토요일 아침 9시. 햇살은 빛나고, 나는 코튼우드 크릭을 따라 헨리빌과 브라이스 캐니언으로 가는 흙길을 따라간다. 밥 딜런의 윌베리The Wilburys, 밥 딜런과 조지 해리슨 등이 임시로 결성한 그룹가 부르는 노래를 들으며 지금 이순간과 내가 누리는 행운에 대해 생각해본다. 어디든 갈 수 있는 사륜구동차, 먹을 것, 물, 텐트, 라디오, 카세트테이프 플레이어, 아이스박스 속의 코로나맥주 세 병……

에스칼란테는 브라이스와 캐피털 리프 국립공원 사이의 12번 간선도로 옆에 있는 유타의 작지만 훌륭한 타운이다. 이곳은 캐피털리프로 이어진 경치 좋은 110킬로미터의 비포장도로인 버 트레일Burr trail과 만나는 지선도로 가까이에 있다.
에스칼란테에서 사진을 찍으며 돌아다니다가 식료품을 좀 사서 타운을 벗어나 캠핑을 하러 갔다.

마구간 내부

예스칼란테 캐니언으로 가는 흙길에서 0.8킬로미터 정도 떨어진 곳에 오래된 농가가 있었다. 들판을 가로질러 가다가 작은 개울을 만나 사륜구동으로 건넌 다음 1.6킬로미터 정도 오래된 벌목 도로를 따라갔다. 그곳에서 아주 기쁜 마음으로 캠프를 차렸다. 몇 킬로미터 이내에 사람이라곤 없었으며, 몇 년 동안 이 길로 사람이 온 적이 없었던 것 같았다.

다음 날 아침에는 벌목도로를 따라 몇 킬로미터를 걸어 풀밭이 펼쳐진 산으로 가보았다. 풀 속으로 개울이 반짝이며 흐르고 있었다. 나는 감탄했다. 대단한 경치도, 주름 장식이 있는 기둥도, 사진광들이 즐겨 찾는 곳도, 자동차 바퀴 자국도, 발자국도 없는 곳이지만 얼마나 훌륭한가 하고 말이다. 마치 나만의 길 같았다. 모퉁이를 돌면 무엇이 있는지 전혀 알 수도 없는.

주변에 널린 죽은 삼나무 가지를 주어다가 불을 피웠다. 그 향기란! 저녁을 해먹고 나서 침낭을 깔고 누워 별자리 책의 도움을 받아 난생 처음으로 큰곰자리를 전부 제대로 볼 수 있었다. 국자 모양인 부분보다 훨씬 많은 별자리가 있었다.

우아한 집

1800년대 말에 지었다는 집. 외관이 지금도 멀쩡하다. 건물의 선들이 어디 하나 쳐진 데 없이 모두 얼마나 꼿꼿한지 보라.

에 스칼란테는 무언가가 있는 타운이다. 여행을 다니다 보면 이런 타운을 가끔 만나게 된다. 특별한 무언가가 있는, 느낌이 좋은 그런 타운 말이다. 그것은 타운이 위치한 자리, 건물, 사람들, 타운의 역사 등이 주는 종합적인 느낌이다. 그리고 그런 타운에 사는 사람들은 어김없이 자신들이 가진 것이 무엇인지를 안다.

힙 모양의 커다란 양철지붕 통나무집. 뒤에 보이는 산이 피라미드 모양이다.

좋다!

평범하고 화려한 힙 지붕 집이 많은 타운이었다. 이집은 보기 드물게 큰 등변형 힙 지붕 집이다. 지붕창의 작은 지붕이 큰 지붕의 모양을 멋지게 되풀이하고 있다. 앞쪽은 근사한 포치고, 뒤쪽은 유리를 댄 포치다. 앞뒤의 기둥이 하얀것도 좋다.

유타의 토리

유타 주 볼더와 토리 사이의 12번 간선도로 옆에 있는 들에서 잤다. 해발 2,591미터에 기온이 화씨 영하 1도까지 떨어지는 추운 밤이었다. 아침에 일어나서 물 공급이 잘된 초록 들판이 펼쳐진 골짜기를 따라 토리에 들어갈 때가 7시 30분쯤이었다.
아름다운 타운을 다시 만나니 기분이 아주 좋았다. 인도 옆으로는 폭이 1미터쯤 되는 도랑이 빠르게 흐르고 있었다. 솔트레이크시티에서 태어난 어머니는 내가 어릴 때 "길거리에 물이 흐른다"고 했는데, 나는 늘 어머니가 비올 때 차도 옆으로 흐르는 물을 말하나 싶었다. 그게 아니었다. 모르몬교 사람들이 수량 많은 물길을 돌려 읍내로 흐르도록 해두었던 것이다. 대단한 발상이었다!

길가에 지나는 사람의 발길을 절로 멈추게 하는 집이 있었다. 나는 사진 여행을 다닐 때마다 이런 건물과 마주치곤 했다. 스스로 빛을 발산하는 것 같았는데, 사진에도 나타날까?
주인이 직접 지은 듯한 이 통나무집은 이음도 탄탄하고 날렵하고 튼튼해보인다. 벽 가운데에 톱니모양의 이음이 있는 것을 보라. 그것은 실내를 나누는 칸막이이며 전체를 묶어주는 힘을 강화시킨다. 이 집에서 내 마음에 가장 드는 부분은 통나무에 홈을 파서 서로 포갠 모퉁이다. 좁은 쪽 면에만도 통나무가 열세 개까지 있다. 아무튼 그 추운 아침에 오랜 세월 동안 이 작은 집을 거쳐간 모든 사람들의 삶이 느껴지는 것 같았다.

여기, 캐피털리프 북쪽의 더 건조한 지역 한가운데에 이렇게 아름다운 집이 있었다. 집이 워낙 잘 설계되고 지어져서 그 자리에서 자라난 건물 같았다. 모르몬교 사람들의 장인정신이 돋보이는 집이었다. 건물의 선이 지금도 곧고 정확하다. 지붕도 처진 데가 없고, 벽도 무너진 데가 없다.

굽은 처마 뼈대. 이렇게 지붕을 살짝 들어 올리면 빗물이 벽을 타고 흐르지 않고 밖으로 떨어진다.

엇갈려 물리도록 판 노치

루비 샌텔

길 건너편에는 잘 지은 아담한 통나무 교회가 있었다. 창, 창턱, 문틀, 초석, 처마의 우아한 곡선 등 모든 부분이 다 아름다웠다. 토리 태생은 아니지만 이곳에서 자라난 루비 샌텔은 이 건물이 지금은 '유타 개척민의 딸들'의 소유이며, 1980년대까지는 춤이나 퀼트를 위한 여성들의 모임 장소로 쓰였다고 말했다. "요즘 애들은 그런 거 다 안 하려고 하지요. 남자친구니, 라디오니, 자동차니 하는 것들 때문에."

이런 건물이 다 있다니! 골짜기 안에 쏙 들어앉아 터를 잡은 이 집은 위층 뼈대가 워낙 가벼워서 집 위에 떠 있는 것 같다. 애리조나 프레스콧밸리의 어느 길가에 있다.

벤튼에서 서쪽으로 6.5킬로미터쯤 되는 곳에 벤튼 핫스프링스라는 조그만 타운이 있다. 왼쪽에 보이는 개울에는 뜨거운 온천수가 흐른다. 경량 석회블록으로 지은 이 작은 집은 전에 은행, 매음굴, 푸줏간으로 쓰이기도 했다.

잡화점 겸 주유소

케빈 히키는 아내와 두 아이와 함께 이 집에 살고 있다. 그는 다이아몬드톱으로 블록을 약간 부채꼴로 자르고 사이를 흙으로 메워 아치를 다시 만들었다. 뒤에는 케빈이 운영하는 폭스바겐 자동차 수리점이 있다. 그는 뜨거운 온천물을 가게 바닥 밑에 깐 파이프로 흘리며, 집 안의 라디에이터에 흘려 난방을 한다. 그는 남동쪽으로 있는 탄광 길을 조금 가면 중국인들이 지은 거대한 돌담이 있다고 했다. "50년 동안 아무도 가보지 않은 길이걸요."

추억의 흔적……

벤튼 핫스프링스를 포함하여 약 250만 평의 땅은 케빈의 지주인 브램릿 집안이 소유하고 있다. 여기에는 커다란 온천 연못도 있는데 관광객들은 접근할 수가 없다.

마을의 오래된 건물들. 나는 여기서 서쪽으로 비숍을 향해 떠났다. 시에라 산맥이 고향처럼 느껴졌다.

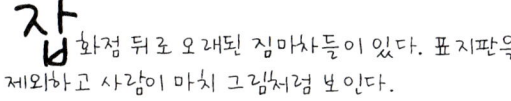

잡화점 뒤로 오래된 짐마차들이 있다. 표지판을 제외하고 사람이 마치 그림처럼 보인다.

작은 타운의 뒷길

계속 확장할수 있는 집. 모노 호수 주변의 초원에서

부인 몇이서 고물을 주워 이런 곳을 운영한다. 재미 많이 보세요!

캘리포니아 비숍. 오래
된 목공술이 돋보인다.

코스타리카

1991년 봄, 나는 서핑보드와 배낭을 둘러메고 코스타리카로 날아갔다. 그곳의 태평양과 카리브해 양쪽 해안을 다 가볼 생각이었으나 카리브해에 먼저 가서 아름다운 파도와 이국적인 정글과 한가로운 분위기에 매료되어 3주 내내 그쪽에서만 지내고 말았다.

초록빛 파도가 해안에 부서지고 검은빛 모래사장이 내려다보이며 레게음악이 흐르는 바가 있다. 속을 파낸 통나무 카누를 타고 코스타리카와 파나마 사이의 맑고 눈부신 강을 거슬러 올라가본다. 정글 길을 따라 이틀을 걸어 파나마로도 가본다. 그리고 트인 벽으로 시원한 바람이 불어오는 해변의 판잣집 레스토랑에서 식사를 한다……

나는 서핑 애호가들을 위한 호텔을 운영하는 커트 반다이크 Kurt Van Dyke 라는 친구를 만나러 푸에르토비에호라는 작은 타운에 가보았다. 그곳에서 아침식사를 제공하는 여관을 운영하며 카누를 타고 찾아오는 방문객들을 즉석에서 맞이하는 빌과 바브 캐슬(32쪽)을 만나기도 했다. 묘한 정취가 느껴지는 오래된 포구인 푸에르토리몬이라는 곳에서 며칠 느긋하게 지내기도 했다. 차를 빌려 타고 다니며 집 사진을 찍었는데, 주로 흰개미를 피하고 바닷바람을 받기 위해 땅 위에 띄워 지은 집들이었다.

커트와 셜리 반다이크가 커트의 푸에르트비에호 호텔의 2층 포치에 있다. 이곳은 세계적인 서핑 장소로 인기 만점인 살사브라바에서 400미터쯤 떨어진 곳에 있다.

"그것들은 거대한 나무 위로 올라갔다. '저격수'는 25센티미터 크기의 새총과 총알(돌멩이)을 들고 20미터 높이까지 올라갔다. 한 아이는 그 중간쯤까지 올라갔고 나머지 한 아이는 밑에 남았다.

저격수는 이구아나를 향해 총알을 전부 퍼부었고 그중 하나가 명중했다. 그러자 아이는 땅에 있는 아이에게 손수건을 떨어뜨렸고, 그 아이는 손수건에 돌을 가득 채우더니 중간에 있는 아이에게 던져줬고, 중간 아이는 그것을 맨 위에 있는 저격수에게 던졌다.

날은 어두워져가고 있었고, 너무 멀리 있어서 아이들이 잘 보이지 않았다. 저격수는 또 돌을 던지기 시작했는데 그러다 '퍽' 소리가 나더니 이어 '쿵' 떨어지는 소리가 났다. 나는 '아이고, 애가 떨어졌구나' 하고 생각했는데 알고 보니 커다란 이구아나였다. 그날 밤 우리는 이구아나를 호텔로 가져가서 요리해 먹었다. 맛이 참 좋았다!" —커트 반다이크

▼ 푸에르토비에호에 있는 자니의 디스코텍과 중국식 해산물 레스토랑. 카리브 해안에 있는 이 큰 건물에는 타운의 잡화점(식료품, 철물, 의류)과 당구장도 있었다. 주인은 50년 전 이곳에서 태어난 중국인 마누엘 레온이었다. 여기서 맥주를 하나 사서 포치의 벤치에 앉아 옅은 청록 바다를 내다보면 참 좋다.

푸에르토리몬

고요합니다

정글을 걷다가 파나마 근처 푼타모나에 있는 작은 야외 바에서 맥주를 마시고 있었다. 비가 오락가락하는 가운데 해가 비치는 날이었다. 웃옷을 벗고 일하던 한 사내가 풀을 베는 큰 칼을 든 채 다가와 앉더니 말했다. "코모 에스타(어떠세요)?" 나는 대답했다. "비엔, 유 투(좋아요, 당신은요)?" 그랬더니 그는 "트란키요(고요해요)."라고 답하는 것이었다. 얼마나 멋진 대답인가. "고요해요."라고 대답하다니.

▲ 아이들은 여기가 '엘 고르도(뚱보 아저씨)'의 집이라고 했다.

▶ 빌 캐슬의 '자기만의 정글 투어'. 우리 열세 명은 코스타리카와 파나마 접경에 있는 식사올라에서 11미터짜리 카누를 타고 강 상류로 올라갔다. 왼쪽은 빌(파라솔을 쓴 이)과 선장 빅터. 이 근사한 카누는 통나무 속을 파 만들며 25마력 엔진으로 움직인다. 앉을 때는 사이에 막대기를 걸쳐놓고 앉는다. (미국에 있는 빌의 통나무집은 32쪽에 소개되어 있다.)

산호세의 에스쿠엘라 메탈리카(금속학교). 프랑스에서 설계된 조립식 금속 빌딩으로 일설에 따르면 구스타브 에펠이 설계했다고 한다. 1890년에 콜롬비아에서 부분별로 만들어져 배로 산호세까지 운반된 뒤 세워졌다. 창 안에는 교실마다 아이들이 보이며, 가운데는 양지 바른 안뜰이 있다. 지금도 아름다운 상태를 유지하고 있는 놀라운 건물이다.

산호세 북쪽에 있는 팔각형 집

▲ 근사한 힙 지붕, 타일 지붕널, 바람이 잘 통하는 트인 벽으로 이루어진 집

▲ 바람이 잘 통하도록 높이 지은 집. 맨 위층은 따로 지지를 받고 있는 듯하다.

만사니요와 파나마 접경 사이 정글에 있는 집

여행 ● 233

멕시코 바하

1988년에 나는 도요타 사륜구동 픽업트럭을 사서 캠핑카용 뼈대를 단 뒤 그해 봄에 남쪽 멕시코로 향했다. 목적지는 로스카보스라는 곳으로, 바하칼리포르니아 남단에 있는 타운이었다. 본토에서 15번 간선도로를 타고 가다가 과이마스에서 만을 가로지르는 페리를 탔다. 푸른 바다 물결 위에 오르는 순간부터 나는 압도되었다. 그리고 라파스에서 페리를 내려 남쪽으로 향했다. 세련되고 오래된 어도비 건물들이 많은 스페인 스타일의 타운인 토도스산토스 주변에서 북회귀선을 지나자 풍경은 '열대사막'으로 변하면서 이국적인 식물이 많이 나타났고, 그중 상당수는 비만 오면 눈부신 꽃을 피우는 것들이었다.

나는 해변이나 사막의 아로요(마른 계곡)에서 캠핑을 했고, 따뜻한 바닷물에서 서핑과 수영을 했으며, 그 밖에도 많은 것을 즐겼다. 땅, 사람, 물, 사막, 눈부시게 파란 하늘, 별이 반짝이는 맑고 검은 밤하늘 등 모든 것이 다 좋았다. 캘리포니아 해안 출생인 나로서는 더 따뜻하고 건조하고 이국적이긴 하지만 이곳이 마치 고향 같은 느낌이 들었다.

바하의 깊숙한 곳

어느 날 오후 산호세 델 카보에 있는 선물가게로 가서 주인에게 말을 걸었다. 서른 살쯤 된 이시드로(칠론) 아모라 아길라르라고 하는 주인은 1980년대 초에 고향인 멕시코시티에서 바하로 와서 길에서 과일도 팔고 레스토랑도 경영하다가 선물가게를 하게 된 사람이었다. 우리는 칠론이 '진짜 바하'라고 하는 것에 같이 관심을

▶ 바히아 델 로스앙헬레스로 가는 길에서 본 사막의 일출. 부점(시리오) 나무가 군데군데 서 있다. 이날 아침은 엠파나다스(과일이 들어간 작은 패스트리)와 데킬라가 있어서 완벽했다.

◀ 산안토니오라는 작은 타운. 관광이나 외지인의 손이 닿지 않은 진짜 바하 타운이다. 왼쪽에서부터 교회, 주유기, 타운 광장, 로스카보스의 전형적인 스페인 식 건물이 보인다.

▲ 포사다 세뇨르 마냐나, 산호세 델 카보에 있는 '코코넛 다섯 개짜리 호텔'. 서퍼나 고기잡이 외에도 세계 각지에서 여행자들이 자주 찾는 보헤미안 호텔이다. 오른쪽이 주인이자 수완가인 유카(로헬리오 로페스 로드리게스)이다. 왼쪽은 네바다 레노에서 비행기를 타고 온 자전거 여행자로 로스카보스 일대를 돌아다니고 있었다. 나는 6년 동안 이곳에서 야자 잎으로 지붕을 이고 벽이 트인 2층의 팔라파 룸을 한 해 1천 달러를 주고 세냈다.

▲ 1993년 칠론의 라디오쇼에서. 왼쪽이 유카

갖게 되었는데, 그것은 관광코스와는 떨어진 곳에 있는 바하의 진면목을 의미했다. 그는 암벽화가 있는 곳에 가보기도 하고, 외딴 마을이나 물이 가득한 사막의 골짜기나 목장(란초)에서 일하는 사람들이나 화석이 있는 곳을 알기도 했다. 나는 영혼의 반려자를 만난 것 같았다.

그 후 12년 동안 칠론과 나는 수시로 로스카보스를 누볐다. 우리는 동굴벽화를 발견하기도 하고, 사막 깊은 곳에 있는 물 흐르는 계곡에도 가보고, 목장에서 일하는 사람들을 찾아가보기도 하느라 먼 흙길을 수천 킬로미터씩 달리곤 했다. 그러다 야영을 하거나, 길을 잃기도 하고 차가 고장 나기도 했다.

1983년에 칠론은 로스카보스의 주요 방송국에서 어린아이들을 위한 라디오쇼를 진행하게 되었다. 그는 앵무새 역을 맡아 스스로를 '페리킨'이라 불렀다. 그는 아이들에게 좋은 음악을 들려주었고, 아이들은 전화를 걸어 앵무새와 통화를 했다. 이 프로그램은 일요일 아침마다 두 시간씩 진행됐는데, 시작하자마자 큰

▲ 산호세 델 카보에서 토도스산토스 근처의 태평양 연안으로 이어지는 길옆에 있는 외딴 목장에 사는 부인. 이 집과 울타리는 주로 팔로 데 아르코 가지로 지었으며, 지붕은 야자잎으로 이었다. 바하에 있는 목장 주택은 거의 다 집 주변의 땅에서 자라는 것들을 재료로 해서 지어졌다.

▶ 산타로살리아 북쪽의 헐벗은 산허리 바위에 있는 옛날 지성소

▶ 바하에서 이런 일은 흔하다!

인기를 얻었다. 특히 외딴 목장에 사는 아이들이 좋아했다. 나중에 페리킨은 누구나 아는 지역의 명사가 되었다. 그 역시 로스카보스의 모든 사람과 그곳에서 벌어지는 모든 일을 다 알았다.

나는 샌프란시스코에서 바하까지 비행기로 두 시간 반이면 날아갈 수 있었기 때문에 그곳에 차를 두고 써야겠다는 생각을 하게 되었다. 거기에 둔 내 첫 차는 '바하 버그'라는 이름을 붙인 폭스바겐 딱정벌레차로, 섬유유리 흙받이와 후드(보닛), 큰 타이어, 그리고 큼직한 완충장치가 달린 것이었다. 지붕에는 박스형 캐리어도 달려 있고 두 대의 고성능 배터리 충전용 태양전지판도 있었다. 작지만 아주 훌륭한 차였는데 안타깝게도 큰비로 물에 잠겨버리고 말았다. 그다음에 구한 차가 83년식 도요타 사륜구동이었다. 나는 이 차를 유카의 호텔이나 칠론의 집에 두었다가 비행기를 타고 가서 꺼낸 뒤 캠핑을 떠났다.

나는 갈수록 바하의 매력에 빠져들었고 한두 주 정도 짬이 나면 바하로 떠났다. 대개는 비행기를 타고 갔지만 1년에 한 번 정도는 차를 몰고 가다가 엔세나다 남쪽에 있는 온천에도 들르고, 엘로사리오에 있는 마마 에스피노사의 레스토랑에도 가고, 산이그나시오라는 아름다운 오아시스 타운의 그늘진 광장에 앉아 쉬기도 했다. 운전을 하고 가다가 외딴 길에서 별빛 아래 야영도 하고, 서핑도 하고, 옛 선교 시설에 가기도 했다. 그렇게 가다가 마침내 목적지인 로스카보스에 도착했던 것이다. 다음은 그때 찍은 사진들이다.

http://www.shelterpub.com/_baja/baja.html

바하의 건물

▶ 앨런과 지니 맥시의 팔라파. 산호세 델 카보 동쪽의 쉽렉비치에 있다. 바하의 셸터는 상당수가 벽이 없는 지붕이다. 서까래는 붉은 야자이고, 도리는 삼줄로 묶은 카리조(대나무)이다. 야자 잎은 다티오 잎과 함께 카리조에 묶는다. 이 일대의 전통적인 지붕 이는 방식이다.

▲ 피튼 칼링이 라푸리시마에 직접 지은 집 앞에 서 있다. 이곳은 시우다드 콘스티투시온 북쪽 사막의 마른 골짜기에 있는 아름다운 오아시스 타운이다. 피튼은 유기농 오렌지와 아보카도를 재배하며, 에코투어 사업을 한다.

위층을 침실로 쓰는 근사한 힙 이엉지붕. 토도스산토스 북쪽에 있다.

▲ 부재 중인 그링고(백인)의 재치 있는 셸터. 묵직한 문이 달린 콘크리트 블록 저장고는 잠글 수 있으며, 야자 잎으로 차양을 만들었다. 주인은 도착하자마자 그물침대와 바비큐 장비를 꺼내 사막에서의 야외생활을 즐기리라.

물레헤 외곽의 집

바하의 셸터

▶ 쉽렉비치에 있는 리처드와 레이의 팔라파. 구조는 237쪽 맨 위의 팔라파와 기본적으로 같다. 이 건물은 파도가 멋지게 부서지는 광경이 내려다보이는 언덕 꼭대기에 자리 잡고 있으며, 더운 여름날 트인 벽으로 시원한 바람이 통한다.

▶ 화가인 알프레도 루이스는 토도스산토스 북쪽에 이 원형 팔라파를 화랑 삼아 지었다. 서까래는 '팔마 알바니코'이며, 도리는 '팔로 데 아르코'로 일반 대나무보다 더 튼튼하다.

가마에 들어갈 바닥 타일과 벽돌. 산호세 델 카보

◀ 1990년대 말 산호세 델 카보의 '엘 파라헤' 레스토랑을 짓는 모습. 바하 남부의 전형적인 목장 건물로서 '치나메'라 부른다. 야자나무로 골조를 대고, '팔로 데 아르코' 가지로 윗가지를 만들고 흙을 발라 벽을 만든다. 영국에서는 같은 방식을 '와틀 앤 도브wattle and daub, 외에 흙벽'라 부른다. 지붕은 야자나무 서까래, 카리조 도리, 야자 잎 이엉으로 이루어진다. 모든 재료는 사막에서 나는 것들이다.

건물 모퉁이의 구석. 흙반죽을 바르기 전의 윗가지

로스 카보스의 란초

바하의 사막에는 물이 있는 곳이면 어디나 란초(목장)가 있다. 다니다 보면 아주 외딴 곳에서 뜻하지 않게 란초를 발견하게 된다. 란초에서는 대개 사막에서 자라는 식물을 뜯어먹는 소를 기르는데, 적당히 물이 있고 토양이 괜찮은 곳에서는 채소나 과일을 재배하기도 한다. 염소 떼를 길러 맛있는 치즈를 만들어내는 곳도 있다. 란초는 사막 환경과 조화를 잘 이루는데, 그것은 집이나 울타리나 많은 기구들이 가까이서 나는 재료들로 이루어졌기 때문이다. 이런 방식의 삶은 스페인 사람들이 1600년대 바하에 정착할 때부터 시작됐으며, 그 뒤로 크게 바뀐 것이 없다.

▲ 어도비 벽과 야자 잎 지붕으로 이루어진 본채

▲ 어도비 난로

물레헤 남부에 있는 란초

▲ 란초 비나테리아. 카보 산루카스 북쪽에 있는 아름답고 풍요로운 목장. 그늘진 건물 안은 더운 날씨에도 시원하고 편안하다. 이 본채와 아래의 부엌은 같은 건물의 사진이다.

▲ 산루이스 곤사가 북쪽의 염소 우리

로스 카보스의 이스트케이프에 있는 란초. 아주 말끔하고 주변 환경과 잘 어울린다. 푸른 들판이 있는 유럽이나 미국의 목장과는 다른 모습이지만 있다 보면 금세 바하 란초의 아름다움에 눈뜨게 된다. 건물과 땅과 울타리가 사막 및 주변 식물과 조화를 이룬다.

산루이스 곤사가 주변의 란초. 야자 잎 이엉을 이은 베란다가 두 건물을 연결하고 있다.

해변에서

샌프란시스코에서 바하까지 날아가는 데는 두 시간이면 된다. 춥거나 축축한 날 집을 떠나면 몇 시간 뒤 따가운 태양과 짙푸른 하늘 아래를 거닐 수 있게 된다. 그럴 때면 칠론이 공항까지 마중을 나왔다. 그의 집에 가서 내 차의 방수천을 걷어내고 먼 해변까지 캠핑을 하러 떠났다. 서핑 보드를 두 개 가지고 가서 벼룩시장에서 건진 볕 가리개 같은 천막을 치고 해변에서 며칠을 혼자 지냈다. 서핑도 하고 수영도 하고 해변을 어슬렁거리기도 하고 따뜻한 바닷물과 원시의 느낌을 주는 해변에서 혼자만의 사막 생활을 즐긴 것이다.

내가 보기에 바하 반도의 서해안은 반대편의 멕시코 만의 고요한 바다보다 더 흥미롭다. 나는 그곳 해안을 여러 해에 걸쳐 다니고 또 다녔다. 그러면서 사륜구동차가 아니면 갈 수 없는 캠프장을 발견한 경우도 많았다.

▲ 어느 날 오후 나는 이 해변에서 캠프를 차리기 시작했다. 산후아니코 남쪽의 산그레고리오에 있는 해변이었다. 그런데 바다에서 허리케인(추바스코)이 몰려오기 시작했다. 파라솔이 날아갈 정도가 되자 자리를 뜰 때가 되었다 싶어 짐을 싸서 남쪽으로 향했다. 비가 내리기 시작하면서 사막에서 향기로운 냄새가 밀려왔다. 푸에르토 산카를로스에 있는 호텔에 도착하여 안도감을 느낄 무렵, 바람은 야자 잎을 찢을 정도로 몰아쳐서 사람들이 대피를 하고 있었다.

▲ 태평양 거북복어는 외골격이 있다.

▼ 훌륭한 서핑 장소 옆 아로요(마른 계곡)에 차린 서퍼들의 반영구적 여름 캠프. 나무그늘 아래에 자리를 잘 잡았다.

▲ 스티브 워렌은 푸에르토 산카를로스 서쪽에 있는 이슬라 마그달레나라는 섬에서 맥베이 투어스라는 서핑 캠프를 운영한다. 이 외딴 곳에는 서핑하기에 완벽한 파도가 밀려오곤 해서, 스티브는 한 주에 최대 열 명까지 서퍼를 받아서 먹을거리와 잘 곳, 맥주를 대준다. 이곳으로는 달리 올 방법이 없어서 서퍼들은 파도를 타고 알아서 와야 한다. 스티브는 미국인으로서는 아주 드문 유형으로, 멕시코 여자와 결혼했으며 스페인어가 유창하고 이 지역 사람들에게서 사랑을 받고 있다. http://www.magbaytours.com/

▲ 이렇게 호화로운 캠프생활이 또 있을까! 이 사람은 전직 그레이하운드 버스회사의 정비사로, 이 버스를 4만 달러에 사서 아내와 함께 바하 일대를 다니며 캠프생활을 하고 있었다. 그레이하운드 버스는 승차감을 좋게 해주는 공기완충장치가 있고, 모든 것이 잘 갖추어져 있으며, 안이 아주 깔끔하다.

◀ 나만의 해변에서 맞이하는 일출

▲ 바하에서의 내 두 번째 차. 1983년식 도요타 사륜구동형으로 바하에서 완벽한 운송수단이다. 지붕의 텐트는 이탈리아제이며 이동할 때는 말끔히 접을 수 있다. 텐트를 위에 설치하면 시원한 바람을 받으며 자기에 아주 좋다. 3.7×4.3미터의 벼룩시장용 천막은 2.5센티미터 굵기의 폴대로 지지하며 방수천은 알루미늄 처리를 한 것이다(264쪽 참조). 네 개의 구석기둥(폴대)은 모래를 채운 캔버스천 자루를 매달아 보강한다. 이 천막은 접으면 로켓박스 캐리어에 전부 다 들어간다. 텐트와 천막의 트인 부분은 부서지는 파도를 바라보고 있다.

▲ 터가 아주 좋은 멕시코 어부의 셸터. 바다에 떠다니는 유목으로 지었으며, 푼타코네호 남쪽의 외딴 해안에 있다. 가기 힘든 곳이 아니라면 그링고들이 백만 달러를 주고 몰려들 집터이다.

▲ 어부의 판잣집에 있는 침실

▲ 바하에서 처음 산 차는 조그맣고 하얀 폭스바겐 '바하 버그'였다. 지붕의 로켓박스 캐리어에는 캠핑 장비와 함께 두 대의 고성능 배터리 충전용인 태양전지판이 들어간다. 바하의 비포장도로 경주용으로 개조된 이 차는 뒤에 57리터 연료통이 달려 있고, 특별한 완충장치가 있다. 바하에서 타기에 아주 좋은 차였지만 안타깝게도 홍수 때 잠겨버리고 말았다.

▲ 피노와 클레오 그린. 피노는 영국계 고래잡이의 5세로, 이 지역에 훤한 서퍼이자 운전수이자 어부이며, '킬러후크' 서핑숍의 주인이기도 하다. 우리는 거의 알려져 있지 않은 서핑 장소로 함께 캠핑 여행을 가기도 했다.

▼ 로스카보스 해안에 있는 셀라테 나무. 거센 바닷바람을 맞아 이렇게 돼버렸다.

적은 돈으로 천국을

바하로 차를 몰고 가다 보면 대개 티후아나를 거쳐 엔세나다로 뻗어 있는 해안도로를 달리게 된다. 이곳 해변에 있는 집들은 주인이 대부분 미국인이며 멋없게 지은 것들이다. 그러다 얼마 전에 해변의 다른 건물들과는 완전히 다른 다채롭고 허름한 집들이 있는 아름다운 곳을 발견하게 되었다. 마지막으로 갔을 때는 차를 세우고 더 자세히 구경했다. 집과 레스토랑, 작은 가게들, 어부의 캠프가 있는 작은 마을이었는데, 모두 합판조각과 주름진 양철판으로 지어졌으며 밝은 색으로 칠해져 있었다.

알고 보니 그곳은 1980년대 초에 멕시코인 50가구가 단체로 땅을 사서 집을 지은 마을이었다. 돈을 거의 들이지 않고 만든 아름답고 작은 마을이었다. 콘도와 임대 별장과 관광객이 차지하기 마련인 다른 지역과는 전혀 다른 모습이었다.

커피를 한잔하면서 사진에 나오는 주인들과 이 독특한 공동체에 대해 이야기를 나누었다. 그들은 매달 한 번 회의를 열어 그곳을 운영했고 각 가구마다 한 사람씩 대표권이 있었다. 그들은 미국인들이 구경을 와서 레스토랑에서 식사를 하는 것까지는 좋지만 땅 주인은 될 수 없다고 했다. 그들은 어떤 값으로도 마을 땅을 팔 수 없다고 했다.

바하에서 지역민들이 자기 땅 한 뙈기를 갖고 있는 것을 본다는 것은 드물기도 하고 가슴 설레는 일이다. 일대의 해안은 남북으로 몇 킬로미터를 가도 주인이 전부 미국인이며, 상당수는 남들이 해변에 들어오지 못하도록 울타리를 쳐놓았다. 하지만 이 마을에 가면 클럽메드 Club Med가 무슨 수를 써서라도 호텔을 짓고 싶어할 터를 평범한 어부와 요리사와 기계공과 가게 주인이 소유한 살아 있는 작은 공동체를 볼 수 있다. 🏠

왼쪽에 어부들이 배를 대는 암초와 해변이 있다.

양쪽 곶 사이로 뻗어 있는 백사장

"이 지역의 매력은 이루 다 말할 수가 없다. 바하칼리포르니아에 친숙한 사람들은 이곳을 두려워하거나 사랑한다. 그리고 사랑하는 사람이라면 이곳의 거역할 수 없는 매력 때문에 자꾸자꾸 와보게 된다."
— 얼 스탠리 가드너

암초에서 바라본 모습

◀ 잭의 미쓰비시 픽업

▼ 잭

▲ 바스크 족 양치기들의 짐마차. 양떼를 몰 때 말이 끌고 가는 이 마차는 단아하고 조그만 이동식 집이기도 하다.

카우보이 시 낭송 축제

잭 풀턴Jack Fulton과 나는 1972년부터 이따금 사진 촬영 여행을 함께 떠났다. 『셸터』에 들어갈 사진을 찍기 위해 뉴멕시코로 열흘간의 여행을 떠나면서부터였다. 『셸터』의 맨 마지막 쪽에 보면, 우리가 돌아오는 길에 만난 부처 같기도 하고 방랑자 같기도 하고 현인 같기도 하고 부랑자 같기도 한 사람의 이야기가 나오는데, 바로 그가 잭 풀턴이다. 우리는 길에서 아주 좋은 시간을 보냈다. 사진을 찍는다는 공동의 목적을 가지고 있었고, 그래서 그런 목적이 아니었다면 놓치기 십상인 사람이나 사물을 어김없이 만나게 되곤 했다. 잭은 펜탁스 카메라로 그림을 그린다고 할 수 있을 만큼 놀라운 사진가라서, 나는 그와 함께 여행할 때면 눈에 불을 켜게 된다.

마지막으로 함께 간 여행은 2002년 네바다 엘코에서 열린 카우보이 시 낭송 축제였다. 우리는 엄청난 눈보라가 친 뒤에 떠났기 때문에 파란 하늘 아래 눈이 높이 쌓인 장관을 네바다에서 볼 수 있었다. 바람 때문에 체감온도는 거의 영하 46도에 이르렀다. 시 낭송 축제는 아주 신선한 체험이었다. 카우보이의 시, 쉴 새 없이 흘러나오는 컨트리뮤직, 엘코 카우보이들의 고상한 의상, 다정한 주민들 모두가 인상적이었다. 우리는 마을의 눈 덮인 헛간과 작은 집들, 표지판과 주유소, 그리고 환한 아침햇살을 받은 카우보이들을 사진에 담았다. 여기 소개하는 사진은 그때 찍은 것들이다.

▲ 나 역시 바그다드 카페의 환상이 있음을 인정한다. 사막 한가운데서 오아시스와도 같은 레스토랑 겸 바 겸 주유소 겸 모텔 겸 가게를 운영하는 꿈 말이다. 네바다 메스키트에 있는 이곳을 사서 고치면 가능하지 않을까.

On The Road

07 길 위의 집

집으로 가는 여행은 절대 곧은길이 아니다. 오히려 언제나 굽은 길이다.
우리는 둘러가는 길 어딘가에서 여행이 목적지 자체보다 더 중요한 것이며
도중에 만나는 사람들이 영원한 길동무라는 것을 알게 된다.

넬슨 드밀

미국을 횡단하는 당나귀 기차

존 스타일스

1980년대 말에 나는 당나귀가 끄는 짐마차를 타고 여행하는 사람이 캘리포니아 일대를 돌아다니고 있다는 이야기를 들었다. 그를 꼭 만나보고 싶은 마음에 산타로사까지 차를 몰고 갔고 어느 시골길에서 그를 발견할 수 있었다.

당시 마흔두 살이던 존 스타일스 John Stiles는 오자크 산악지대 the Ozarks 출신으로(16남매였다) 10년 동안 길 위에서 생활하면서 16,000킬로미터 이상을 다녔다고 했다.

스타일스에겐 당나귀 열네 마리, 노새 세 마리, 닭 서른네 마리, 염소 세 마리, 비둘기 아홉 마리(음악감상용)가 있었다. 그는 쇠바퀴를 달고 지붕을 씌운 짐마차를 만들었는데, 1900년대 전후의 형태를 복원하였다. 그전에는 일리노이에서 아미시 사람들과 살면서 자급자족의 방식을 배웠다. 그래서인지 그에게는 수염이며 몸가짐이며 아미시 분위기가 확연히 남아 있었다.

존이 아침 일거리를 끝내고 나서 우리는 짐마차에 앉아 이야기를 나눴다. 짐마차는 편안했고 선반에는 책이 가득했다.

로이드: 항상 걷나요?

존: 짐마차를 타고는 단 1킬로미터도 간 적이 없어요. 짐마차를 움직일 때는 노새

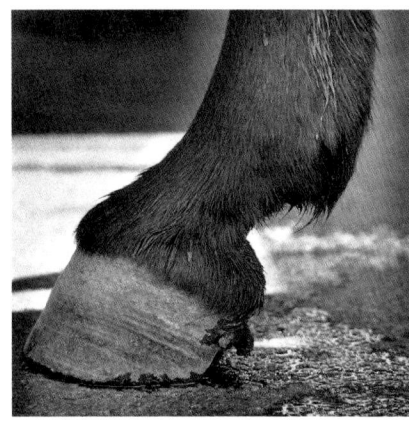

▲ 당나귀를 돌보는 존에게 염소가 코를 디밀고 있다.

뒤에서 걸어요. 그래야 동물들의 짐도 덜어주고 발로 걷는 특별한 느낌을 맛볼 수 있으니까요.

나는 보통 사람들이 일어나는 시간에 똑같이 일어납니다. 다섯 시면 일어나서 어두우면 촛불을 켜고 책을 좀 읽다가 그날 여행 떠날 준비를 하지요. 날이 밝아오면 동물들을 불러들이고 캠프에서 다섯 시간쯤 일을 하지요. 그다음에 이 친구들과 길을 떠나서 네댓 시간 걷습니다. 한 시간에 3킬로미터쯤 해서 하루에 13~16킬로미터쯤 걷지요. 그러고 나서 다시 네댓 시간 일하고는 이 친구들을 풀어준 다음에 쉬지요.

사람들은 제가 이런 식으로 사는 걸 믿지 않습니다. 나한테는 양심의 문제였지요. 나는 자급자족하며 살고 싶었습니다. 지금 이 세상이 얼마나 인공적인가를 느끼고 땅 가까이 산다는 확신에 충실하고 싶었지요. 나는 고속도로를 가든 대도시를 가든 운전면허도 등록증도 보험도 세금도 다른 아무것도 없이 다닙니다. 전자시대의 인류가 지구 강제수용소에서 살고 있는 이 세상에서 말입니다. 문제는 이런 시대를 어떻게 극복하느냐는 것이겠지요? 아마도 우리는 어떤 건실한 기준점으로 되돌아가야 하는지도

길 위의 집 253

모릅니다. 지금 제가 하고 있는 게 그런 것인지도 모르지요.

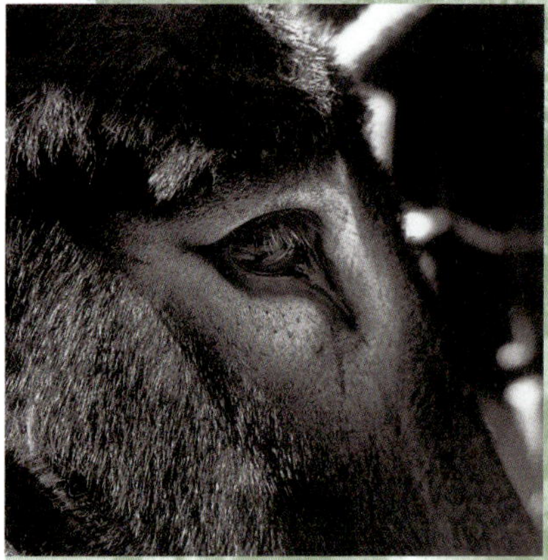

1965년에서 70년 사이에는 무엇을 했습니까?

1967년 내내 헤이트^{샌프란시스코에 있으며 60년대 히피와 마약 문화의 중심지}에 있었지요. 저는 거기서 정말 꽃 같은 젊은이들을 만났습니다. 히피가 아니라 자기 자신을 찾고 싶어하는 사람들, 창조적이며 '땅으로 되돌아가자'는 운동을 발전시킨 사람들을 만났지요.

헤이트 애쉬베리를 떠나서는 시골로 가서 완전히 자급자족하는 삶을 살았어요. 나한테 자급자족하는 삶이란 사륜구동 트럭이나 기계톱이나 트로이사社에서 만든 경운기가 아닙니다. 가축의 힘을 빌리고, 겨울 내내 가축과 나 자신이 먹을 것뿐만이 아니라 이듬해 뿌릴 씨앗과 추수 때까지 먹을 만큼을 기르는 것이었습니다. 하지만 나 자신에게 계속 정직할 수가 없더군요. 언제나 놀기를 좋아했으니까요. 게다가 아무것도 가진 것 없이 멋모르고 산속에 들어온 도시 얼간이였지요.

먹을 것은 어떻게 해결하나요?

절대 음식 구걸을 하지 않습니다. 옷도 절대 달라고 하지 않지요. 이 세상 그 누구에게도 뭘 거저 달라고 하지 않습니다. 그런데 사람들이 그냥 와서 뭘 주고 가더군요. 오늘 아침에도 어떤 사람이 와서는 노새한테 주라며 건초 한 다발을 툭 던져주고 갔어요.

여름 내내 가축이든 사람이든 먹을 것에 단 한 푼도 쓰지 않았습니다. 계란은 닭이 있으니까 해결되고, 우유 대신 매일 염소젖을 2리터씩 마시지요. 염소젖은 정말 좋은 음식입니다. 이것만큼 좋은

게 없어요. 사람에게 제일 완벽한 영양식이 염소젖이에요.

계속 이렇게 살 생각은 아니겠지요? 앞으로 10년쯤 더 이렇게 살 수 있을까요? 형편이 된다면 뉴멕시코 어딘가에 땅을 좀 사서 정착하고 싶습니다. 어도비 집도 짓고 풍차도 만들고 타워를 세워 중력으로 물을 받아쓰기도 하고요. 작은 알팔파 밭과 염소들 그리고 과수원이 있으면 좋지요. 6~8천 평 정도만 되면 좋을 거 같아요.

7년 뒤. 존은 2년여 농사를 짓다가 너무 힘이 들어서 다시 길을 떠나는 생활을 시작했다.

37년식 셰비 집시왜건

1972년에 잭 풀턴과 나는 『셸터』에 소개한 이 아름다운 개조 트럭의 사진을 찍었다. 이 집을 지은 호아킨 델라루스 Joaquin de la Luz는 아내와 세 자녀, 헤더, 베어, 세레나를 데리고 5년 동안 자동차집에 살면서 곳곳을 돌아다녔다. 작년에 어른이 된 세레나가 소식을 전해왔는데, 왜건에 살 때의 이야기를 들려주었다.

이 집시왜건에 대한 첫 기억은 서너 살 때부터일 거예요. 그때 우리 가족은 노던캘리포니아의 클래매스 강 옆에 있는 작은 집에 정착했어요. 우리는 모두 집시왜건에서 새집으로 이사를 하게 되었는데, 나는 옛집이 몹시 아쉬웠어요. 그래서 엄마 아빠한테 내 침실로 쓰게 해달라고 조른 기억이 나요. 다행히 부모님은 아주 개방적인 분들이어서 독립심을 키우기 위해 내 말을 진지하게 받아들였죠. 그래서 왜건은 내 방이 되었어요. 밤이면 부모님께 인사를 하고 집을 나와 오붓한 집시왜건으로 갔어요.

엄마가 만들어준 아주 큰 인형이 있었는데 이름이 '하우디 두디'예요. 밤마다 나보다 큰 하우디 두디를 어깨 위까지 올려놓고 잠이 들었어요. 밤에 침대로 올라갈 때의 그 아늑함은 지금도 잊을 수가 없어요. 손으로 빚어낸 왜건의 아름다움, 나무의 재질감, 경첩, 침대 위의 작은 창이 지금도 잊히지 않아요. 모든 게 정감 있었어요. 왜건이 나에게 그토록 특별한 것은 그만큼 애정과 정성이 가득했기 때문이라 생각해요. 부모님이 집시왜건을 타고 여행을 떠난 것은 평화와 행복을 찾기 위해서였어요. 아빠는 왜건을 지으면서 창의성이 솟구쳤고, 엄마는 그것을 집으로 꾸몄죠. 지금도 나는 오래된 직물이나 녹슨 쇠 같은 소박한 것들이 주는 따뜻함이 좋아요. 평화와 자유로운 정신을 추구한 내 어린 시절은 다른 무엇과도 바꿀 수 없는 소중한 자산이에요.

굴러다니는 집

지금은 절판됐지만 『롤링 홈: 손으로 지은 자동차집 Rolling Homes: Handmade Houses on wheels』이란 이 분야의 고전인 책이 있다. 사진가인 제인 린즈 Jane Lindz의 책으로 1979년에 출간되었다. 그 책의 사진 일부를 소개한다.

트럭집은 주로 차고 세일이나 벼룩시장, 부동산경매, 중고품가게, 건물 해체 현장 같은 곳에서 구한 재료를 잘 이용한다. 재활용 재료는 리모델링 비용을 줄여주며, 집의 다양성과 개성을 늘려준다. 옛 것과 새것, 낭만적인 것과 실용적인 것이 어우러져 과거의 기억을 되살려주고 미래의 모험에 대한 기대감을 키워주는 효과를 낸다.
— 『롤링홈』

▶ 오리건, 유진의 집시 트레일러

팸은 1952년식 닷지 픽업트럭에다 '마나나 내일이란 뜻'를 지었다. 1.8×2미터 크기인 이 집의 설계는 인형의 집, 캔버스천 텐트, 집시의 마차, 그리고 서부 개척민의 포장마차에서 영향을 받았다. 위 사진은 내부 모습이다.

길 위의 집 ● 257

이동식 유기농 레모네이드 노점

네드와 로즈 허프 Ned and Rose Huff는 세 아이를 데리고 뮤직 페스티벌을 다니며 유칼립투스 꿀을 탄 유기농 레모네이드를 판다. "흥분하지 말고 유기농을 마시자!"라고 적어놓은 문구가 눈길을 끈다. 네드는 캘리포니아 앨비언에 있는 집 근처에서 직접 삼나무를 켜 이동식 노점을 만들었다.

아난다의 집시왜건

아난다 브래디 Ananda Brady가 1980년대 초에 55년식 셰비 0.5톤 픽업트럭 차대車臺에 지은 이 집시왜건은 원래 말이 끌도록 되어 있었다. 그는 "집시왜건을 보고 이것을 만들었으나 흉내만 냈지 본뜬 건 아니다."라고 말한다. 아내 실라와 아들 레온은 이 집에서 2년간 살았다.

1923년 모델, T포드 캠퍼와 블루그래스 쇼

로드 캐스카트 Rod Cathcart 와 밥 바크윌 Bob Barkwill 은 T형 포드 헨리 포드가 설계해 1908년에 처음 판 자동차를 타고 미국과 캐나다를 여행한다. 두 사람은 이 자동차집을 트레일러에 싣고 RV(레저용 차량) 페스티벌을 찾아다니고, 블루그래스(컨트리뮤직의 일종)를 연주하며 노년을 즐기고 있다. "우린 꿈처럼 살지요."라고 로드는 말하는데 실제로 트럭의 이름도 드림캠퍼다. 때로는 근사한 RV 공원 가까이 짐을 풀고(간이변소도 끌고 간다) 줄에다 빨래를 널기도 한다. 그러면 공원에서 돈을 주면서 다른 데로 가달라고 한다.

http://www.dreamcamper.com/

▲ 캘리포니아 산타크루스에서 열린 한 뮤직페스티벌에 주차된 트럭

◀ 프랑스 피레네 산지에 있는 트럭하우스
http://www.archilibre.org/index_en.html

이동식 통나무집

1980년에 짐 메이시 Jim Macey는 이동식 2.4×6미터 통나무집을 지었다. 바닥장선 밑에는 두께 1.2미터에 길이가 2.5미터인 쇠파이프가 두 개 고여 있다. 짐은 이것을 이용해 건물을 들어올려 트레일러에 싣는다. 위로 좀 솟아 있는 채광창이 건물 길이만큼 긴 게 특이하다. 위의 사진 오른쪽 창 위에 '눈썹' 같은 방수용 판이 있다.

2002년 오리건 오크리지에서 본
바퀴 달린 통나무집

밴을 집으로

하워드는 밴을 개조해서 혼자 살기 좋은 아담하고 아늑한 집을 만들었다. 캘리포니아 데스밸리 근처의 사막에 있는 이 집은 소박해서 좋다.

53년식 로드밴

1980년대에 우연히 데시 휘트먼 Desi Whitman과 그의 말끔한 밴을 만나게 되었다. 그는 목수였는데 한 달 동안 바하에서 해안을 따라 워싱턴을 경유하여 레인보우 페스티벌이 열리는 뉴멕시코로 여행하는 중이었다. 그는 연장을 가지고 다니며 리모델링을 해주고 여비를 벌기도 했다. 잠은 밴 안에서 잤다. LA에 있는 아내는 가끔 비행기를 타고 와 길에서 그를 만났다.

  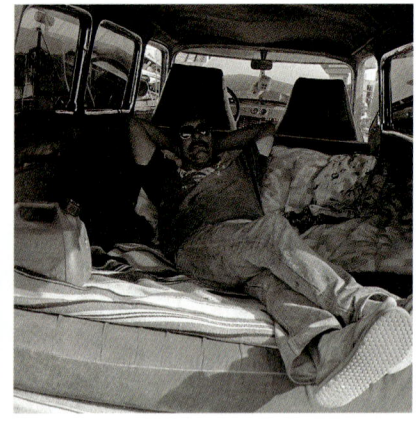

다양한 길 위의 집

짧은 스쿨버스 ▼

▲ 이 튼튼해 보이는 캠핑 트레일러는 멕시코 바하칼리포르니아의 라파스 북서쪽에 있는 해변에서 발견되었다. 그날 주인은 보이지 않았다.

▲ 오울과 마나 위크가 뗏목에 지은 캔버스천 텐트. 알래스카 글래시어베이에 있다.

▶ 인터넷에서 본 놓치기 아까운 사진. 딱히 어느 부분이라 꼬집을 수는 없지만 아주 기발한 설계임이 분명하다.

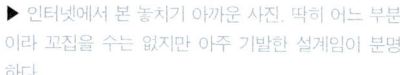

▲ 1980년대에 샌프란시스코에서 본 복잡한 모양의 캠퍼 외관

◀ 이동 카푸치노 카페. 태양전지판으로 조명을 한다. 캘리포니아 괄랄라에 있다.

길 위의 집 ● 263

에어 캠핑

1990년대 초에 시에라 산맥으로 캠핑 여행을 떠났을 때 흙길을 따라 수영을 하러 보면 호수로 간 적이 있다. 거기에 근사한 캠핑 장비를 갖춘 차가 서 있었다. 작지만 힘이 좋은 도요타 지프에는 거친 시골길을 다닐 때 필요한 온갖 것들이 다 있었다. 차의 지붕 옆에 달린 알루미늄 판처럼 모래나 진흙에 빠졌을 때 받치고 나올 수 있는 도구까지 있었다. 지프 위에는 텐트가 펴져 있었고, 다락 침실을 올라갈 때 쓰는 것 같은 사다리가 붙어 있었다. 주인은 호수에서 수영을 하고 있었고, 텐트는 시원하고 멋있어 보였다. 입구에는 모기장이 드리워져 있었다.

나는 그만 이 텐트에 반하고 말았다. 이렇게 위에 떠 있으면 잘 때 사막의 뱀이나 전갈 걱정이 없고, 시원한 바람과 좋은 전망을 즐길 수 있지 않은가. 한참 찾은 끝에 제조사가 이탈리아의 '에어캠핑 Air Camping'이라는 것을 알아내고 하나를 구입했다.

이때 산 텐트를 10년 이상 쓰고 있다. 특히 바하칼리포르니아에서 아주 많이 썼다. 이 텐트는 접으면 자동차 지붕에 얹는 작은 커버 안에 들어간다. 커버를 벗겨내고 접힌 부분을 당기면 텐트가 절

로 펴진다. 사다리는 자동차 밖으로 나온 부분을 받치는 역할을 하고 안에는 매트리스가 내장되어 있다. 나는 시트와 담요 그리고 베개까지 가지고 다니기 때문에 아주 편히 잘 수 있다.

이 장비는 싼 편이 아니다. 배송비까지 해서 적어도 800달러에서 1,000달러는 줘야 한다. 하지만 캠핑을 정말 즐기는 사람이라면 투자할 만한 가치가 있다. 일반 승용차 위에도 설치할 수 있다.

http://www.loftyshelters.com/

LA 필름 메이커스

유럽에서 온 알폰소 고르디요 Alfonso GorDillo와 타오 루스폴리 Tao Ruspoli는 이베이 ebay.com에서 3천 달러를 주고 1985년식 셰비 블루버드 스쿨버스를 샀다. 그리고 LA에서 필요한 것을 갖추고 2001년 9월에 미국 전역을 돌아다니는 영화제작 여행을 떠났다.

그들은 이 프로젝트와 버스를 'LA 필름 메이커스'라 부른다. 그들의 목적은 '여행을 다니며 영화를 찍고 장비가 없는 사람들에게 영화를 찍을 수 있도록 도와주는 것'이다.

버스 안은 최신식 매킨토시 컴퓨터, LCD 모니터, 디지털 비디오카메라, 프로젝터, 편집장비, 주요 음향시스템을 갖추고 있다. 접힌 소파를 펴면 침대가 된다. 알폰소와 타오는 여러 개의 언어를 구사할 수 있어(각각 6개와 3개 반) 여행 도중에 휴대전화로 통역을 하며 경비를 댄다. 두 사람이 휴대전화가 되는 지역에서 여덟 시간씩 교대로 일해서 벌어들이는 돈이 한 달에 2,500달러 정도이다. 대개 스페인어와 영어로 통화하는 두 사람 사이에 껴서 통역을 해준다.

버스 안은 책과 영화 VCR 및 DVD를 갖춘 훌륭한 도서관이다. 처음 나와 마주쳤을 때(노던캘리포니아 마린 카운티의 포트 레이스 스테이션이라는 타운에서) 그들은 여행 중에 만난 로저 웹스터라는 친구와 함께 네바다 사막에서 열리는 버닝맨 페스티벌에 갔다가 캘리포니아를

알폰소와 타오

거쳐 캐나다의 브리티시컬럼비아 주로 가는 길이었다. 지금 이 버스는 캘리포니아 베니스에 주차되어 있다. 거기서 영화제작자와 사진가, 그 밖의 예술가들을 위한 워크숍에도 참석하고 미팅도 하고 있다.

핸드메이드 하우스트럭과 하우스버스

로저 베크Roger Beck는 1969년에 처음으로 하우스트럭을 지어서 몇 년 동안 길 위의 생활을 했다. 금속 세공품을 만들어 공예품 장에 내다 팔며 여행을 다녔다. 여기 소개된 차들은 로저의 친구들이 쓰던 것이다. 그들은 무리를 지어 다니면서 서로의 차 집짓기를 돕기도 하고 공예품 시장을 함께 열기도 했다.
"다 제쳐두고 소박하게 살 때도 있었지요." 로저는 하우스보트와 하우스버스를 사진에 담기 시작했다. "원래는 재미로 사진을 찍어서 앨범을 만들었어요." 그러다 2002년에는 친구들의 권유로 『근사한 껍질을 가진 거북들이 있다Some Turtle Have

1970년대에 마이클은 이 하우스트럭(위 사진)을 타고 여행길을 떠났다. 그는 처음 가는 마을에 도착할 때면 제일 인기 좋은 슈퍼마켓을 찾았다. 그리고 모두가 하우스트럭을 볼 수 있도록 그 앞을 몇 번 오갔다. 그다음 방해가 되지 않도록 주차장 뒤편에 차를 세우고 사람들에게 공개했다. 50센트를 내면 트럭 안을 구경한 뒤 트럭에 관한 엽서를 살 수 있었다. 그렇게 해서 식료품을 사고 주유를 하고도 돈이 약간 남았다.

▲ 로저 베크의 1951년식 페데랄 5톤 트럭은 그의 네 번째 트럭이다. 그는 1940년대에 제조된 휘저 오토바이도 가지고 다니면서 아트페어에서 보석을 팔았다. 지금은 다섯 번째 하우스트럭을 지어서 다시 길 생활을 하며 "소박하게 살고 싶어요!"라고 말한다.

Nice Shells』라는 200쪽 분량의 사진집을 펴냈다. 여기 소개된 사진들은 그 책에서 가져온 것이다.

http://www.housetruck.com/

집으로 가는 여행은 절대 곧은길이 아니다. 오히려 언제나 굽은 길이다. 우리는 돌러가는 길 어딘가에서 여행이 목적지 자체보다 더 중요한 것이며 도중에 만나는 사람들이 영원한 길동무라는 것을 알게 된다.

―넬슨 드밀

아웃도어 어드벤처

그랜트 캐일Grant Cahill과 엘리사 베이슨 Elissa Vaessen은 한 해 중 많은 시간을 캠핑, 산악자전거 타기, 카약 타기, 암벽등반을 하며 지낸다. 그랜트는 캐나다 밴쿠버에 있는 큰 회사에서 운송담당 관리자로 일하고 있다. 그는 1년 중 7개월 동안은 지게차를 모는 일을 한다. "7개월 동안은 회사가 내 영혼의 주인이지만 나머지 5개월은 내 마음대로 몰지요." 그러면서 "회사에서 대우를 아주 잘해주지요."라고 덧붙인다.

캐일의 차는 1998년식 포드 레인저이고, 짐칸은 100달러를 들여 짰다. 작년에 두 사람은 미국 열네 개 주와 캐나다 두 개 주를 여행했다. 또 섬유유리 카약을 타고 걸프아일랜드(밴쿠버 섬과 본토 사이의 섬)를 다녔다. 브리티시컬럼비아의 스콜피온 트레일을 따라 자전거 여행, 암벽등반도 했다.

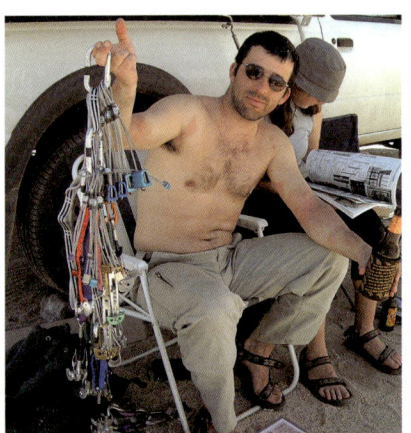

▲ 『셸터』를 읽고 있는 그랜트와 엘리사
◀ 최신식 암벽등반 장비
▼ 30초 만에 펴지는 침실

플립 팩

스티브와 손드라 윈슬로Steve and Sondra Winslow는 도요타 타코마 사륜구동 픽업트럭에 플립팩 캠퍼셀Flip-Pac camper shell이라는 캠핑용 짐칸을 갖추었다. 스티브는 이 장치를 위로 젖히면 30초 만에 텐트를 세울 수 있는데 3천 달러 정도 들었다고 했다. 스티브와 손드라는 콜로라도 강에서 래프팅을 하면서 여행하고 있다.

http://www.flippac.com/

파타고니아에서 알래스카까지 근육의 힘으로

작년에 1번 간선도로를 지나가다가 자전거에 무거운 짐을 달고 가는 두 사람을 보게 되었다. 한 자전거의 뒤에는 짐이 꽉 찬 최신식의 작은 트레일러가 붙어 있었고 "파타고니아에서 알래스카까지 전쟁 반대!"라는 문구도 보였다. 재미있겠다 싶어 나는 차를 돌렸고 실비아 몬하 Silvia Monja 와 알레한드로 바레이로 Alejandro Barreiro 를 만나게 되었다. 그들은 매력적이고 강인하며 재치 있고 아주 건강한 아르헨티나 사람들로, 1년이 넘도록 길 위를 달리고 있었다.

그들은 1년 전에 파타고니아를 떠나 그때까지 2만 킬로미터를 자전거로 이동하는 중이었다. 자전거에 '셸터'를 싣고 다녔는데, 토요일에 비가 너무 와서 텐트와 침낭이 젖어 말려야 했기에 나는 그들을 우리 집으로 초대했다. 그들은 젖은 것들을 널어 말렸고, 나는 오믈렛과 토스트를 만들어주었다. 두 사람은 먹고 또 먹었다. 그들은 결혼한 지 7년이 됐고, 자전거 여행을 제안한 것은 실비아였다. 이런 정신을 가진 사람들을 만난다는 것은 언제나 놀라운 일이다. 그들은 남미와 중미, 그리고 멕시코를 거쳐 캘리포니아를 달리는 중이었다. 그것도 사람의 힘으로만. 어느 나라에 가든 그들은 초대를 받고 먹을 것과 잘 곳을 신세질 수 있었다. 1년 동안은 사정이 좋았다. 그러다 12월에 아르헨티나 경제가 붕괴하면서 멕시코에서는 거의 무일푼 신세가 되었다. 그들은 멕시코의 소방서를 찾아다니면서 근처에 텐트를 쳐도 되겠느냐고 물어보았고, 으레 머물 장소와 음식을 제공받았다. 노갈레스를 통해 미국으로 들어올 때에는 4달러밖에 남지 않았고, 마찬가지로 소방서를 찾아가 먹을 것과 잘 곳 신세를 졌다.

다음 날 그들은 나에게 며칠 함께 자전거 여행을 하자고 제안했고 나는 유혹을 느꼈지만 너무 바빴기 때문에 타운 경계까지만 동행했다. 초호 산호초 때문에 섬 둘레에 바닷물이 얕게 괸 곳 근처를 돌 때 나는 속도를 내어 충분히 앞으로 간 다음 사진을 찍을 수 있었다. 백 미터쯤 바퀴를 빨리 저어 앞으로 가서 돌아보니 알레한드로가 55킬로그램이 넘는 짐을 싣고도 바로 내 뒤에서 미소를 지으며 느긋하게 오고 있었다. 그들은 시애틀과 알래스카를 향해 1번 간선도로를 따라 달리기 시작했다. 알레한드로의 태양열전지 라디오에서 고전음악이 흘러나오고 있었다.

08

가볍게
살기

Living
Lightly

살기 위해 필요한 의식주 중에서 셸터는 겨울에 가장 절실한 것이다.
사람은 먹지 않고 한 달을 살 수 있으며 물 없이 일주일을 살 수 있지만
눈보라치는 와이오밍의 겨울밤은 셸터 없이는 아침까지 살아남을 수가 없다.

로버트 르완도스키

몽고식 구름집

댄 쿠엔

1981년에 댄 쿠엔 Dan Kuehn이 『몽고식 구름집』이라는 등사판 책을 보내주었다. 1980년대에 찍은 것이긴 하지만 원래는 1960년대에 만든 책으로, 땅과 자원을 소중히 여기며 되도록 흔적을 덜 남기고 자원을 덜 쓰는 삶을 살기로 작정한 당시 사람들의 정신이 담겨 있었다. 당시에 댄은 숲속에서 지름 4미터, 높이 3미터의 직접 만든 유르트에 살고 있었다. 이 책은 그런 유르트를 짓도록 해주는 안내서이다. 설명이 명확하고 그림이 예쁘며 정보가 많고 친절하다.

* 이 두 페이지에 소개된 정보만으로는 유르트 하나를 제대로 짓기에 충분치 않다. 더 자세한 정보는 홈페이지를 참고하기 바란다.
http://www.yurtpeople.com/yurtpeople/

돈을 주고 구한 재료는 캔버스천, 바늘, 실, 안전핀, 방수처리제뿐이었다. 다 해서 175달러가 들었다. 나머지는 숲이나 뒤뜰이나 동네 쓰레기장에서 주워온 것들이다.

맨 처음 유르트를 보자마자 푹 빠지고 말았다. 공간의 아늑함에 매료되어 티피를 짓고 살겠다는 생각을 버리기로 했다.

장대 만들기

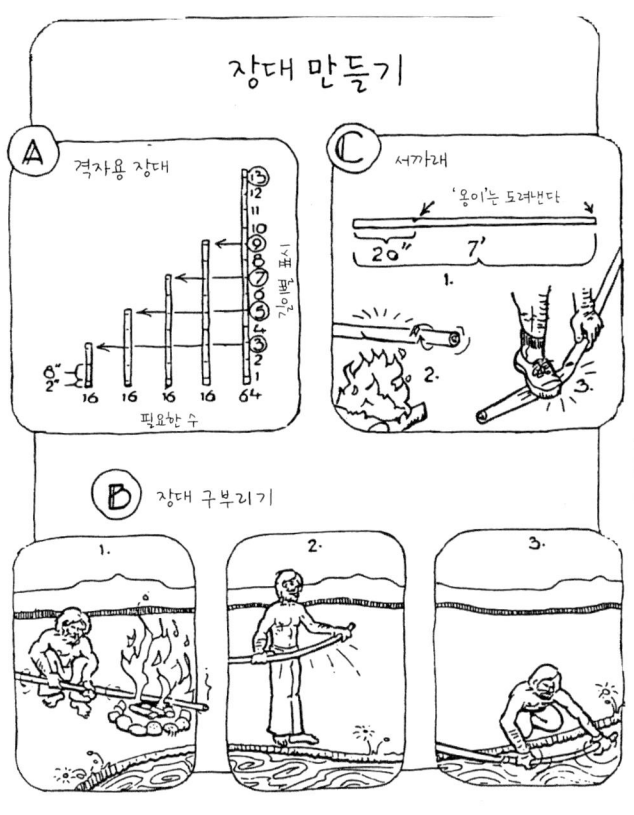

뼈대

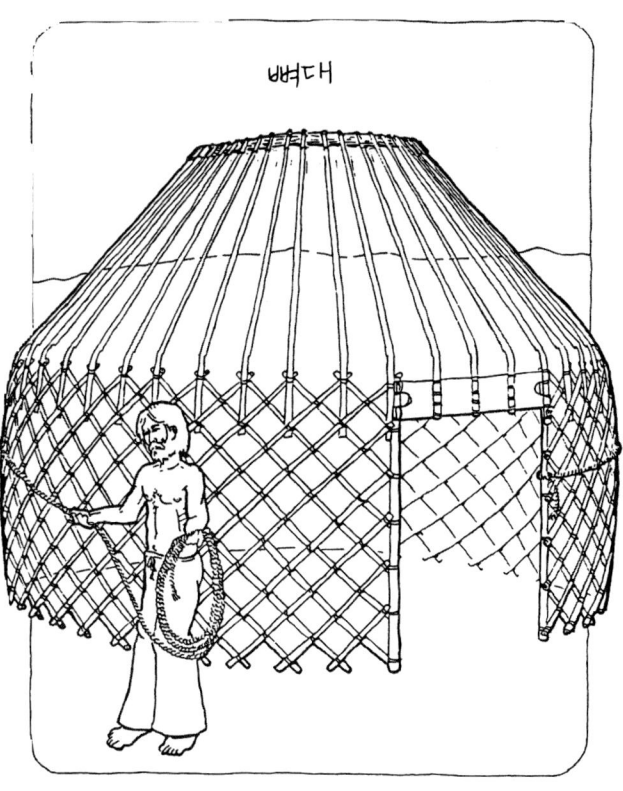

- 3~4.5미터의 대나무 장대 150개
- 자동차 타이어 튜브 4개, 잘라서 고무밴드를 만든다.
- 어린 버드나무 줄기 35개
- 2미터 기둥 두 개

격자

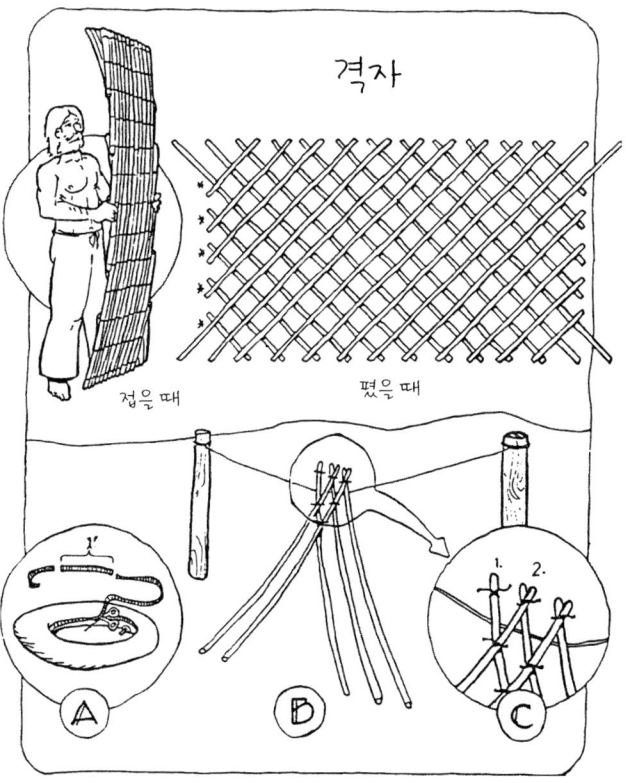

격자는 네 개의 부분이 만나서 이루어진다. 대나무끼리 고정하려면 타이어 튜브를 잘라 만든 고무밴드가 700개쯤 필요하다.

연기구멍 고리

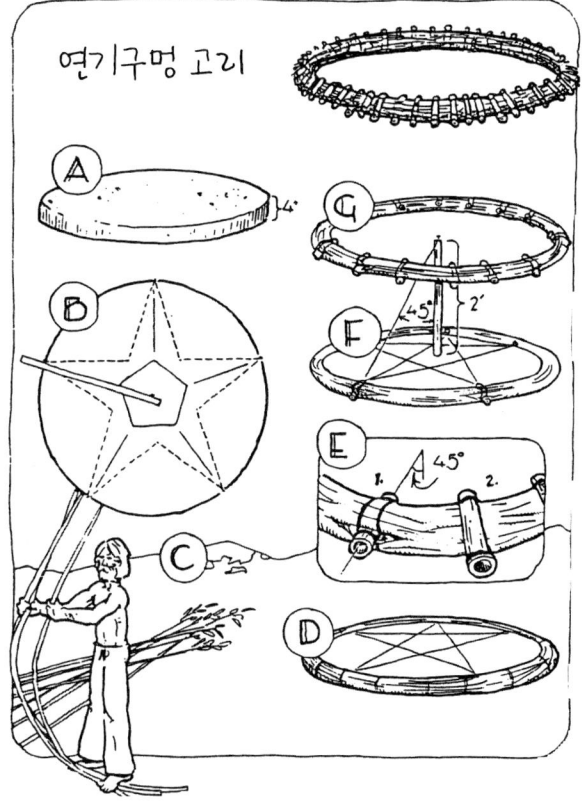

어린 버드나무 줄기 같은 것을 3.5미터 크기로 잘라 20개 정도 만든다. 잘 만든 연기구멍 고리는 일종의 예술품이다.

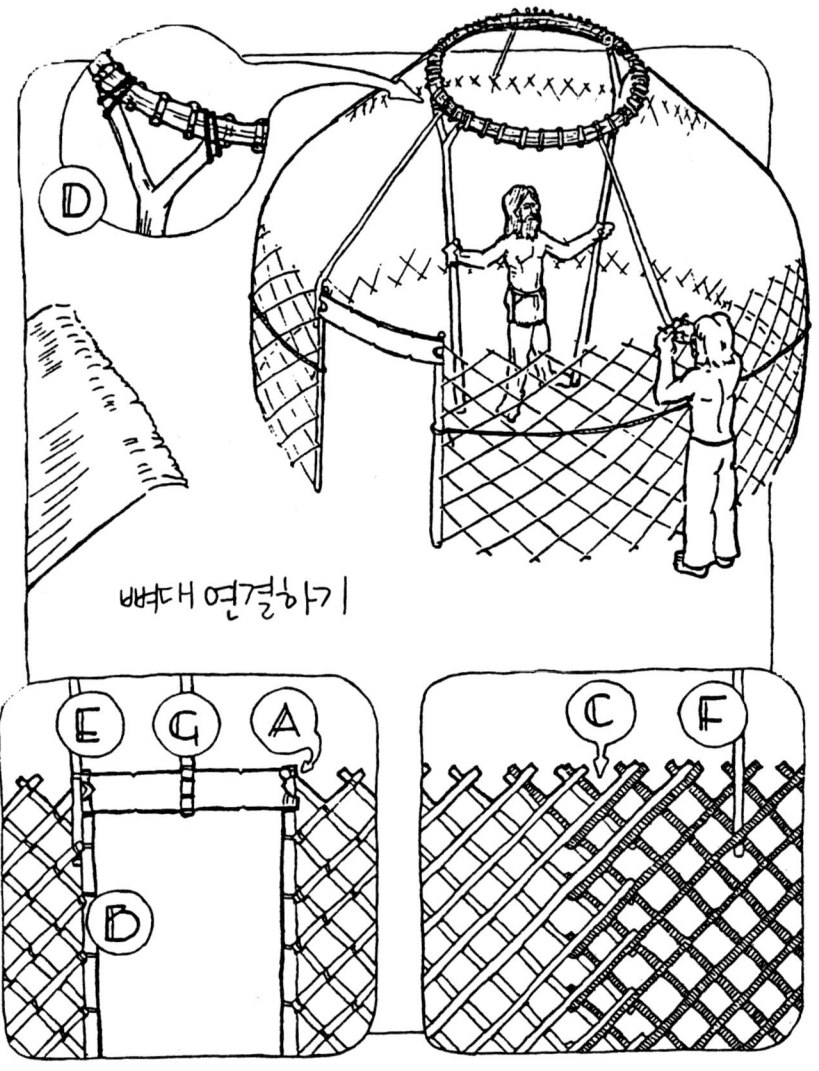

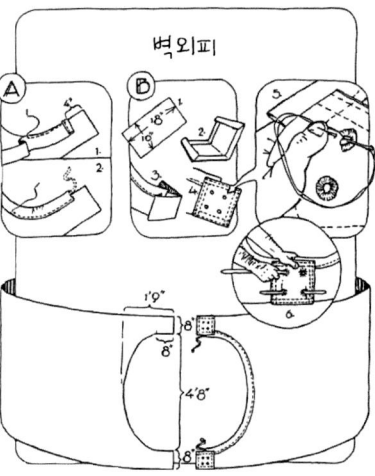

벽 외피 바느질은 손으로 하거나 기계로도 할 수 있다. 폭 4미터의 유르트를 지으려면 1.8미터 폭의 캔버스천이 30미터 정도 필요하다. 나는 350그램의 무처리 캔버스를 좋아하는데, 그것이 더 튼튼하고 자연적이기 때문이다.

유르트를 세울 때 친구 하나를 부르면 편하다. 특히 연기구멍 고리와 첫 서까래를 올릴 때 그렇다. 나머지는 전부 혼자서 할 수 있다.

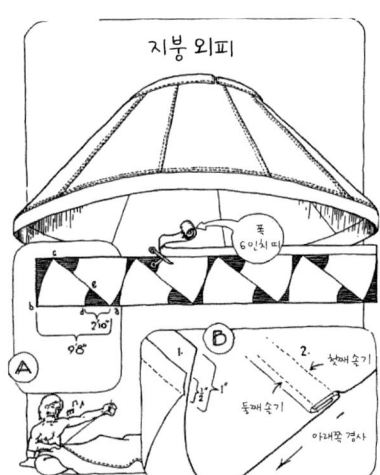

지붕 외피의 주요 부분은 8개의 '파이 조각'을 꿰매 원뿔 모양으로 만든다.

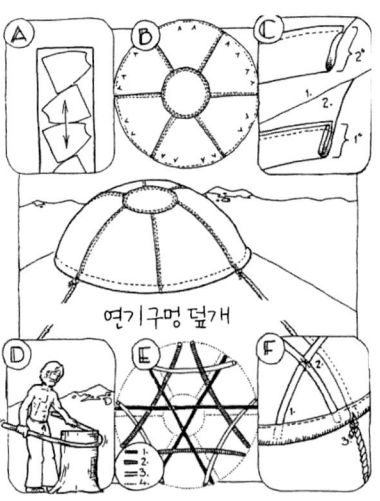

연기구멍 덮개는 반으로 자른 비치볼 모양을 꿰어 만든다. 즉 삼각형 모양의 여섯 부분과 가운데 원형을 이어 붙인다.

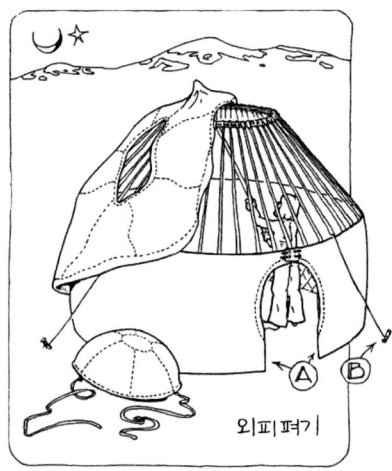

지붕 외피를 지붕 뼈대 위로 던져 일부가 연기구멍 고리에 걸리도록 한다. 그리고 1.8미터 장대로 자리를 맞춘다.

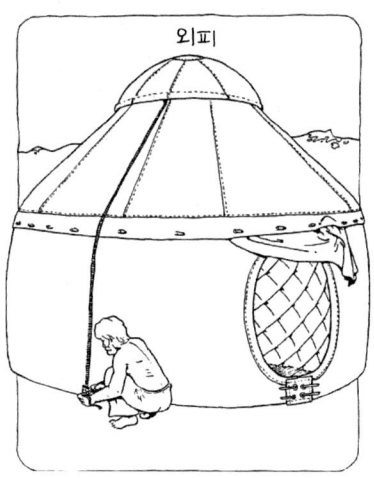

외피를 팽팽하게 펴려면 서까래의 밑부분을 캔버스 천 위로 밀어올린다.

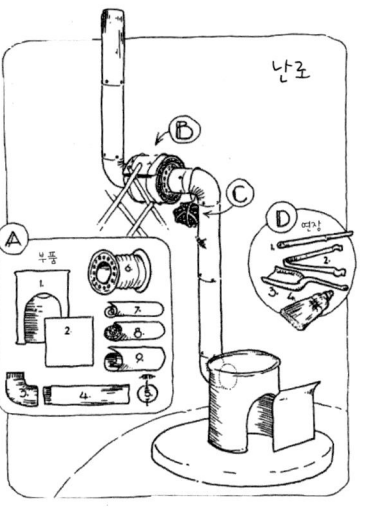

스스로를 유목민이라 생각하지만 생활의 안락함을 더 좋아하며, 내 목적은 최대한 아늑하고 거친 자연환경으로부터 보호받는 것이라는 점을 분명히 밝히고 싶다.

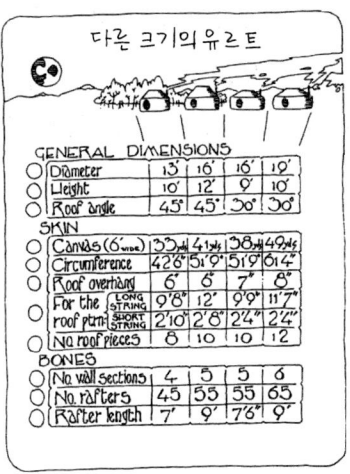

나는 최종 구조물의 질이 원재료의 질만큼만 좋아질 수 있다는 사실을 어렵사리 알아냈다. 그러니 장대를 잘 고르기 바란다.

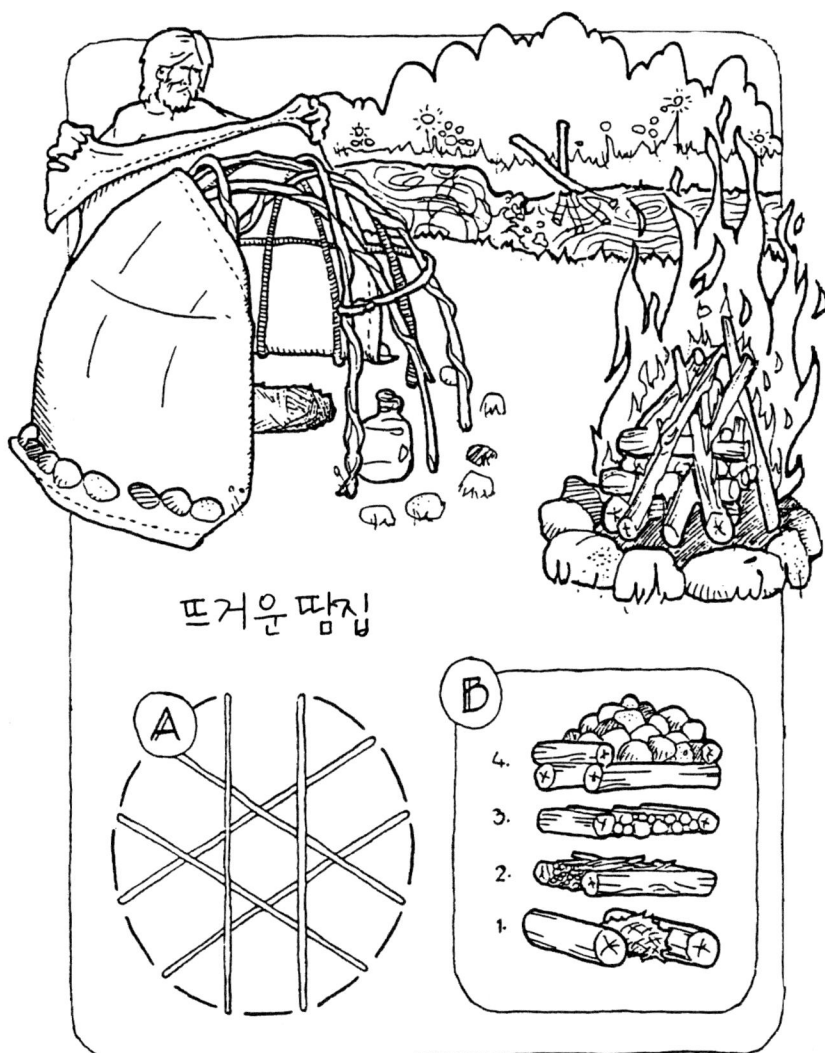

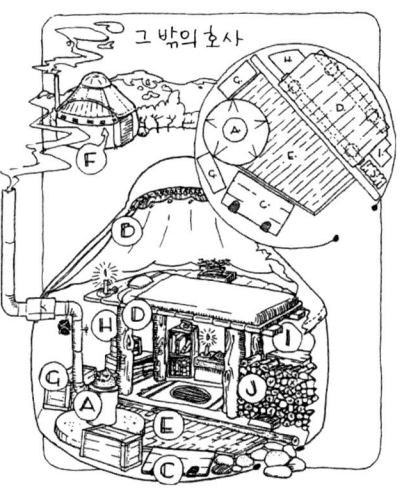

A. 작은 나무난로 B. 바닥부터 연기구멍까지 댄 안감 C. 냉장고 또는 지하저장실 D. 다락침실 E. 여러 층 바닥 F. 채광창

땀집은 옛 인디언들이 뜨겁게 달군 돌 둘레에서 의식을 거행하던 사우나이다. —옮긴이 주

가볍게 살기 ● 275

LESS is MORE
by d.price

소박한 게 더 좋아

나는 바쁜 어른들의 세계를 언제나 탐탁지 않게 생각해왔다. 그래서 1989년 한 해의 대부분은 아메리카 선주민의 생활양식에 관한 책들을 보다가 마침내 최대한 소박한 삶을 산다는 생각으로 오리건 동부에 있는 어린 시절의 집으로 되돌아갔다. 그 책들은 내게 땅과 인간의 분수에 대해 가르쳐주었고 어떤 학교에서도 배울 수 없는 것이었다. 나는 내 자신이 자연에 비해 얼마나 작은 존재인지를 알게 되었고, 땅과 조화를 이루며 산다는 것은 어디에 콘크리트를 붓거나 자원을 과하게 쓰는 일이 없도록 하는 일임을 깨달았다.

어릴 적 나는 끊임없이 요새를 만들었고 심지어 작은 오두막을 짓기도 했다. 20대에는 티피에 사는 게 꿈이었다. 30대에는 집세와 융자금 내는 것이 몹시 불쾌해졌고, 내가 그렇게 많은 값을 치르는 공간이 흉한 나무상자에 불과하다는 사실을 알게 되었다. 도무지 주변 경관과는 어울릴 수 없는 직선적이고 비유기적인 관이었으며, 겨울에는 난방하기 어렵고 여름에는 냉방하기 어려운 집이었다. 그리고 어떤 집은 바퀴벌레가 득실득실했다.

우리 아이 셰인과 실로는 티피에서 두 해 여름을 즐겁게 지냈다. 겨울이면 티피와 오솔길에 쌓인 눈을 치우느라 바빴다. 한번은 겨울에 기온이 영하 31도까지 내려가기도 했다.

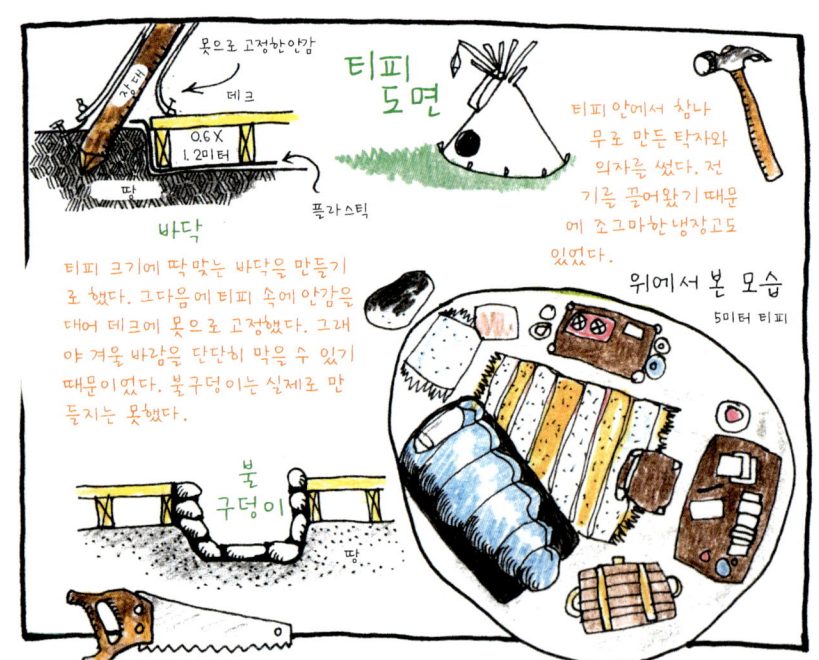

오리건에 돌아와서 나는 몇 가지 중요한 고민에 빠졌다. 1. 거주공간에 정말 꼭 필요한 최소한의 것은 무엇일까? 2. 내가 하는 작은 일을 태양광 발전으로 충당할 수 있을까? 3. 깨끗하고 편안하게 살기 위해 정말 필요한 것은 무엇일까? 4. 소위 인습적인 지혜를 깡그리 무시하고 무에서 출발한다고 할 때 필요한 것은 무엇일까? 5. 집이 철저하게 소박하면서도 효율이 좋고 그러면서 경관과 조화를 이룰 수 있을까?

그렇게 고민하던 시절 내게 영감을 준 책이 『손으로 지은 집』과 1973년 판 『셸터』였다. 『셸터』에서 새로운 아이디어를 무한정 얻을 수 있었다. 그리고 아프리카의 셸터에서부터 아일랜드의 돌집에 이르기까지 온갖 셸터의 도면을 그리고 또 그려 보았다. 지하에 방이 숨겨져 있는 티피를 상상하기도 했다. 그러다 결국 숲으로 차를 몰고 가서 가는 나무를 좀 자른 뒤 재활용 티피 거죽을 사서 빌린 풀밭에 티피를 세웠다.

그로부터 몇 해를 이 멋진 빛의 성전에서 지내다 보니 그 어느 때보다 땅과 날씨에 가까워질 수 있었다. 나는 불필요한 소유를 스스로 다 없애고 "적을수록 많다"는

격언 20세기 대표적 건축가의 하나인 루드비히 미스 반 데어 로에가 단순성의 미학을 강조한 말을 몸소 체험했다. 나는 아주 조그만 잡지를 펴내는 일을 하기 때문에 자주 쓰는 복사기를 위해 땅속으로 전깃줄을 깔았다. 태양열을 이용하자니 오히려 비용이 너무 들었다. 지금 전기요금은 한 달에 10달러 정도 들어간다. 이렇게 없이 살 수 없다고 생각한 것들을 내려놓음으로써 엄청난 자유를 느끼며 스스로도 몹시 놀랐다. 티피는 훌륭한 집이 되어주었을 뿐만 아니라 그 뒤로 새로운 구조물을 짓는 데 귀중한 것을 가르쳐주었다.

그다음 내 관심을 끈 것은 유르트와 돔이었다. 나는 유르트의 둥근 모양과 이동성을 좋아했으나 값이 비싸서 문제였다. 좀 더 알아보고 나서 미국에서 대량생산하는 모델은 몽고의 전통식에 비해 끝이 너무 직선적이라는 판단을 내렸다. 내가 직접 종이에 그려 생각해낸 모델은 인디언의 전통 땀집(돌 사우나)과 비슷했다. 다른 점이 있다면 그보다 크고 창이 있으며 바닥에 나무를 까는 것이었다. 어린 버드나무를 휘어 엮어 바구니 모양을 만든 뒤 담요, 비닐, 마대 천을 덮어 만들었다.

이렇게 지은 오두막은 2년 동안 너무도 아늑하고 물이 새지 않고 저렴한 작업장 겸 집이 되어주었다. 나는 하루 종일 일기장에 넣을 그림을 그리다가 오두막으로 들어가서는 그 그림 주변에 설명을 달았다. 더없이 훌륭한 셸터를 찾았다는 생각이 들었다.

그러다 한 소박하고 인심 좋은 신발 회사가 내 그림 일기장을 후원해주기로 해 나는 그림 여행을 떠났다. 모텔이 싫어서 주로 야영을 했다. 그리고 집에 돌아와서는 그냥 단순하게 텐트에서 사는 게 더 좋겠다 싶어 오두막을 해체하고 그 자리에 텐트를 세웠다. 지금도 내가 가장 좋아하는 셸터인 이 텐트는 사계절을 모두 잘 견디며, 축축하지 않고 재미난 생활공간을 제공해준다. 유일한 단점이 있다면 일주일 정도 지나면 텐트 밑이 눅눅해져서 매주 한 번은 깔개, 패드, 침낭, 옷가방, 음식 박스, 세라믹 히터, 책, 전구, 코드, 물병을 다 끄집어내고 대청소를 해야 한다는 것이었다.

텐트 앞에서 책을 읽고 있는 실로. 텐트는 어떤 날씨에도 잘 견디며 따뜻하고, 볕이 좋은 날이면 실내가 매력적으로 환해진다.

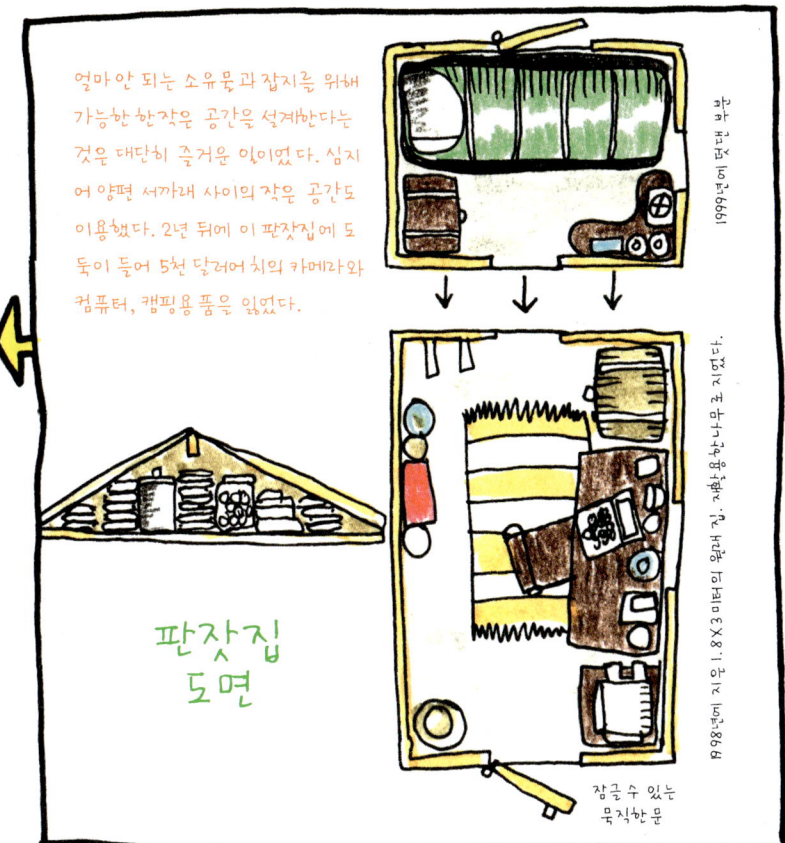

얼마 안 되는 소유물과 잡지를 위해 가능한 한 작은 공간을 설계한다는 것은 대단히 즐거운 일이었다. 심지어 양편 서까래 사이의 작은 공간도 이용했다. 2년 뒤에 이 판잣집에 도둑이 들어 5천 달러어치의 카메라와 컴퓨터, 캠핑용품을 잃었다.

판잣집 도면

잠글 수 있는 묵직한 문

마침내 잡지 발행본들이 트럭에 넘치기 시작하자 나는 나무집을 하나 짓기로 했다. 나무 너와로 지붕과 벽을 댄 판잣집으로, 침대와 탁자와 책꽂이를 갖춘 것이었다. 1.8×3미터의 이 집은 워낙 작아서 건축 허가를 받을 필요도 없었다. 총 비용은 95달러였다.

둥근 집과 일본식 바닥에서 몇 해를 살았더니 참나무 책상과 의자가 어색하게 느껴지고 공간도 너무 각진 느낌이었다. 나는 사업을 챙기고, 전화메시지를 확인하고, 웹사이트를 만들고, 귀중품도 간수해야 했다. 그래서 이듬해에 1.8×1.5미터의 침실 겸 부엌을 이어 지었다. 그 다음 해에는 둥근 집으로 되돌아가고 싶다는 본능에 따라 비탈을 파서 키바 무에블로 인디언의 지하 방 같은 지하 구조물을 만들고, 채광창을 달았다. 고민을 하던 중

추천도서

1. 『손으로 만든 집 (Handmade Houses)』
2. 『셸터 (Shelter)』
3. 『조그만 집 (Tiny Houses)』
4. 『인분퇴비 (Humanure)』
5. 『원형집 (Circle Houses)』
6. 『탈숲 (Evasion)』
7. 『월든 (Walden)』
8. 『빙 노바디 고잉 노웨어 (Being Nobody Going Nowhere)』

채광창을 낸 목조
1.8미터 원형
화산석을 채운 화로에 가스통을 연결

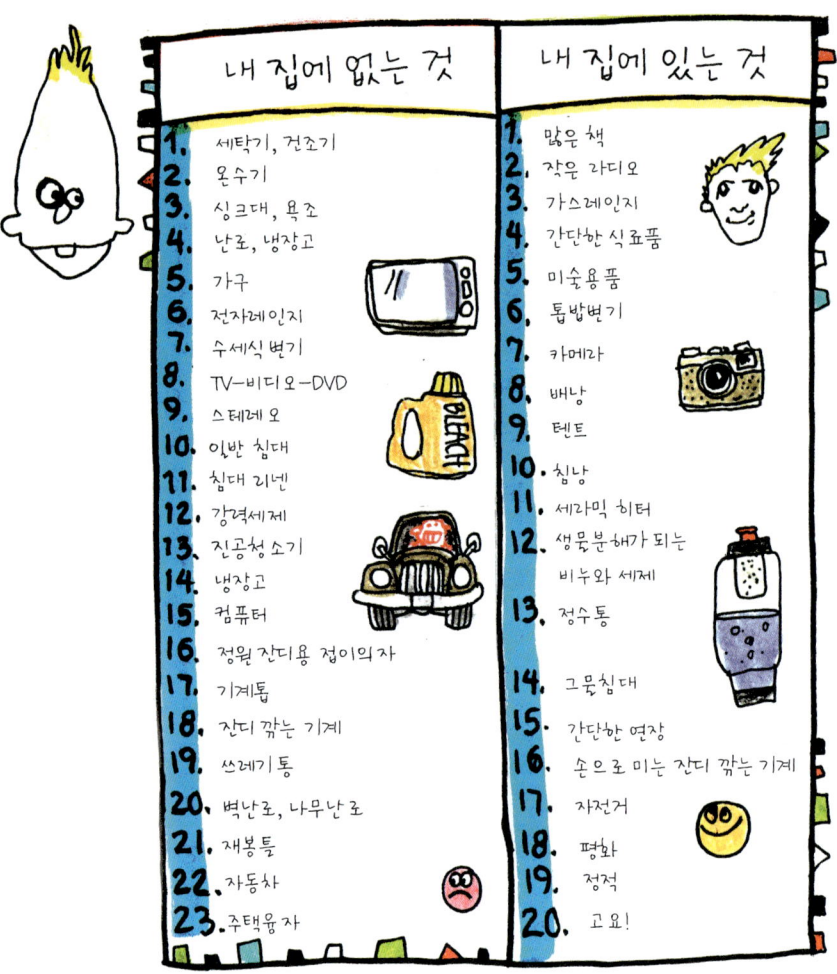

판잣집에 도둑이 든 후로 나는 판잣집을 해체하고 공간을 키바 구조물로만 줄이기로 했다.

흙을 0.3미터 이상 덮은 키바는 언제나 온도가 10~16도 정도 된다. 입구로 들어가기 위해서는 머리를 숙이고 짧은 통로를 기다시피 해야 한다. 그런 자세는 바깥 날씨와 상관없이 따뜻한 셸터를 제공해주는 공간으로 들어설 때 마땅히 가져야 하는 겸손한 마음을 갖도록 해준다. 신선한 공기를 통하게 하려면 채광창과 출입문을 열어두기만 하면 된다.

이 집이 이곳에서 지은 최고의 집이라는 생각을 많이 한다. 긴축생활을 할 때에도 이 집만은 더 이상 줄일 게 없었다. 침대 매트리스는 접으면 소파가 된다. 밤에는 TV를 보는 대신 책을 보거나 글을 썼다. 먹는 것은 냉장고 없이 가스레인지만 있으면 될 정도로 바뀌었다. 이렇게 바뀐 생활환경 속에서 살다 보니 기존의 집에 살 때보다 밖에 나가 활동하는 시간이 훨씬 많아졌다. 야외 변소는 퇴비를 만들어내는 19리터들이 양동이다(내 추천도서인 『인분퇴비』 참고). 청결을 위해서는 나무로 만든 가스 난방 땀집에서 매일 사우나를 한다. 탈의실 지붕에도 큰 양동이가 있고 110볼트 온수기가 있어 이따금 중력을 이용해 온수 샤워를 할 수도 있다.

나는 이런 식으로 사는 게 좋다. 또 파트너의 집에 가서 두 아이의 양육을 돕기도 하기 때문에 두 가지 생활양식을 다 누리는 호사를 하고 있다. 초원에 나와 살면 자원을 별로 쓰지 않는다. 그리고 융자를 얻어 주택을 사지 않았기 때문에 상대적으로 자유로운 삶을 누릴 수 있

▼ 땀집 가까이 개울로 나가는 독dock과 탈의실이 있다.

다. 마음 내키는 대로 잠을 자거나 책을 보거나 자연을 감상할 수도 있다. 게다가 부처의 말씀대로 물욕을 잠재우는 법을 배우게 된다.

나는 때때로 생활양식에 대해 현대인이 어떤 개념을 갖고 있는지가 궁금해진다. 사람들은 표류하는 삶에서 모든 것을 지키려고 애쓰면서도 그 때문에 어쩔 줄 몰라하는 것 같다. 아마도 그 딜레마에 대한 해답은 사는 방식 자체에 있는지도 모른다. 건축에서는 집이 그런 존재다. 내가 보기에 집은 짐이 아니라 삶의 궁극적인 기쁨이 되어야 한다.

— D. 프라이스

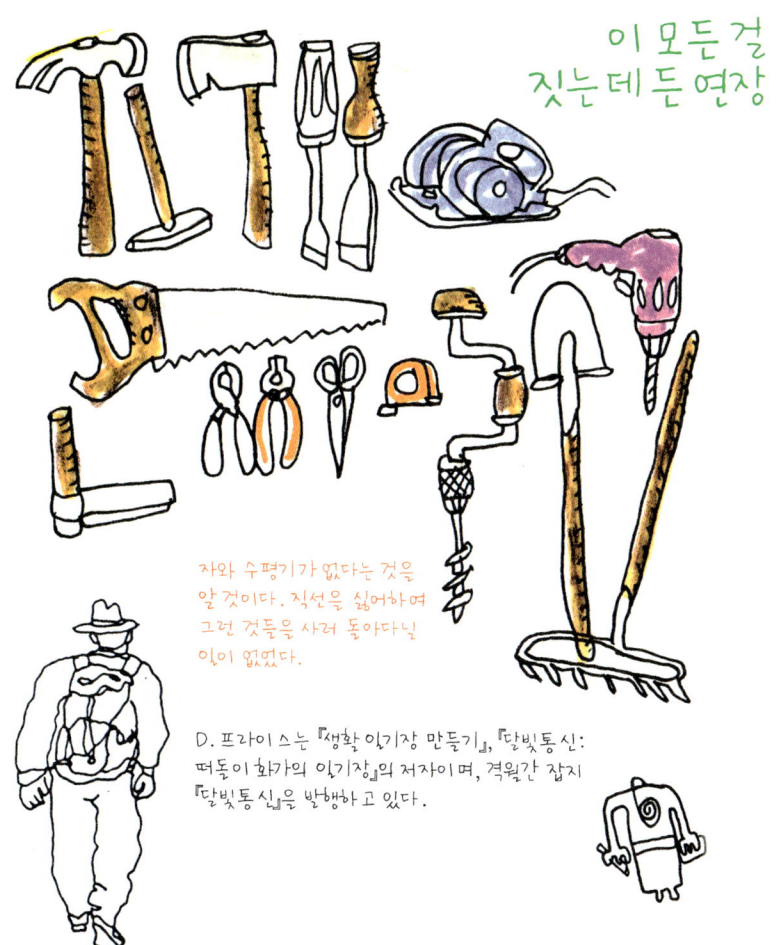

아메리카 선주민의 셸터

아메리카 선주민의 역사에서 가장 이해가 부족한 부분 중 하나가 그들의 다양한 거처와 집이다. 그들이 사용한 재료와 집의 모양과 크기는 사는 지역만큼이나 다양했다. 나무껍질이나 재목이나 목판이나 너와, 풀이나 갈대, 나무토막이나 짚, 동물의 모피나 가죽, 얼음이나 눈, 이엉이나 거적을 쓰는가 하면 흙, 돌, 어도비, 진흙, 그리고 통나무나 장대를 쓰기도 했다. 잔가지나 큰 가지, 나중에는 캔버스까지 널리 다양하게 이용되었다. 모든 지역에서 단독주거와 공동주거가 지어졌다. 이웃한 부족들끼리 같은 재료를 쓰면서도 완전히 다른 유형의 건물을 지은 경우도 많았다. 나무껍질, 널빤지, 어도비, 거적은 작은 거처나 여러 가구가 함께 사는 복합주거에 공통적으로 쓰였다. 장대와 너와로 지은 집이 나뭇가지와 장대, 또는 거적으로 지은 집 옆에 있기도 했다. 지면에서 띄워 짓는 방식은 북부, 북서부, 평원, 남동부에서 이용되었다. 돔은 거의 모든 지역에서 흔했는데, 그것은 반 동굴형 셸터, 지하 구조물, 돌이나 바위로 지은 건물의 경우도 마찬가지였다. 티피와 위그웸 wigwam은 여러 지역에서 다양한 재료로 지어졌다.

크고 복잡한 구조물들이 아메리카에 근대적 도구가 도입되기 전에 이미 여러 세기 동안 지어졌다. 아메리카 선주민들의 기술과 독창성을 발휘하여 여러 지역에 크고 오래가는 구조물을 만들어 냈는데 유럽, 아시아, 아프리카, 남태평양 건물들과의 유사성을 비교해볼 만한 가치가 충분히 있다.

—윌리엄 리스크 William M. Rieske

2세 때 윌리엄 리스크는 '제한된 자금력'으로 여생을 '인디언 시대의 아메리카' 연구에 바치기로 했다. 그는 아내 벌라의 도움을 받아 아메리카 선주민에 관한 84장의 독특한 포스터를 만들었다. 주제는 유타의 암벽화에서부터 나바호족의 염색, 그리고 에스키모의 가면과 공예품에 이르기까지 광범위했다. 여기 소개된 독특한 지도는 아메리카 선주민의 풍부한 거주 유형을 잘 보여준다. 1982년에 리스크는 아메리카 선주민 문화에 관한 연구의 공로로 해스켈 인디언 주니어스쿨에서 명예박사학위를 받았다.

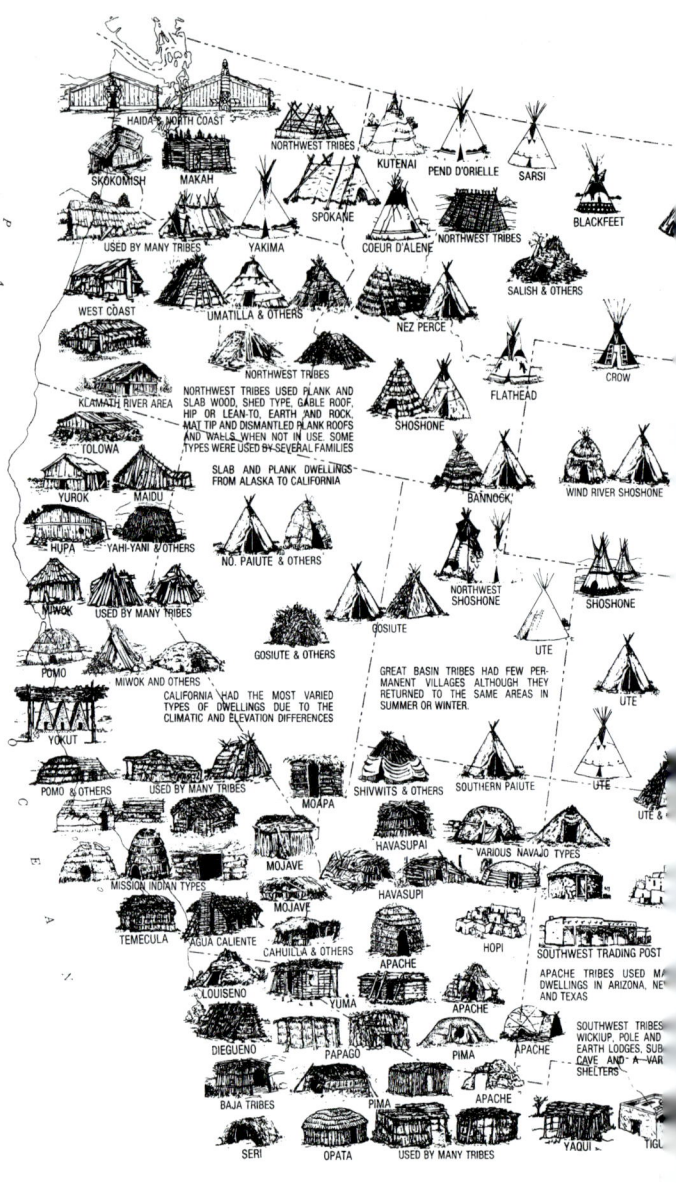

아메리카 선주민의 건축

밥 이스튼과 피터 나보코브는 1989년에 백인 이전의 북미에 관한 결정판이라 할 수 있는 『아메리카 선주민의 건축 Native American Architecture』이라는 책을 펴냈다. 이 책은 대륙 전역에 걸쳐 선주민 건물이 얼마나 풍부하고 다양했는지 보여주며, 건물의 설계에 영향을 준 고대의 사회관습이나 우주론적 세계관, 의례생활을 다루고 있다. 또 여기서도 일부 소개된 바와 같이 귀한 옛 사진과 밥의 뛰어난 그림이 풍부하다.

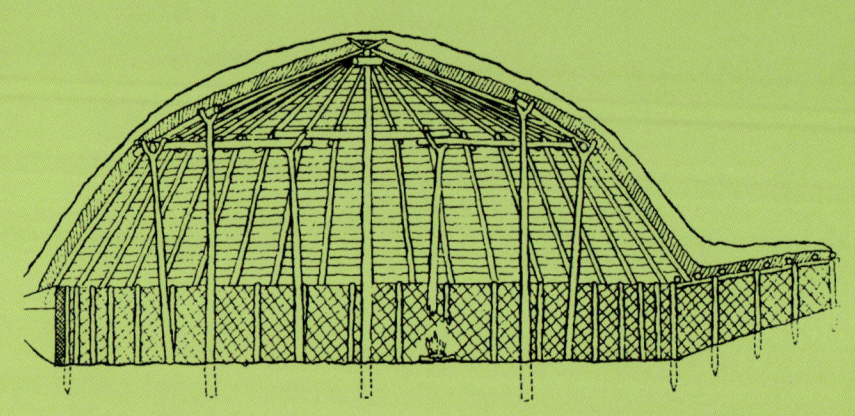

패트윈 족(캘리포니아)의 의식용 흙집은 중심기둥을 세우고, 지붕에 10센티미터 두께의 흙을 덮었으며, 폭이 때로는 12~18미터 정도였다.

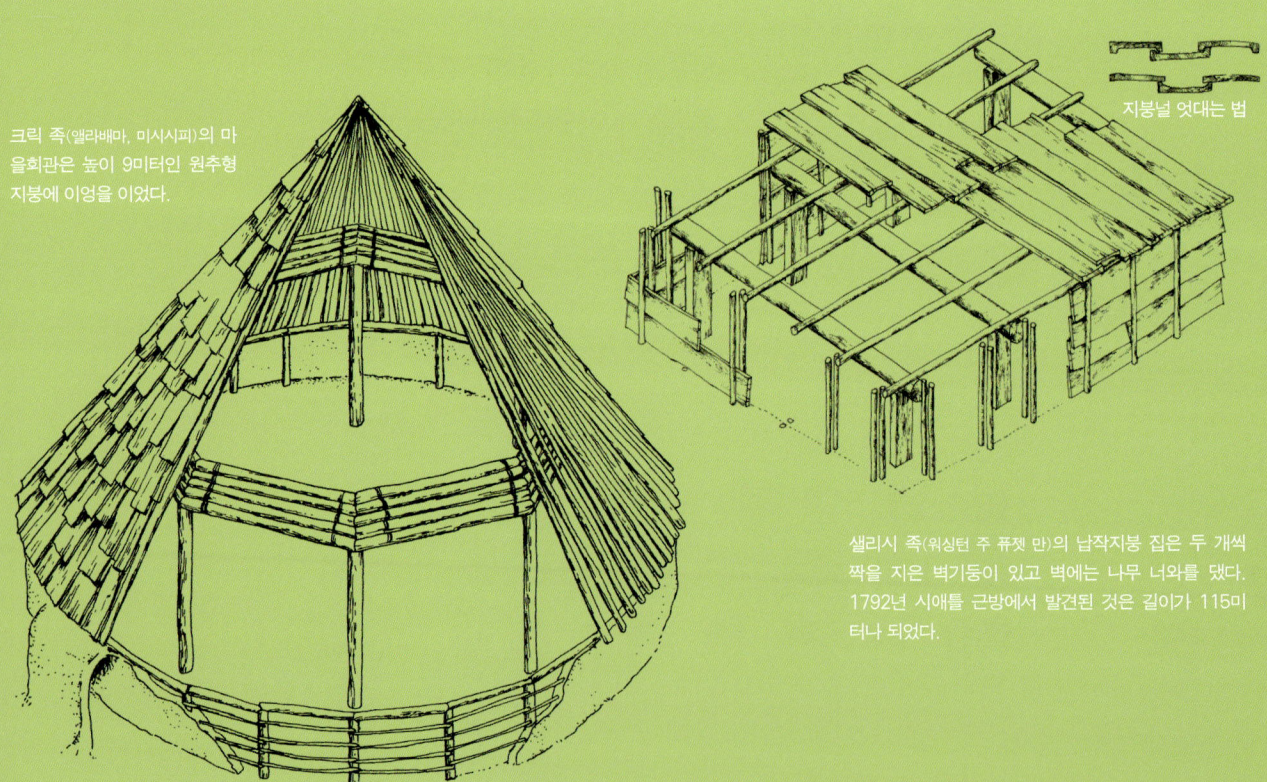

크릭 족(앨라배마, 미시시피)의 마을회관은 높이 9미터인 원추형 지붕에 이엉을 이었다.

지붕널 엇대는 법

샐리시 족(워싱턴 주 퓨젯 만)의 납작지붕 집은 두 개씩 짝을 지은 벽기둥이 있고 벽에는 나무 너와를 댔다. 1792년 시애틀 근방에서 발견된 것은 길이가 115미터나 되었다.

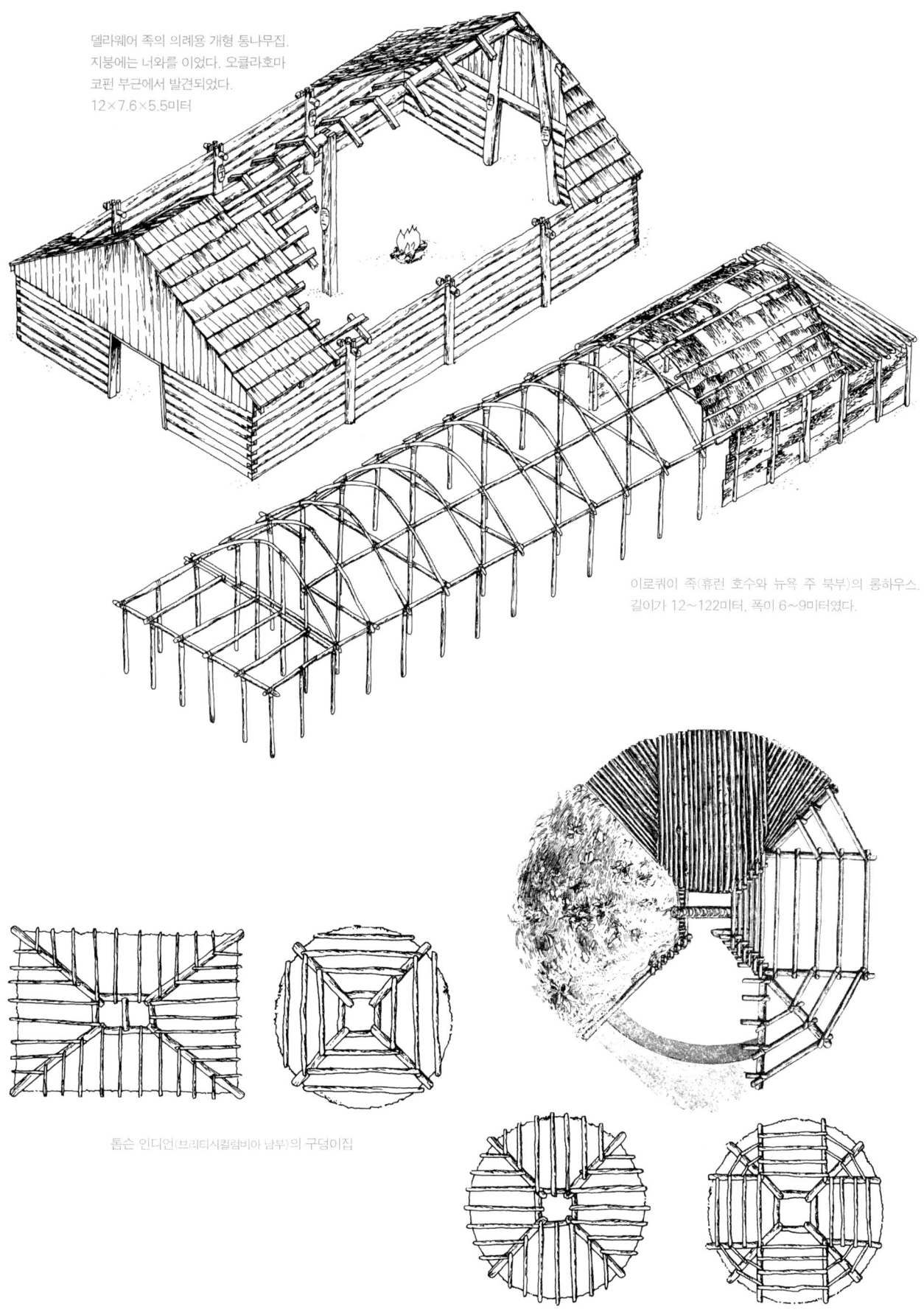

델라웨어 족의 의례용 개형 통나무집.
지붕에는 너와를 이었다. 오클라호마
코핀 부근에서 발견되었다.
12×7.6×5.5미터

이로쿼이 족(휴런 호수와 뉴욕 주 북부)의 롱하우스.
길이가 12~122미터, 폭이 6~9미터였다.

톰슨 인디언(브리티시컬럼비아 남부)의 구덩이집

톰슨 족과 그 밖의 브리티시 컬럼비아 부족들의 구덩이집 pit house 지붕 뼈대

가볍게 살기 ● 285

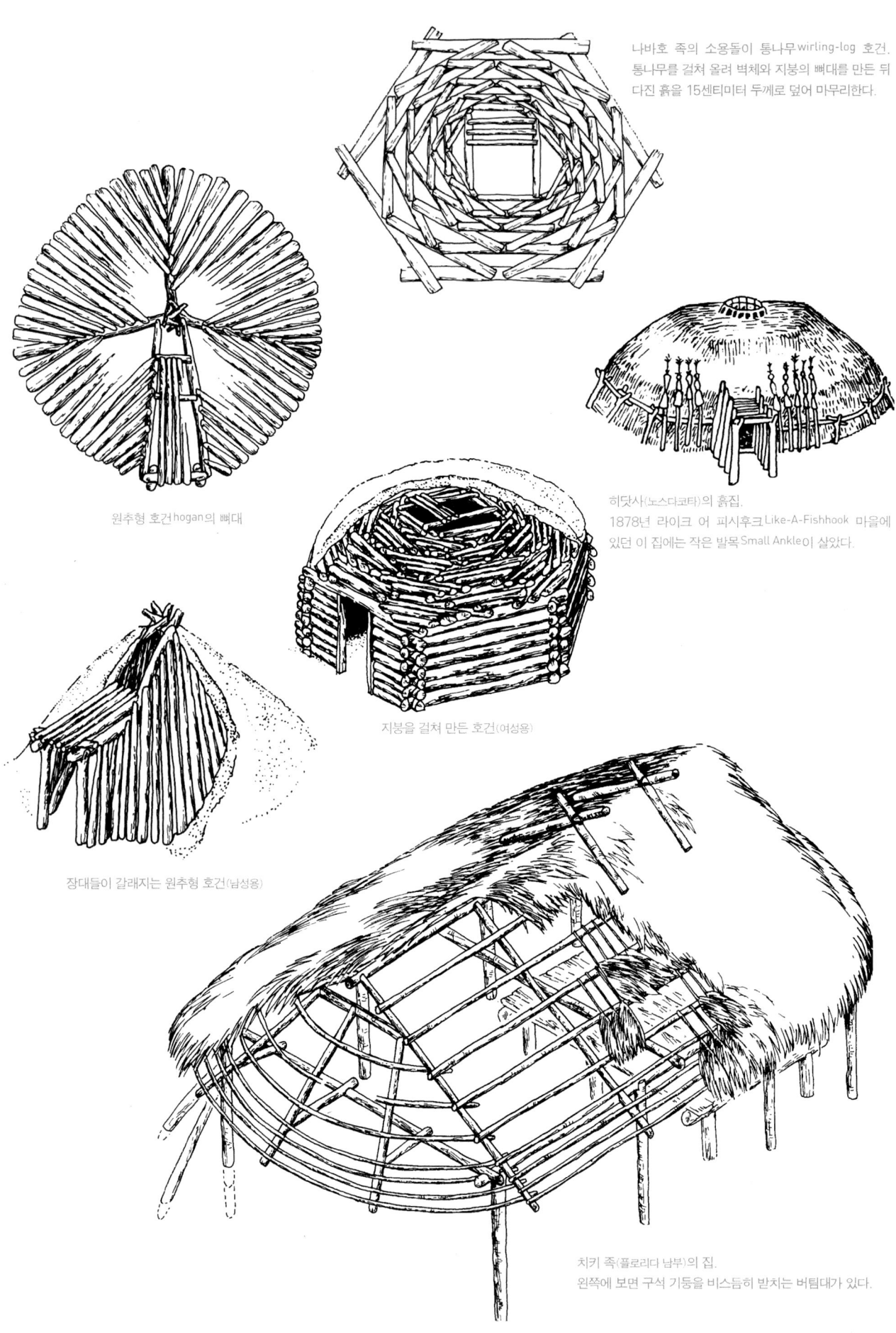

나바호 족의 소용돌이 통나무 wirling-log 호건.
통나무를 걸쳐 올려 벽체와 지붕의 뼈대를 만든 뒤 다진 흙을 15센티미터 두께로 덮어 마무리한다.

원추형 호건 hogan의 뼈대

히닷사(노스다코타)의 흙집.
1878년 라이크 어 피시후크 Like-A-Fishhook 마을에 있던 이 집에는 작은 발목 Small Ankle이 살았다.

지붕을 걸쳐 만든 호건(여성용)

장대들이 갈래지는 원추형 호건(남성용)

치키 족(플로리다 남부)의 집.
왼쪽에 보면 구석 기둥을 비스듬히 받치는 버팀대가 있다.

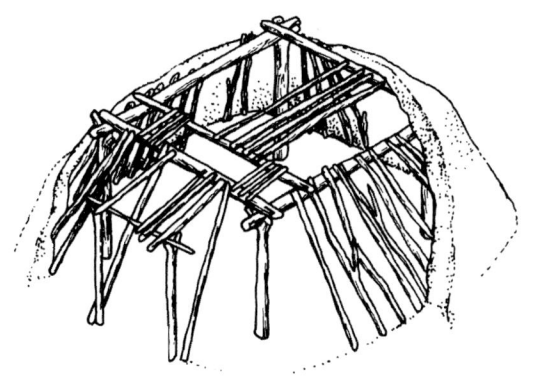

네 벽면이 경사진 통나무 호건

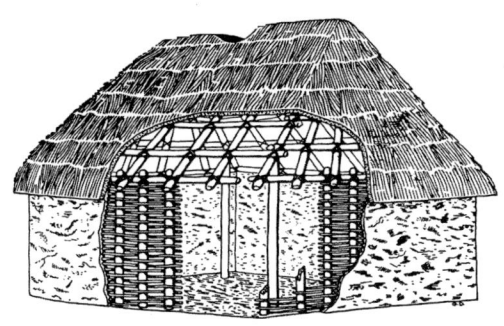

남동부에 있는 선사시대의 주거.
장대를 고랑에 박은 뒤 윗가지를 만들어 흙을 발라 벽을 세웠으며, 지붕은 이엉을 이었다.

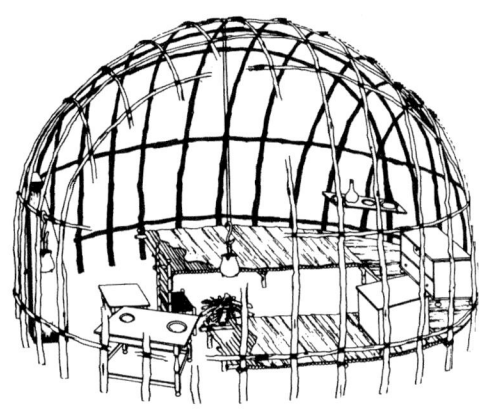

키카푸 족의 위그왬 뼈대.
6.1×4.3×2.7미터.
오늘날 멕시코 나카미엔토와
텍사스 이글패스에 지었다.

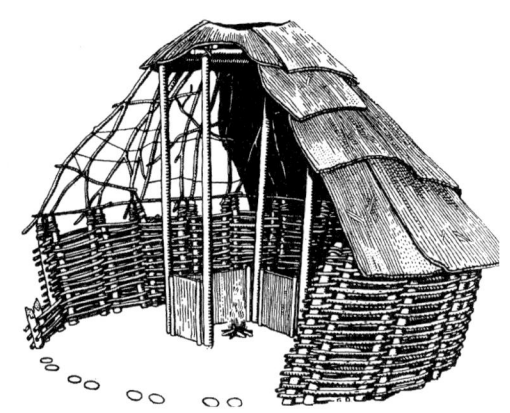

아데나 족(오하이오 강 유역)의 원형집.
장대가 밖으로 기울어진 게 특징이다.
폭이 6~21미터.

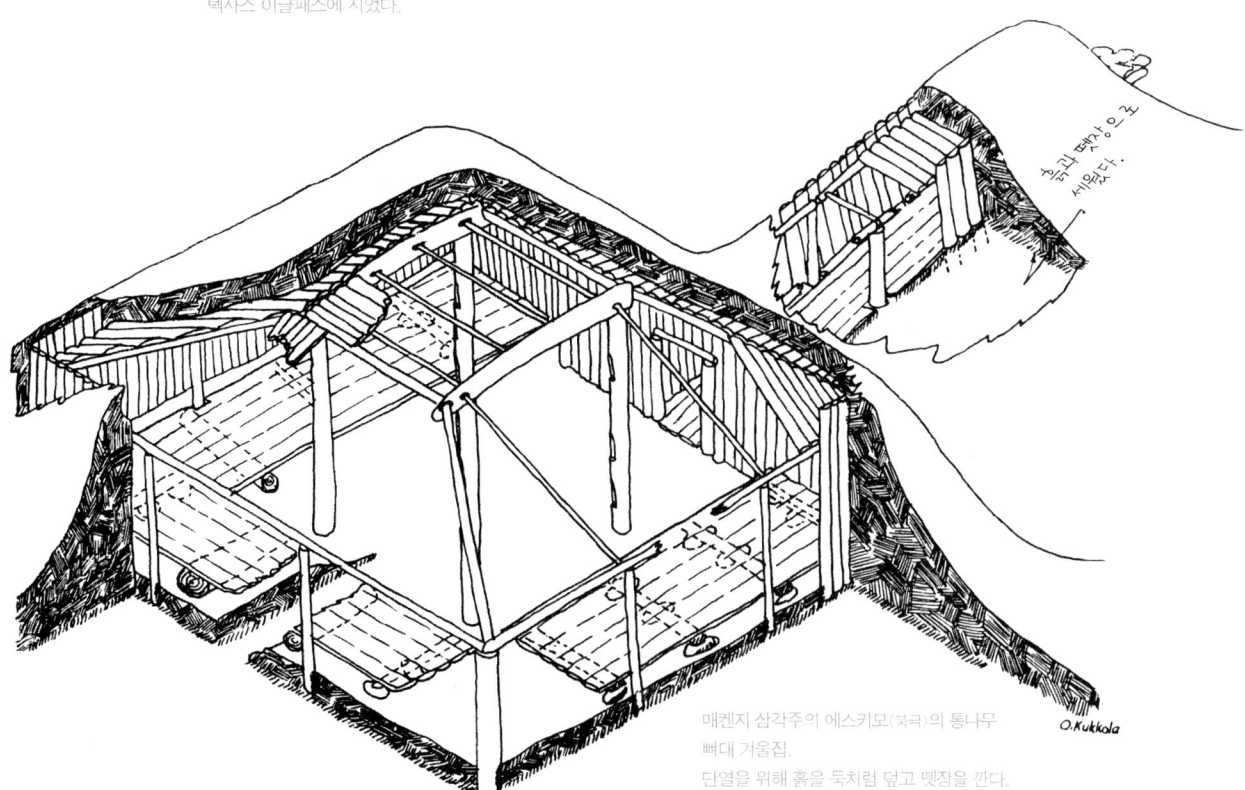

매켄지 삼각주의 에스키모(북극)의 통나무
뼈대 겨울집.
단열을 위해 흙을 둑처럼 덮고 뗏장을 깐다.

가볍게 살기 ● 287

티피

살기 위해 가장 필요한 의식주 중에서 셸터는 겨울에 가장 급하고 절실한 것이다. 사람은 먹지 않고 한 달을 살 수 있으며 물 없이 일주일을 살 수 있지만 눈보라치는 와이오밍의 겨울밤은 셸터 없이는 아침까지 살아남을 수가 없다.

아메리카 선주민들의 셸터 가운데 가장 아름다운 티피 모양은 바로 그 기능성에서 비롯된다. 기능성이란 눈이 많고 바람이 세며 몹시 추운 지역에서, 필요하다면 겨울 내내 지내기 적당한 따뜻하고 편리한 거주공간을 신속히 제공하는 것을 말한다. 그것이 가능한 것은 티피 안에 모닥불을 피우고 연기를 적절히 빼낼 수 있는 환기장치가 있기 때문이다. 모닥불은 따뜻함과 빛과 음식조리에 필요한 열을 제공해준다. 불이 피어오르고 숯이 발갛게 빛나면 안에 있는 사람들의 마음도 흐뭇해지며, 조용히 생각에 잠기거나 재미난 이야기를 하기에 좋은 분위기가 조성된다.

또한 원뿔형 지붕은 경사가 가파르기 때문에 눈이 집을 짓누를 정도로 쌓이지 않고 미끄러져 내리며, 바람이 집을 쓰러뜨리지 않을 정도로 비켜가게 된다. 더군다나 티피는 빨리 세울 수 있다. 예컨대 해가 지평선에 걸려 있을 때쯤 세우기 시작하면 별이 반짝이기 전에 조리용 모닥불을 피울 수 있다. 밤에 좀 떨어져서 티피를 보면 초롱불처럼 예쁘게 깜빡거린다. 그러다 해 뜰 무렵이 되면 캠프를 금세 해체하여 아침햇살에 서리 사라지듯 없어져버린다.

30년 전에 나는 '노마딕스 티피 메이커스'라는 회사의 티피를 사서 해발 2,700미터의 콜로라도 대륙분수령에서 겨울을 두 해 난 적이 있다. 잘 만든 수제 티피 덕분에 혹독한 조건에서도 몸과 마음 모두 편안할 수 있었다.

티피는 정말 실속 있는 주거 형태이다.

http://www.tipi.com/

—로버트 르완도스키 Robert Lewandowski

09

헛간

나는 헛간을 사랑한다. 헛간은 실용적인 목적으로(일을 해야 하니까!), 경제성에 따라, 그리고 위치와 날씨를 고려하여 지어진다. 그리고 또 하나, 헛간은 무엇보다 아름답다! 헛간에 가면 뼈대를 볼 수 있다. 기둥, 너와, 버팀대, 서까래, 중도리가 잘 드러나 있다. 그리고 하나같이 완벽하다. 그야말로 경제성의 건축이라 하겠다. 나는 시골로 갈 때마다 헛간을 찾아다닌다. 대개 한적한 곳에 떨어져 있거나 사람이 아무도 없는데, 그런 헛간에 들어가 짚더미에 앉아 내부를 보고 감탄하며 사진을 찍는다. 나에게는 성전과도 같은 곳이다. 여기 내가 찾아낸 헛간을 소개한다.

Barns

여기에 있는 헛간 세 채는 랜디와 루앤 퀸의 것이다. 지붕은 손으로 쪼갠 너와고, 벽은 거칠게 켠 삼나무 널빤지이다.

▲ 건초 다락. 서까래와 중도리와 손으로 쪼갠 지붕널이 가까이 보인다.

▲ 서까래는 16미터 길이의 삼나무 장대다. 폭이 17미터이고 길이는 23미터이다. 기둥도 나무줄기를 그대로 썼는데(중도리는 치수가 규격화된 것이다) 이 말은 헛간 재료가 주로 제재소를 거치지 않은 것들이라는 뜻이다. 헛간의 크기는 반대편 끝 트인 부분에 서 있는 피터를 보면 알 수 있다.

워싱턴 주의 헛간

1973년에 나는 아들 피터(당시 12세)와 함께 캐나다 횡단 철도로 동부 해안으로 가기 위해 샌프란시스코에서 북쪽으로 올라갔다(216쪽 '노바스코시아'의 뒷부분 참조). 오클랜드에서 기차를 타고 가다 세계박람회가 열리고 있던 스포케인에 들르기 위해 시애틀에 내렸다. 역에서 가까운 여관에서 잠을 자고 히피 레스토랑에서 식사를 한 뒤 박람회에 가서 며칠을 보냈다. 그러고는 차를 빌려 다시 서부 해안으로 나가 밴쿠버로 가는 기차를 탔다. 시애틀로 가는 2번 간선도로를 타고 가다 보니 곧 선택을 잘했다는 것을 알게 되었다. 그곳은 시골이었고 길가에 헛간이 꽤 있었던 것이다. 내가 좋아하는 일 중에 하나는 시골길을 다니면서 독특한 농장 건물을 찾아보는 것이다. 농민들은 내가 사진 찍는 것을 보더니 인근의 헛간에 대해 이야기해주었다.

5번 간선도로로 접어들면서 서쪽으로 우회하여 올림픽 반도를 거쳐 세킴을 지나 경치 좋은 포트타운센드로 가기로 했다. 사진을 찍는 입장에서 그것은 잘한 선택이었다. 그 일대는 낙농업을 주로 하는 시골이라 길가에 아름다운 헛간이 많았다.

▲ 대규모 건초용 헛간은 우아한 일본식 지붕을 이고 있다.

▲ 잘 지은 통나무 헛간. 갬브럴 지붕 헛간은 물매가 일직선인 지붕에 비해 다락에 머리 위 공간을 더 많이 제공한다.

여기 이 독특한 헛간은 비어 있다. 벽은 콘크리트를 부어 만들었고 지붕의 곡선이 우아하다.

헛간 ● 293

캘리포니아의 농가 건물

여기 소개하는 사진은 오래전부터 노던캘리포니아 해안과 시골 일대를 숱하게 오가다 찍은 것들이다. 다음에 나오는 웅장한 헛간들과는 다르지만 단순하면서 기품이 있다. 눈이 내리지 않기 때문에 이곳의 헛간은 초경량 설계이며 실용성이 중요하다. 모양도 짓는 법도 배울 것이 많으며 격조도 있다.

멘도시노 카운티

▶ 멘도시노 스타일은 지붕 내물림이 없는 구조로, 시 랜치Sea Ranch 콘도 개발 때 어설픈 모방의 원형이 되었다.

▲ 이 균형 잡힌 헛간은 캘리포니아 데이비스 북부 5번 간선도로 앞에 있다. 처마 선이 처지지 않고 곧은 것을 보라. 그만큼 기초가 잘 잡혀 있다는 뜻이다.

▲ 멘도시노 카운티

▲ 소노마 카운티

▲ 분빌 근처의 헛간. 위에 떠 있는 느낌이다.

▲ 빅서 남쪽에 있는 날개 달린 마구간

▲ 멘도시노 카운티

헛간 ● 295

▲ 캘리포니아 산타마리아의 101번 간선도로 옆에 있는 팔각형 헛간

▲ 유타의 팔각형 통나무 헛간. 큰 지붕탑 cupola이 인상적이다.

원형 헛간

원형 헛간은 드물다. 직각으로 짓는 것보다 어려우며, 내부 공간을 나누려면 파이를 자르듯해야 하기 때문이다. 미국에서 가장 유명한 원형 헛간은 매사추세츠 핸콕에 있는 셰이커교도의 웅장한 석조 헛간이다. 에릭 슬론 Eric Sloane은 『헛간의 시대 An Age of Barns』라는 책에서 원형 헛간의 설계는 "마귀가 구석에 숨지 못하도록 하기 위해 고안된 것"이라고 한다. 여기서 미국의 원형 목조 헛간과 팔각형 헛간을 소개한다.

오리건의 원형 헛간. 가운데 있는 사일로(곡식저장탑)에서부터 방사형으로 뻗어 있는 트러스(아래 두 사진)는 못으로 고정한 것이다.

오리건의 외딴 사막에 있는 피터 프렌치의 30미터 폭 원형 헛간

카우보이의 성전

오리건 동부를 거쳐 남쪽으로 차를 몰던 어느 날 아침, 나는 라그란데에 차를 세우고 작은 집들의 사진을 찍었다. 잔디에 물을 주러 나온 노인이 한 분 있었다. 나는 그에게 건물에 관심이 많으며 특히 헛간이 그렇다고 했다. 그는 "그러면 원형 헛간을 보러 가야지."라고 했다. 그 원형 헛간은 100년 전에 지은 아주 큰 건물이며, 오리건 남동부의 프렌치글렌이라는 작은 마을 가까이 있다고 했다. 그러면서 집에 들어가 사진을 한 장 가지고 나왔다. 아름다운 건물이었다.

나는 남쪽으로 몇 시간을 달리다가 맬후어 야생동물보호구역까지 갔고, 거기서 드문드문 있는 작은 이정표를 따라 원형 헛간을 찾아갔다. 처음 봤을 때는 너무 작아 보였는데, 아마도 주변 경관과 너무 잘 어울렸기 때문일 것이다. 멀리서 보니 작은 원추형 건물이 들판 위로 솟아 있는 것만 같았다. 그러나 가까이 다가가서는 깜짝 놀라고 말았다. 건물이 웅장하고 완벽했던 것이다. 드넓은 들판 끝부분과 완만한 언덕 가장자리에 자리 잡은 건물이었다. 안에 들어가서 기하학적 세부를 갖춘 둥근 뼈대 밑에 서 있으니 전율이 느껴졌다. 나무를 다룬 솜씨는 최상의 수준이었고, 공간은 묘한 여운을 주었다.

나는 혼자 몇 시간을 그곳에 있으면서 뼈대를 살펴보고 사진을 찍었다. 얼마 뒤 픽업트럭 한 대가 오더니 젊은 사람 셋이 내렸

▲ 헛간 안에 있는 6미터 폭의 마구간은 추운 겨울에 말을 두기 위한 공간이었다.

▲ 어안렌즈로 본 지붕 뼈대.
크게 두 구역으로 나뉘어 있다.

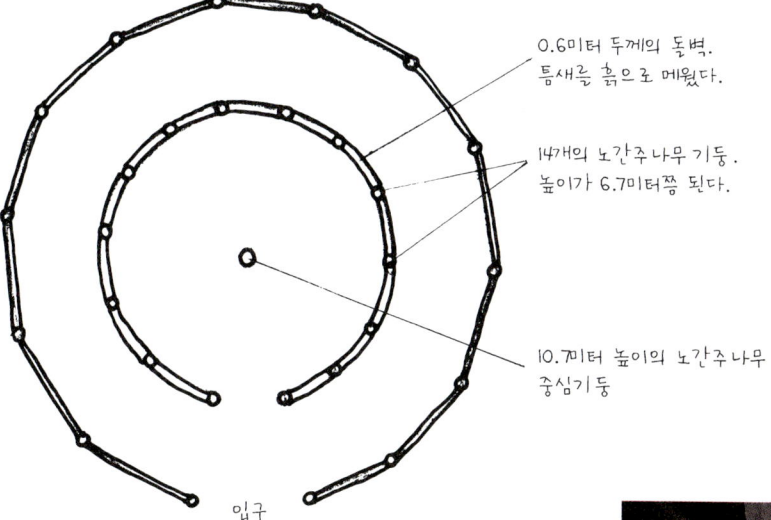

0.6미터 두께의 돌벽.
틈새를 흙으로 메웠다.

14개의 노간주나무 기둥.
높이가 6.7미터쯤 된다.

10.7미터 높이의 노간주나무
중심기둥

입구

바깥벽과 중간벽 사이의 통로로
말들이 막힘없이 다닐 수 있었다.

빌더의 노트

▶ 모든 게 여기로 집중된다.

다. 그들은 인근에서 온 말을 타는 사람들로 헛간을 구경하러 왔다고 했다. 그들도 건물의 역사를 알고 있어, 우리는 지은 지 100년이 지난 건물이 상태가 그토록 완벽한 것에 대해 이야기를 나누었다. 그러던 중 마이크가 "어제까지 쓰던 건물 같아요."라고 했다.

✳   ✳   ✳

1872년 6월, 스물세 살의 피터 프렌치는 캘리포니아 새크라멘토에서 1,200마리의 엄선된 뿔이 짧은 소와 여섯 명의 멕시코인 바케로(카우보이), 그리고 한 명의 중국인 요리사를 데리고 오리건으로 떠났다. 레딩 아니면 치코에서(추측해서) 새크라멘토 강을 건넌 그들은 북쪽으로 향해 가다가 오리건 동부의 캣로우밸리까지 갔다. 거기서 프렌치는 포터라는 광산개발업자를 만났다. 형편이 좋지 않았던 포터는 얼마 안 되는 소떼를 프렌치에게 팔았다. 포터는 소떼와 함께 스틴스 산 서쪽에 살 수 있는 거주권과 자신의 'P' 브랜드(낙인)도 넘겨주었다. 프렌치는 일대를 더 찾아다니다 북쪽에서 기름진 골짜기를 발견할 수 있었다. 그곳은 스틴스 산 서쪽에서 녹아 흐르는 물이 65킬로미터을 구불구불 돌아 맬후어 호수까지 가면서 싱싱한 풀을 길러내는 블리츤밸리였다.

프렌치는 점점 더 많은 땅과 소, 그리고

말을 사들이면서 사업을 빠르게 확장해갔다. 그리고 캘리포니아의 목축업자 휴 글렌의 지원을 받아 프렌치-글렌 목축회사를 설립했다. 일대에서 자라는 풀로 건초를 만들어 쌓고, 울타리를 세우고, 골짜기에 배수로와 관개시설을 만들고, 더 많은 바케로와 카우보이를 데려오고, 많은 야생마를 잡아 길들였다.

프렌치의 목축 제국은 전성기에 8만여 헥타르의 땅을 아우르고 45,000마리의 소떼를 길렀는데, 이는 로키산맥 서부에서 가장 큰 업체 가운데 하나였다. 1870년대 말 또는 1980년대 초에 프렌치는 겨울철에 말을 부리기 위한 원형 헛간을 세 채 지었다. 여기에 소개된 것은 마지막 헛간으로 그 규모가 대단하다. 지름이 30미터이며, 원추형 지붕의 뼈대를 지지하는 노간주나무 중심기둥은 높이가 11미터나 된다. 바닥 부분의 굵기가 1미터이고 위로 갈수록 조금 가늘어진다. 중심기둥 둘레에 열네 개의 노간주나무 기둥이 더 있고, 제일 바깥 둘레에 2.5미터 높이의 기둥들이 외벽을 이룬다.

프렌치는 파트너인 휴 글렌의 아름다운 딸 에마와 결혼했다. 그는 에마를 위해 경치가 아름다운 자리에 크고 시설 좋은 '화이트하우스'를 지어주었다. 집 앞으로 도너 강과 블리츤 강이 흐르는 터였다. 하지만 남자 밝히고 사람 좋아하는 에마는 대도시 샌프란시스코의 밝은 불빛을 좇아 프렌치의 곁을 떠나버렸다.

프렌치는 작은 덩치에 콧수염을 길게 기른 사람으로 목장 경영 수완은 아주 좋았으나 주변 농민들을 거칠게 다뤘다. 1897년 크리스마스 다음 날, 프렌치는 에드 올리버라는 농부와 싸움이 붙었다. 화가 난 올리버가 프렌치의 머리를 쏴버리는 바람에 그는 48세의 나이로 숨지고 말았다.

피터 프렌치는 유능한 목축업자이기만 한 게 아니었다. 그는 골짜기의 습지를 목축용으로 간척하면서 철새들의 서식지를 개선했다. 지금도 이곳에는 봄가을이면 많은 철새가 찾아온다.

지금도 계속되는 옛 방식

2003년 봄에 이 책에 필요한 사진을 찍기 위한 마지막 여행을 떠나 오리건 유진 부근의 시골로 차를 몰고 갔다. 이안토 에반스와 린다 스마일리의 흙집을 촬영하기 위해서였다(134쪽 참조). 도중에 메드퍼드 근처에서 친구 빌과 주디 펄을 만나러 잠시 들렀다. 그들과 함께 근처 카페에서 아침을 먹으러 시골길을 달리다가 건축 중인 헛간을 발견했다. 보기가 아주 좋았다. 주디는 그 헛간의 빌더가 메드퍼드 일대에서 헛간을 많이 지어본 사람인데, 모두 목조 뼈대에 장부맞춤 방식을 쓴다고 했다. 구미가 당기는 소리였다. 아침을 먹고 나서 헛간으로 돌아가 빌더인 크리스토퍼 뷔클러 Christoph Büchle 를 만났다. 그는 벽널을 달고 있었다.

"쇠못을 전혀 안 쓰셨나요?" 내가 물었다. 그는 구조물 전체가 나무못을 써서 세운 것이며, 뼈대에 쇠못이나 볼트를 쓰지 않았다고 했다. 모든 기둥과 보에는 끌로 로마숫자가 표시되어 있었고, 그것을 크리스토퍼의 집 뜰로 옮겨와서 조립하는 방식이었다. 이렇게 번호를 매겨놓으면 나중에 헛간을 옮길 경우에도 좋다고 했다. 이 헛간은 11×11미터 크기였다.

주변에 모터 달린 공구(기계톱이나 못총)가 전혀 없는 것으로 보아 모든 뼈대와 너와를 손연장으로만 처리했음을 알 수 있었다. 게다가 모든 재목이 가까운 곳에서 난 것이며, 그것도 대부분이 벌레나 가뭄 때문에 죽어가는 전나무를 이용한 것이었다. 더구나 재목은 숲에 있는 제재소에서 켠 것이어서 나무에서 현장의 재목으로 쓰이기까지 사용된 연료량도 최소한이었다. 2003년에 아주 보기 드문 방식 아닌가!

크리스토퍼가 벽널을 대는 동안 지붕에서는 두 사람이 금속판 지붕널을 이고 있었다. 그들은 드릴총을 썼다. 아름다우면서 향기 좋고 느낌도 좋은 건물이었다. 게다가 지역에서 난 재료를 쓰고 주변 경관과 잘 어울리니 더 좋았다.

나는 크리스토퍼에게 전에 무엇을 했느냐고 물어보았다.

"벌목일을 했지요. 언제나 나무일을 했습니다. 가구든 건물이든 늘 나무로 하는 일이었지요." 그는 1983년부터 메드퍼드 일대에서 장부맞춤식 헛간을 짓기 시작했고 이번이 열 번째였다.

왜 전동 공구 같은 걸 안 쓰느냐고 물어봤더니, 단순한 방식이 매력 있기 때문이라고 했다. 전기에 의존하지 않는 게 좋을뿐더러 옛 방식을 계속 살리는 게 마음에 든다고 했다. 🏠

헛간 ● 303

존 웰스의 만달라를 닮은 목조 마구간, 코네티컷 서부에 있다. 길이가 130미터, 면적은 1,600평이나 되는 대형 건물이다. 모든 목재는 전나무이다.

못을 써서 세운 헛간. 캘리포니아 윈터스 부근의 새크라멘토밸리에 있다. 안타깝게도 많은 옛 헛간들이 운명을 맞이하고 있다.

Old Buildings

10 옛 건물

성스러운 것이건 세속의 것이건 건물에서 지붕만큼 짓는 데
더 많은 기술과 장식이 들어가는 부분은 없다.
많은 교회 건물들은 지금도 비길 데 없는 목수의 실력을
보여줌으로써 그런 사실을 입증해보이고 있다.

라파엘과 J. 아서 브랜든

이탈리아 북부의 석조 건물

▲ 이곳에 사람이 산다. 그것도 작물을 기를 만한 고도보다 높은 곳에서 겨우 살아간다. 집 지을 재료라고는 돌밖에 없다. 여기엔 어디서나 건물과 돌이 한데 어우러진다.

베르너 블라서 Werner R. Blaser는 건축가이자 사진가이며 작가로 건축이나 토목 관련 책을 꽤 많이 쓴 사람이다. 1977년에 그는 『돌이 나의 집』이라는 책을 펴냈다. 3개 언어로 된 이 책은 이탈리아와 스위스와 아일랜드의 석조 건물을 다룬 독특한 흑백사진과 그림이 많이 실려 있다. 여기서는 이탈리아 북부의 돌 건물 세 채와 내용 일부를 인용한다.

▶ 알프쎌바와 산로메로에서 모르타르 없이 쌓은 벌집처럼 생긴 돌집인 트룰리를 발견하게 된다. 둥근 원뿔형 돔인 트룰리는 샘 가까이 지으며 우유 저장고 역할을 한다. 이 돔은 고리 모양으로 돌을 쌓아올리되 점점 좁혀지도록 해서 아치 모양으로 마무리한다.

민간의 이 석조 건물이 뛰어난 점은 내부, 하중을 지지하는 구조, 그리고 집 전체의 모양이 이루는 조화이다. 이런 건물은 크기가 늘 사람에게 맞춰져 있어 사람과 공간이 하나가 된다.

쿰부(에베레스트) 지역의 딩보체(4,300미터) 근처에 있는 불교 승원

▼ 쿰부의 페리체(4,328미터)에서 티베트 쪽으로 바라본 전경

▲ 쿰부의 로부체(4,927미터)에서 돌아오는 짐을 싣는 동물 조

네팔 에베레스트

여름이면 나는 시에라네바다 산맥에서 노새 짐을 꾸리는 짐꾼 노릇을 했다. 1996년에 우리는 네팔의 한 등반 가이드로부터 네팔과 티베트의 히말라야 고지에서 짐승에 짐을 실어 떠나는 여행을 하자는 초대를 받았다. 1996년 가을, 우리는 자가트만 라마의 안내로 열흘 동안 티베트 고원을 지나 네팔의 카트만두로 돌아와서는 러시아 헬리콥터를 타고 에베레스트의 루클라(2,804미터) 지역으로 가는 여행을 떠났다. 루클라에서 우리는 짐을 싣고 에베레스트 산의 아랫자락까지 갔다. 짐은 야크와 소의 잡종인 '조zopjo'에 싣고 다녔다.

— 짐 메이시 Jim Macey

▲ 쿰부의 텡보체 승원(3,770미터)에 있는 돌무더기 지성소

▲ 에베레스트 산을 다녀오는 짐 실은 짐승들

텡보체 승원에서 에베레스트 산으로 가는 길

▼ 해발 4,572미터의 쿰부 빙하 아랫자락에 있는 여름철 목동들의 오두막과 돌 울타리

여름철 목동들의 오두막과 돌 울타리. 해발 4,572미터의 쿰부빙하 아랫자락

▶ 딩보체(4,300미터)의 목초지

▼ 루클라(2,804미터)에서 남체바자르로 가는 길에 있는 물레방아 지성소

▲ 티베트 접경 지역의 티베트인의 교역장인 남체바자르로 가는 길에 있는 구름다리

◀ 히말라야로 가는 길. 쿰부 지역의 템보체 부근

옛 건물 ● 313

목조뼈대 건물

여기에 나오는 그림과 글은 『중세 목조 뼈대 건물의 트인 지붕 The Open Timber Roofs of the Middle Ages』이란 책에서 가져온 것이다. 라파엘과 J. 아서 브랜든 Raphael and J. Arthur Brandon이 쓴 이 책은 1849년 런던에서 출간되었다. 여기에는 주로 영국 노포크의 작은 교회 건물의 다양한 지붕을 그린 아름다운 펜화가 많이 담겨 있다.

그림뿐만 아니라 지붕 폭이나 가로장과 서까래의 치수나 트러스 사이의 공간을 포함한 건축 세부사항이 소개되어 있다. 이 책은 1999년 캐나다에서 재판이 나왔다.

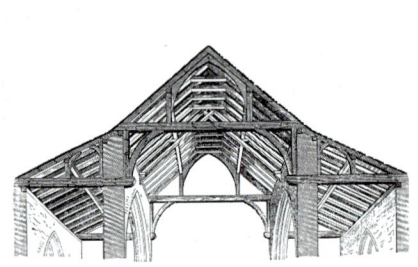
가로장 지붕

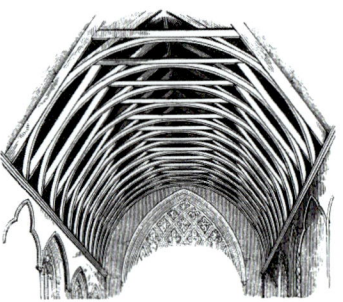
트러스형 서까래 지붕

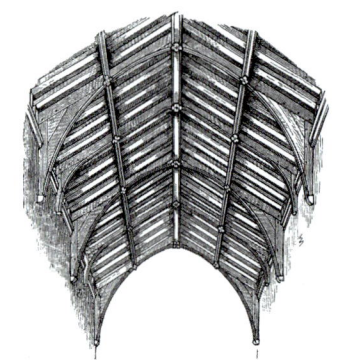
해머빔 지붕

연결보 및 버팀대 지붕

용어 해설

베이 bay
두 트러스(지붕을 받치는 삼각형 종단면 뼈대) 사이의 공간

버팀대 brace
지붕의 주요 재목에 장붓구멍을 내고 맞춘 굽은 재목. 지붕뼈대를 튼튼히 이어주는 역할을 한다.

연결보 collar-beam
트러스 위쪽에 수평으로 대어주는 재목. 트러스의 두 변(principal)을 받쳐주고 그것이 밖으로 벌어지지 않도록 묶어주는 역할을 한다.

해머빔 hammer-beam
지붕널과 벽이 만나는 부분에 직각으로 대는 재목. 홈을 판 서까래를 여기에 잇는다.

마룻대공 king-post
연결보와 지붕 꼭대기를 이어주는 짧은 기둥

가로장 tie-beam
벽과 벽 사이를 이어주며 서까래와 만나는 보

서포크의 리틀웨네섬 교회

지붕의 가장 단순한 초기 형태는 분명 두 서까래가 위에서 마주치는 형태였을 것이다. 그런데 이 방식은 금세 심각한 문제를 드러냈다. 그것은 서까래가 밖으로 뻗어나가는 경향이 있어 벽체 밖으로 돌출하기 쉽기 때문이었다. 그래서 가로장을 대주어 서까래와 만나게 해주는 방식이 생겨났고, 그 뒤로 이 방식은 건물의 역사에서 가장 오래된 지붕 형태로 남아 있으며 지금까지도 약간 변형되긴 했지만 널리 쓰이고 있다. 그리고 아치 천장 같은 것으로 지붕을 가릴 경우 이보다 더 나은 방식이 없다는 점도 알아야 한다.

"신성한 건물이 중세의 건축 찬미자들에게 제공하는 많은 아름다움 가운데 단연 돋보이는 것은 지붕에 나타나는 취향과 기술이다. 성스러운 것이건 세속의 것이건 건물에서 지붕만큼 짓는 데 더 많은 기술과 장식이 들어가는 부분은 없다. 많은 교회 건물들은 지금도 비길 데 없는 목수의 실력을 보여줌으로써 그런 사실을 입증해보이고 있다."

맨체스터 웜보섬의 세인트메리 교회
지붕 폭 6.6미터

노포크 스타스턴 교회
지붕 폭 6.7미터

노포크의 스토우바돌프 교회
지붕 폭 7.3미터

노포크 림펜호우 교회
지붕 폭 5.2미터

링컨서 네킹턴 교회의 포치
지붕 폭 3.3미터

옛 건물

목조뼈대 건물의 발견

1970년대 초에 나는 세계 각지에서 교사와 학생이 몰려드는 런던의 건축학교 AA 스쿨Architectural Association에서 리처드 해리스Richard Harris를 만났다. AA에서는 우주시대의 판타지에서부터 토착적인 것에 이르기까지 온갖 형태의 건축에 대한 연구와 토론이 이루어졌다.

리처드는 당시 대학원생으로, 16세기에서 18세기의 주택, 시골집, 헛간 등을 아름답게 그려내고 있었다. 1978년에 리처드는 『목조뼈대 건물의 발견Discovering Timber-Framed Buildings』이라는 책을 펴냈는데, 이 작은 책은 그의 멋진 펜화로 가득하다. 요즘 리처드는 영국 웨스트서식스에 있는 독특한 야외 건축박물관의 관장으로 있다.

http://www.wealddown.co.uk/

중세의 트인 홀

가운데를 틔우는 중세식 홀의 트러스

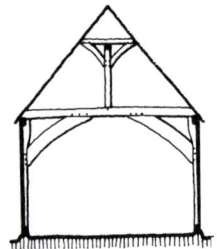 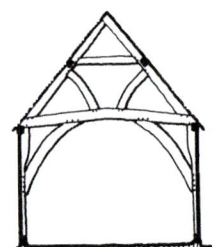 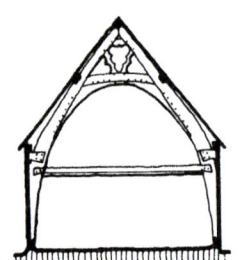 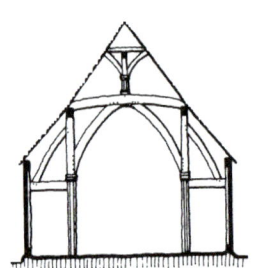 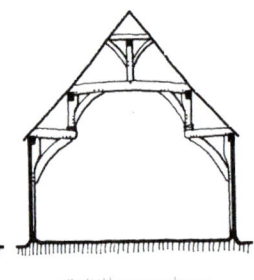

마룻대공 지붕   중도리 지붕   크럭 뼈대   측랑식aisled   해머빔 hammer beam

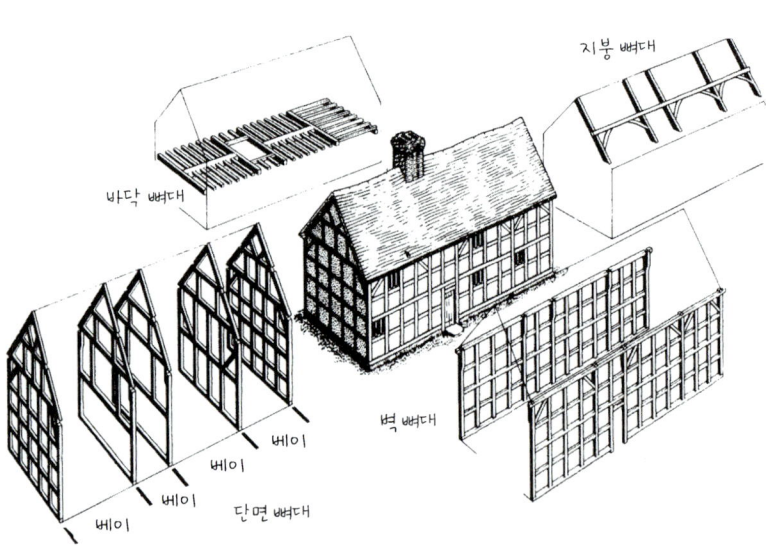

목조뼈대 건물: 베이와 뼈대

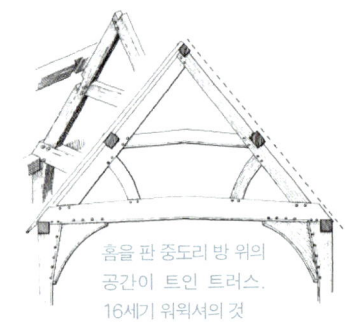

홈을 판 중도리 밑의 공간이 트인 트러스. 16세기 위위서의 것

홈을 파서 댄 중도리가 있는 트러스

이 책의 목적은 굵은 목재를 어떻게 맞추어 건물을 만들었는지를 보여주는 것이다. 여기서 말하는 건물이란 각자가 만든 것이 아니라 기술을 배우기 위해 오랫동안 도제 생활을 한 목수들이 만든 것으로 지금까지 남아 있는 건물을 말한다.

나무로 건물을 짓는다는 것은 연금술과 닮은 데가 있다. 연금술사 같은 목수는 기본이 되는 금속을 금으로 변화시키는 것이 아니라 나무를 들보나 도리로, 뼈대로, 건물로 변화시켰다.

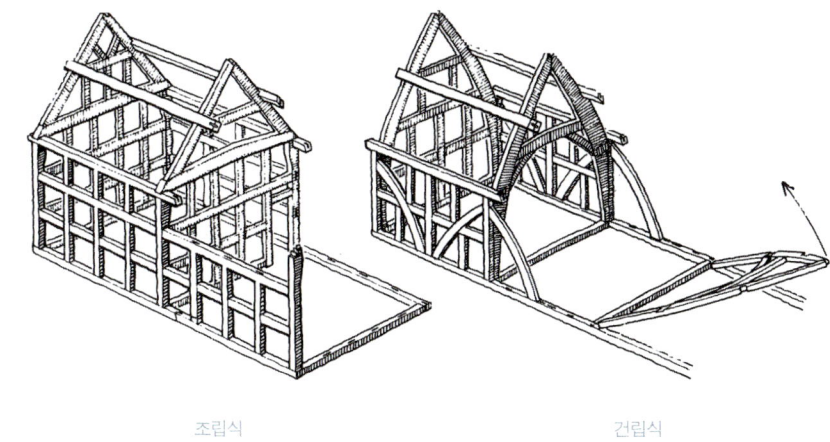

조립식   건립식

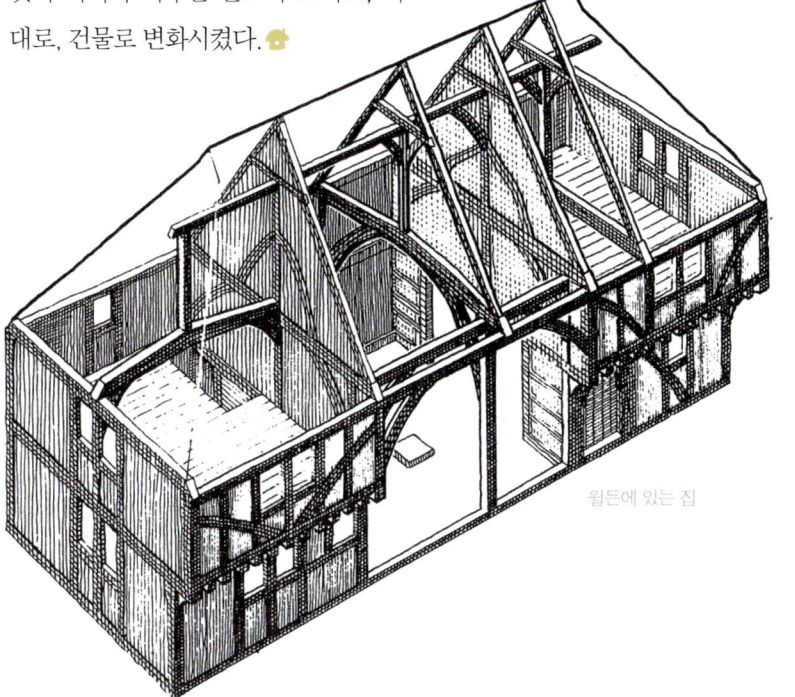

월든에 있는 집

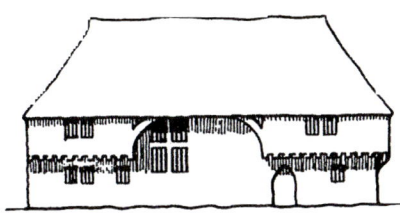

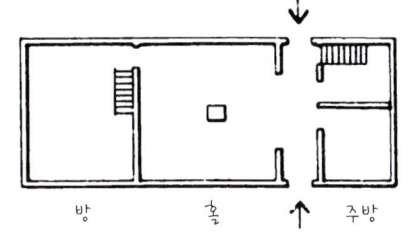

방   홀   주방

1450년경에 지어진 베이리프 bay leaf, 말린 월계수 잎 농가를 재현하는 중. 서식스 윌드 야외박물관

옛 건물 ● 317

헝가리의 야외 박물관

1991년에 나는 두 사람의 저자를 만나기 위해 부다페스트에 갈 일이 있었다. 이 때 문에 접촉하게 된 여행사 직원이 건물에 대한 내 관심을 알고 가까이 있는 센텐드레 야외박물관에 데려다주겠다고 했다. 1974년에 문을 연 이 박물관에는 헝가리 각지의 다양한 집 80여 채와 농장 건물 200여 채가 있었다. 사람이 거의 없는 조용한 오후에 그 길을 걸었는데 마치 18세기로 돌아간 기분이었다.

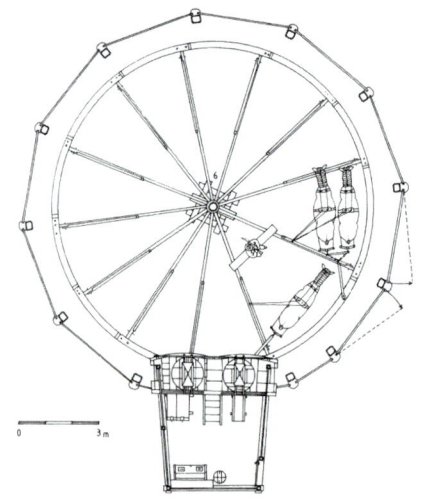

제분소의 평면. 가운데에 연자방아가 있다.

말이 연자방아를 끄는 바모소로시의 제분소. 원래는 1800년경에 만들어졌다.

헝가리 북동부 키스팔라드의 우사 및 오두막. 19세기 중반의 것이다.

▼ 접는 테이블과 의자

▲ 트란스다누비아 서부 레딕스의 집. 19세기 중반

▲ 헝가리 북동부 카스팔라드의 장작 저장고. 19세기 중반

▼ 트란스다누비아 서부 뵈켄드의 집. 19세기 중반

▲ 헝가리 북동부 카스팔라드의 헛간 기둥. 19세기 중반

옛 건물 ● 319

윌리엄 쿠퍼 회사

1970년대에 런던에 갔다가 한 헌책방에서 보물을 발견했다. 붉은 표지에 금색과 흰색으로 글씨를 쓴 작은 책이었다. 그것은 원예용 건물, 온상, 가금류 시설, 정자 등을 만드는 윌리엄 쿠퍼라는 회사의 카탈로그였다. 날짜는 없었지만 짐작컨대 세기가 바뀔 무렵의 것 같았다.

이 회사는 조립식 온실과 온상, 거위집, 토끼장, 구식 가구, 그리고 다양한 크기의 건물을 제조했다. 건물의 경우, 런던 공장에서 만든 부분 부분을 고객의 집으로 운송하여 조립하는 식이었다. 여기에 그 온실과 온상의 설계 일부를 소개한다. 100년 전의 것이지만 지금도 참고할 여지가 많다.

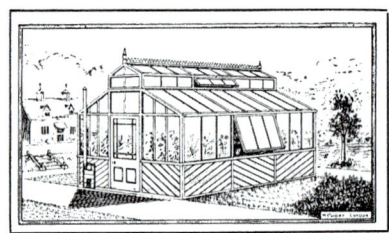 

 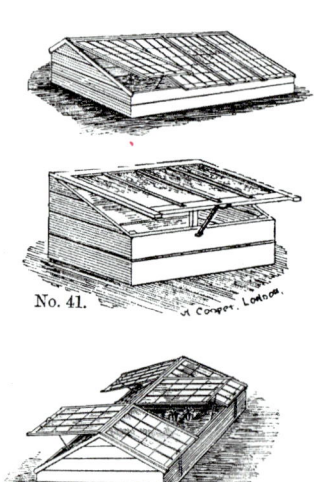 
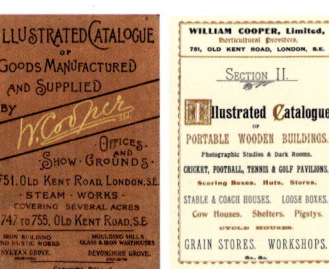
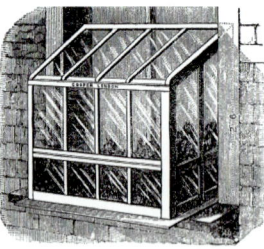

묵은 들판에서 새로운 옥수수가 해마다 난다는 말이 있듯이 묵은 책을 부지런히 읽으면 새로운 지식을 계속 얻는다.

―제프리 초서

크리켓, 테니스, 또는 골프용 파빌리온. 베란다도 있다.

방갈로 스타일의 주택

당구장

주택

더운 날씨에 알맞은 주택

아프리카의 상인용 사업장

불매가 하나인 셰드 부엌 및 삭업상

바구간 및 정원용 일륜차

딸기 물뿌리개

박공지붕으로 된 가금류 사육장

바퀴 달린 닭장

다른 덮개 설계

옛 서부의 건물

짐 메이시

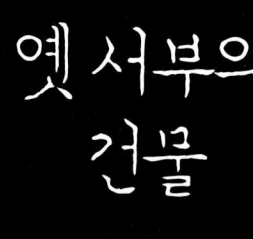

그 밖의 것들

우리는 지난 1년 반 동안 이 책을 만드는 작업을 해왔고 이제 마무리 단계에 접어들었다. 한 가지 안타까운 것은 남은 자료 가운데 훌륭한 것들이 너무 많다는 점이다. 여기서는 쓰지 않은 자료 가운데 일부를 추려 소개한다.

1872년에 '카르보나리'라는 이탈리아 석공들이 지은 네바다 엘리 부근의 숯가마. 이탈리아 동남부의 트룰리(5천 년 이전까지 거슬러 올라간다고 한다)를 지을 때와 마찬가지로 드라이스톤(모르타르 없이 돌 쌓기) 방식으로 지은 것들이다. 근처 네바다 와드에 있는 제련소와 제재소에 쓸 연료를 만들어내는 데 사용된 건물이라고 한다. 지금 문은 잃어버렸지만 130년 전에 지은 것임에도 상태가 완벽하다.

▲ 스웨덴 북부 라플란드에서 본 특이한 사냥 오두막. 이 집은 늑대의 위험으로부터 안전하게 잘 곳이 필요했던 사냥꾼들이 쓰던 것이다.

▲ 캘리포니아 산타크루스의 창문

▲ 브라이언 셀이 지은 목조 유르트. 네바다 베이커 소재

▲ 노던캘리포니아

▶ 페로시멘트 돔의 내부. 뉴욕 주 벨몬트 인근 숲 소재

침실

"우리는 모두 방이 하나인 집, 지붕 대신 창공을 가진 세상에 살면서 흔적을 남기지 않는 천상의 공간을 항해하고 있다."

—존 뮤어

옛 건물 ● 327

▲ 와이오밍 남부

▲ 캘리포니아 카사데로 인근

▲ 네바다 투스카로라

▲ 콘크리트와 돌을 부어 만든 벽. 네바다 투스카로라

● 타워

▲ 오리건 탤런트

▲ 오리건의 어느 마을

▲ 캘리포니아 산안셀모

● 태평양

옛 건물 ● 329

APPENDIX

부록
- 로이드 칸에 대하여
- 에필로그

셸터출판사

우리의 제작 스튜디오는 가까운 해군기지에서 구한 재활용 목재로 지었다. 600평의 땅에는 우리 집과 여러 딴채들, 그리고 채소밭이 있다. 디지털 기술 덕분에 우리는 바로 여기서 인쇄 직전까지 책 제작 작업을 할 수 있을 뿐만 아니라 온 세상과 연결되어 있기도 하다. 작가 진 영블러드가 1960년대에 예견한 바와 같이 '전자식 시골집'에 살고 있는 것이다.

로이드 칸에 대하여

이 책을 작업하게 되기까지

1947 12세. 아버지를 도와 캘리포니아 새크라멘토밸리의 콘크리트 블록집을 지었다. 내가 한 일은 모래, 자갈, 시멘트를 삽으로 떠서 콘크리트 믹서기에 넣는 것이었다. 그리고 어느 날 지붕널에 못질을 할 수 있었다. 어찌나 좋던지!

1952-1954 10대 시절. 여름이면 샌프란시스코 부두에서 목수 일을 했다. 출항하는 배의 화물을 떠받치는 거친 목공일이었다. 다른 목수들로부터 한수 배울 수 있었다.

1965 히치하이킹을 해가며 전국을 다녔다. 그때 내가 나보다 좀 젊은 세대와 통하는 데가 많다는 것을 알았다. 돌아와서 보험 일을 그만두고 목수 일을 다시 시작했다.

1966 빅서로 이사 가서 50만 평의 목장에 큰 골조방식의 집을 짓는 일을 맡아서 했다. 이때 목장의 닭장에서 살았다.

1960 독일에서 2년 동안 미국 공군 신문 일을 하다가 캘리포니아 밀밸리로 돌아온 뒤 샌프란시스코로 가서 보험중개인 일을 했다. 짬이 날 때마다 간이 차고를 골조 방식의 뗏장 지붕 스튜디오로 개조했다. 전동톱을 전혀 쓰지 않고 모든 재목을 잘랐다. 지붕에 뿌리가 얕으면서 즙이 많은 식물을 심었더니 봄에 하얀 꽃이 피었다. 집 짓는 과정, 나무 향기, 손으로 뭔가를 만드는 것이 좋았다.

1963 그다음 프로젝트는 더 야심찬 것이었다. 건축가인 친구의 설계에 따라 재활용 나무로 목조뼈대 집을 지었다. 일본식 집과 버나드 메이벡의 영향을 받은 것이었다. 골조방식에 3미터 높이로 콘크리트를 부어 벽을 만들었다. 아주 어려웠지만 작업을 하면서 배워나갔다. 주인 겸 빌더로서의 관점을 배울 수 있었다. 지금도 그 관점을 유지하려고 애쓰고 있다.

1960년대 세상을 바꾼 마술적인 문화혁명기. 당시에는 오해가 많았다. 60년대 초에는 샌프란시스코의 언더그라운드 미술 운동에서 시작됐다. 이전의 사라져가던 비트 세대, 쾌활하고 개방적이며 나눌 줄 알던 히피, 완전히 다른 사고방식이 어우러진 결과였다. 몇 년을 멋지게 보냈다. 불순응, 중퇴, 실험, 모색, 의식 확장, 보다 나은 방식을 추구한 시절이었다. 샌프란시스코 헤이트 애시베리는 몇 년 동안 사랑과 살아 있는 공동체를 추구하는 젊은이들의 세계 본부였다. 그때 그들이 추구한 것은 이런 것이었다.

천문학, 점성술, 명상, 구르지예프 유물론적 오컬트 교의를 창시하여 20세기 초 신비사상과 1960년대 히피문화에 큰 영향을 미쳤다. 선불교, 타로 카드, 카발라 히브리 밀교, 돌고래의 의식, 자기 집짓기, 유기농, 생태의식, 정치운동, 자급자족, 시, 로큰롤, 블루스, 미국 선주민 문화, 비틀스와 롤링스톤즈, 밥 딜런, 돔, LSD와 마리화나, 몬테레이 팝 페스티벌, 『롤링스톤』지, 『주인이 짓는 집』, 『호울 어스 카탈로그』, 우주에서 바라본 지구 등등.

1969 산타크루스 산의 히피 고등학교에 17채의 돔을 짓는 작업을 도왔다. 합판, 알루미늄, 스프레이를 뿌린 발포재, 비닐 등으로 측지선 돔 짓기 실험을 했다. 아이들도 직접 돔을 짓고 거기서 살았다. 학교는 언론의 집중 조명을 받았다.

1967 빅서에 골조방식으로 농가를 지었다. 180미터 떨어진 산꼭대기에 있는 샘에서 물을 끌어오고, 재활용 재목으로 집을 지었다. 기둥으로는 철도 침목을, 너와는 죽은 삼나무 판자를 썼다. 1,200평의 산자락에 계단식 밭을 만들어 과일과 채소도 길렀다.

1968 벅민스터 풀러의 영향으로 빅서에 측지선 돔을 짓기 시작했다.

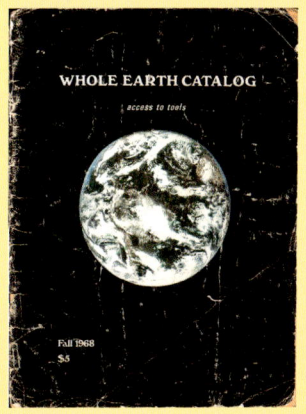

『호울 어스 카탈로그』　　『돔북 II』

1969-1970 『호울 어스 카탈로그』의 셸터 부문 편집자로 일했다.
1970 첫 책 『돔북 I』을 펴냈다.
1971 노던캘리포니아의 작은 해안 마을에 600평의 땅을 사서 나무 너와를 입혀 만든 측지선 돔을 지었다. 『라이프』지에 실렸다.

1972 돔이 별로 기능성이 없다고 판단했다. 『돔북 II』는 절판됐고 돔을 해체하여 팔았다. 돔 말고 다른 방식의 집짓기를 찾아다니기 시작했다. 그렇게 미국, 아일랜드, 영국을 다닌 결과가 『셸터』(1973) 였다.

1974 재활용 목재와 창호를 이용해 각재 뼈대 집을 지었다. 목적은 집을 빨리 지으면서 아름답고 실용적이도록 하는 것이었다. 옛 방식이 충분히 통할 수 있다는 것에 안도했다.

1980년대와 90년대 밥 앤더슨의 『스트레칭』을 비롯하여 일련의 건강 서적을 출판했다.

34년 뒤인 1994년, 1960년에 지었던 떳집에 다시 가보았다가(332쪽 참조) 행복하게 살고 있는 세 식구를 만났다.

2002-2004 출판 일을 다시 시작했다. 채소밭 한가운데 재활용한 재목으로 제작 스튜디오를 만들고, 매킨토시 컴퓨터로 세상과 연결하였다. 그리고 나는 계속해서 흥미로운 셸터를 찾아다니는 여행을 하고 있다. 비전문가의 관점을 유지하면서 말이다. 나는 그게 정말 좋다!

카메라

- 올림푸스 OM-1s, 렌즈 풀셋트
- 미녹스 GT 35mm, f2.8 라이츠 렌즈
- 캐논 EOS A2E, 28-200mm 탐론 줌렌즈
- 후지필름 4700 디지털 4.3메가픽셀(정말 작은 카메라)
- 니콘 5700 5.0메가픽셀, 35-280 줌렌즈

코네티컷의 헛간과 채소정원

에필로그

경험으로 산 집짓기 노하우
2003년 11월 초인 지금 우리는 『행복한 집 구경』 제작을 다 마쳐간다. 나는 편집 테이블에 "모든 걸 다 담을 수는 없어!"라고 크게 써붙여 두었고, 지금까지 그 원칙을 고수하려고 노력했다. 그러다 보니 엄청나게 많은 자료가 남았고, 이 책만큼 되는 책을 언젠가 또 하나 만들 수도 있을 것 같다.

내 관점은 집주인 겸 빌더로서의 것이지 건축가나 전문 건축업자의 그것이 아니다. 사실 나는 전문가를 믿지 않는다.(이름자 뒤에 전문직을 나타내는 머리글자를 쓰는 사람들을 믿지 마시길!) 나는 가장 단순한 집짓기 방식을 찾아 곳곳을 다녀보았다. 속도와 경제성과 실용성 등 내 입장과 환경을 고려할 때, 나는 주로 나무를 이용하는 각재 뼈대 구조물이 가장 적당하다고 생각한다.

건축
요즘 짓고 있는 새 주택들을 보면, 특히 샌프란시스코 만 일대의 것들 대부분이 재앙 수준이다. 어쩌면 그렇게 나쁜 건물들이 많을 수 있을까? 더 흥분하면 곤란할 것 같으니…….

유목하는 목수
지금 우리 웹마스터 겸 표지 디자이너로 일하고 있는 루는 몇 년 전만 해도 목수였다. 그는 어디를 가나 일을 할 수 있도록 모든 연장을 폭스바겐 밴에 싣고 다녔다. 작은 테이블톱, 전동대패, 띠톱 등 목수 연장뿐만 아니라 배관용 공구 및 전동공구, 심지어 개 두 마리까지도. 그는 기초공사에서부터 캐비닛 짜는 일까지 모든 일을 다 했고 모든 것을 다 가지고 다녔다. 젊은 빌더가 모든 일을 혼자 하는 법을 배우는 것은 좋은 일이다. 사람들을 위해 빌더로서 일을 해야지 시공업자가 되려고 하지 말자. 배관도 배선도 배우자. 이렇게 혼자 모든 걸 해결할 줄 아는 만능 빌더를 찾는 사람은 아주 많아서 일거리가 떨어질 염려도 없다.

안과 밖
나는 자신들이 꿈꾸던 집을 짓는 커플들을 많이 보아왔다. 남자들의 경우는 주로 건물의 외관에만 치중되어 있는 추상적인 생각을 하고, 여자들은 건물 내부가 어떨지 얼마나 기능적일지를 생각하는 경우가 많다. 설계를 시작할 때는 후자의 경우, 즉 내부 설계를 중시하는 것이 좋다. 집을 짓다가 사이가 갈라지는 커플이 많은데, 주로 필요 이상으로 일을 복잡하게 하기 때문이다.

"사랑이 없는 집은 집이 아니다." —행크 윌리엄스

지역에서 난 재료
1970년대 초 돔에 대한 관심을 접은 후 아들 피터와 함께 전세비행기를 타고 아일랜드로 가서, 아일랜드 해를 건넌 뒤 히치하이킹을 해가며 리딩 인근의 템스 강 가까이 있는 작은 마을에 사는 친구들을 만나러 갔다. 웨일즈를 통과하면서 어느 세일즈맨의 차를 오래 얻어타게 되었다. 그는 내가 건물에 관심이 있는 것을 알고 그 일대의 건물들이 모두 근처에서 나는 재료로 지은 것임을 알려주었다. "저 슬레이트 지붕이 보이죠. 그건 근처에 채석장이 있기 때문이지요."라고 하는가 하면, "저 지붕이 타일인 건 여기 토양이 찰흙 성분이 많아서지요."라고 했다. 그렇게 알고서 영국을 두루 다녀보니 놀라웠다. 노포크에는 이엉지붕이 많은데 거기가 습지와 갈대의 땅이기 때문이었다. 코츠월드는 사암으로 된 벽이 많은데 옅은 황갈색이 주변경관과 완벽한 조화를 이루었다. 데븐에는 흙집이, 서식스에는 부싯돌이…….

사서 고생하지 말자
나는 약 12년에 걸쳐 집짓기 여행을 한 적이 있다. 묵직한 골조방식의 목조뼈대 건물에서 초경량 측지선 돔으로, 거기서 간단하고 유서 깊은 각재뼈대 건물에 이르기까지 12년이 걸렸다. 만약 지금 내가 살 집을 짓는다면 제일 간단한 방법을 택할 것이다.

예술로서의 집? 자신이 무엇을 원하는지 확실히 알자
그림을 그리다 마음에 들지 않으면 구겨버릴 수 있다. 예술이란 이런 저런 시도를 해볼 수 있는 분야이다. 하지만 건물은 워낙 크고 복잡하고 비싼 것이어서 잘못됐다고 버릴 수가 없다. 그러니 필요 이상으로 복잡해지지 않도록 해야 한다. 그런가 하면 기존 방식과는 다른 셸터를 마음껏 만들어내는 사람도 많이 있다. 내 사촌 마이클을 보라.

정말 맞는 말
1970년대에 산마린 목재회사에는 이런 문구가 걸려 있었다. 그 말이 나한테 얼마나 와닿았는지 모른다.

"지금 당장 할 시간이 없는데 어떻게 나중에 할 시간은 생길까? 당신이 하거나 남이 하거나, 할 수 있거나 할 수 없거나, 할 것이거나 못할 것이거나, 지금 하거나 못하거나 그 둘 중 하나이다." —루퍼스 토머스